高等院校生命科学专业基础课教材

基因工程及其分子生物学基础

——基因工程分册

（第 2 版）

静国忠　编著

北京大学出版社

PEKING UNIVERSITY PRESS

图书在版编目(CIP)数据

基因工程及其分子生物学基础：基因工程分册/静国忠编著. —2 版. —北京：北京大学出版
社,2009.7
（高等院校生命科学专业基础课教材）
ISBN 978-7-301-15546-2

Ⅰ. 基⋯ Ⅱ. 静⋯ Ⅲ. ①基因－遗传工程－高等学校－教材②分子生物学－高等学校－
教材 Ⅳ. Q7

中国版本图书馆 CIP 数据核字(2009)第 121160 号

书　　　名：基因工程及其分子生物学基础——基因工程分册(第 2 版)
著作责任者：静国忠　编著
责 任 编 辑：黄　炜
封 面 设 计：张　虹
标 准 书 号：ISBN 978-7-301-15546-2/Q・0120
出 版 发 行：北京大学出版社
地　　　址：北京市海淀区成府路 205 号　100871
网　　　址：http://www.pup.cn　电子信箱：zpup@pup.pku.edu.cn
电　　　话：邮购部 62752015　发行部 62750672　编辑部 62752038　出版部 62754962
印 刷 者：北京大学印刷厂
经 销 者：新华书店
　　　　　　787 毫米×1092 毫米　16 开本　16.75 印张　410 千字
　　　　　　1999 年 8 月第 1 版
　　　　　　2009 年 7 月第 2 版　2009 年 7 月第 1 次印刷
定　　　价：28.00 元

目　　录

1

1　基因工程的四大要素及实施要点

将外源基因(编码蛋白质和 RNA 的基因)通过体外重组后导入受体细胞内,使这个基因能在受体细胞内复制、转录、翻译表达的操作叫做基因工程。一个完整的基因工程包括基因的分离、重组、转移,基因在受体细胞中的保持、转录、翻译表达等全过程。基因工程又称重组DNA 技术,其实施至少要有四个必要的条件:工具酶、基因、载体、受体细胞。本章侧重介绍这些基因工程的基本要素,对具体操作请查阅有关工具书(Sambrook J, et al, 1989;Wu R, et al, 1989;Goeddel DV, 1991;Ausubel FM, et al, 1995)。

1.1　基因工程操作中常用的工具酶

基因工程工具酶就其用途可分为三大类,即限制性内切酶、连接酶及修饰酶。

1.1.1　限制性内切酶、甲基化酶和限制修饰系统

限制性内切酶属于 DNA 内切酶,其通过识别 DNA 分子中的特定的识别位点,即一段短的核苷酸序列,也称限制位点(restriction site),对双链 DNA 进行切割。在真细菌和古菌中发现的限制性内切酶被认为是通过进化而产生的抗病毒(噬菌体)入侵的一种防御机制(Arber W, Linn S, 1969;Kriiger DH, Bickle TA, 1983)。在细菌宿主细胞内存在着一个称为"限制"(restriction)的过程,在此过程中限制性内切酶选择性地切割外来的 DNA(foreign DNA),而宿主 DNA 由于被一个称为甲基化酶(methylase)的修饰酶甲基化,使其免遭限制性内切酶的切割。这两个过程一起形成了所谓的限制修饰系统(restriction modification system)(Kobayashi I, 2001)。限制性内切酶通过水解每条链中糖-磷酸骨架间的磷酸二酯键对双螺旋 DNA 进行切割。

基于限制性内切酶的亚基组成,酶活性对辅助因子的需求,识别序列(靶序列)的性质以及它们的 DNA 切割位点与识别序列之间的相对位置等特点,将限制性内切酶大致分为三大类,分别称为Ⅰ型、Ⅱ型和Ⅲ型限制性内切酶。

简言之,Ⅰ型阻制性内切酶(EC:3.1.21.3)的切割位点远离其识别位点,其间至少相隔1000 个碱基对。识别位点的碱基序列不对称,一端含有 3~4 个碱基,而另一端含 4~5 个碱基,它们之间由 6~8 个碱基组成的间隔区相隔。其活性需要 ATP(水解)、S-腺苷甲硫氨酸(AdoMet)和 Mg^{2+}。Ⅰ型限制性内切酶由 HsdR、HsdM 和 HsdS 等三个亚基组成。HsdR 为限制酶活性所必需;HsdM 具甲基化酶活性;HsdS 除具甲基转移酶活性外,其对切点识别的特异性也是重要的。因此,Ⅰ型限制性内切酶是多功能的蛋白质,既具有限制性内切酶活性又具有甲基化酶活性。

Ⅱ型限制性内切酶(EC:3.1.21.4)在如下几方面与Ⅰ型酶不同:Ⅱ型酶由一个亚基组成,

它们的识别位点通常是连续的、由 4～8 个碱基对组成的回文结构(呈二重对称),其识别和切割 DNA 的位点相同,即识别 DNA 分子上的特定序列并在特定的位点进行切割,其活性只需要 Mg^{2+},并不需要 ATP 或 S-腺苷甲硫氨酸。需要指出的是,在 20 世纪 90 年代至 21 世纪初所发现的某些Ⅱ型限制性内切酶并不完全符合上述Ⅱ型酶的标准,分别作为Ⅱ型酶的亚型,用 TypeⅡB、ⅡE、ⅡG 表示,此地不赘述。Ⅱ型酶无甲基化酶活性。

Ⅲ型限制性内切酶(EC:3.1.21.5),其识别位点与切割位点不同,但二者之间相距不远;其活性需要 ATP(但并不水解 ATP),S-腺苷甲硫氨酸能促进其酶解反应(但并不必需);其以与甲基化酶(EC:2.1.1.72)形成复合体的形式存在。

由于Ⅰ型和Ⅲ型限制性内切酶很难形成用于 DNA 重组的稳定的特异性切割末端,故Ⅰ、Ⅲ型酶在基因工程中基本不用。Ⅱ型限制性内切酶是基因工程中的主要工具酶,其有如下特点:

(1) 识别特定的碱基(核苷酸)序列。

(2) 识别序列和切割 DNA 的位点相同,即Ⅱ型酶在其识别序列的特定位点对双链 DNA 进行切割,由此产生出特定的酶切末端。双链 DNA 被酶切后可出现三种形式的末端:

① 5′突出黏性末端,如限制性内切酶在二重对称轴的 5′侧切割双链 DNA 的每条链时,双链 DNA 交错断开,产生带 5′突出的黏性末端片段。如 EcoR Ⅰ 识别序列为 $\frac{5'\text{-GAATTC-}3'}{3'\text{-CTTAAG-}5'}$,双链 DNA 被切割后产生 $\frac{5'\text{-G}}{3'\text{-CTTAA}5'}$,$\frac{5'\text{AATTC-}3'}{\text{G-}5'}$ 的 5′突出黏性末端。

② 3′突出黏性末端,如限制性内切酶在二重对称轴的 3′侧切割双链 DNA 的每条链时,双链 DNA 交错断开,产生 3′突出的黏性末端片段。如 Pst Ⅰ 识别序列为 $\frac{5'\text{-CTGCAG-}3'}{3'\text{-GACGTC-}5'}$,双链 DNA 被切割后产生 $\frac{5'\text{-CTGCA}3'}{3'\text{-G}}$,$\frac{\text{G-}3'}{3'\text{ACGTC-}5'}$ 的 3′突出黏性末端。

③ 平端,如限制性内切酶在二重对称轴上同时切割 DNA 的两条链,则产生带平端的片段。例如 Sma Ⅰ 识别序列为 $\frac{5'\text{-CCCGGG-}3'}{3'\text{-GGGCCC-}5'}$,经此酶切过的双链 DNA 产生 $\frac{5'\text{-CCC GGG-}3'}{3'\text{-GGG'CCC-}5'}$ 带平端的 DNA 片段。

(3) Ⅱ类限制-修饰系统是由两种酶分子组成的二元系统。一种为限制性内切酶,另一种为独立的甲基化酶,其修饰与限制性内切酶识别位点相重叠的序列。

限制性内切酶在基因工程中的主要用处是通过切割 DNA 分子,对含有特定基因的片段进行分离、分析。现在几乎在基因工程中所用的所有限制性内切酶都已商品化,注意查阅各公司的样本,就可以找到各种酶反应条件。在使用限制性内切酶时要注意如下问题:

① 仔细查阅酶的识别序列和切割位点。不同来源但识别同样顺序和相同切割位点的限制性内切酶叫做同裂酶(isoschizomer)。有时两种限制性内切酶识别不同的核苷酸序列,但切割后 DNA 分子所产生的黏性末端却相同,如 BamH Ⅰ、Mbo Ⅰ、Bcl Ⅰ、Sau3A、Xho Ⅰ、Bgl Ⅱ 就属于这类酶,它们的识别序列虽不同,但都产生 5′-GATC-3′ 的 5′黏性末端。这类酶为具不同酶切位点的 DNA 片段的重组提供了方便。但要注意,往往相容的黏性末端在用 DNA 连接酶连接后,都不能再被相应的内切酶切割。

② 注意酶反应条件,相同反应条件的酶可以同时酶解 DNA 样品,特别是在需要快速知道酶切结果时,就显得更有用。

③ 注意说明书中所列出的注释的内容,这里会向你提供有关限制性内切酶识别序列中位

点特异性甲基化的信息以及引起酶产生星活性(star activity)的原因。对于有些限制性内切酶,当反应体系中甘油的质量分数$>12\%$、酶:DNA>25 U/μg 或缺少 NaCl 和存在 Mn^{2+} 等条件下都可能出现星活性。所谓限制性内切酶的星活性,是指当酶的反应条件改变时,其在识别序列以外的位点进行切割。

④ 注意酶的浓度,酶切时不是酶加得越多越好。一般以在 20 μL 反应体积中,37℃条件下每小时水解 1 μg DNA 的酶量定义为一个酶单位。根据 DNA 的用量选择适当的酶量不但可以避免不必要的浪费,也可以保证酶解的质量。

⑤ 注意酶在保温过程中活性的变化,从而确定合适的酶解时间(图 1-1)。

限制性内切酶	底物	活性				
		1 h	2 h	3 h	4 h	5 h
Acc Ⅰ	λ					
Alu Ⅰ	λ					
Apa Ⅰ	Ad-2					
Ava Ⅰ	λ					
Ava Ⅱ	λ					
Bal Ⅰ	λ					
BamH Ⅰ	λ					
Bcl Ⅰ	Ad-2					
Bgl Ⅰ	λ					
Bgl Ⅱ	λ					
BstE Ⅱ	λ					
Cfo Ⅰ	λ					
Cla Ⅰ	λ					
Cvn Ⅰ	λ					
Dde Ⅰ	λ					
Dpn Ⅰ	pBR322					
Dra Ⅰ	λ					
EcoR Ⅰ	λ					
EcoR Ⅱ	Ad-2					
EcoR Ⅴ	λ					
Hae Ⅱ	λ					
Hae Ⅲ	λ					
Hha Ⅰ	λ					
Hinc Ⅱ	λ					
Hind Ⅲ	λ					
Hinf Ⅰ	λ					
Hpa Ⅰ	λ					
Hpa Ⅱ	λ					
Kpn Ⅰ	Ad-2					
Mbo Ⅰ	SV40					
Mbo Ⅱ	SV40					
Mlu Ⅰ	λ					
Msp Ⅰ	λ					
Nar Ⅰ	Ad-2					
Nci Ⅰ	λ					
Nco Ⅰ	λ					
Nde Ⅰ	λ					
Nde Ⅱ	SV40					
Nhe Ⅰ	Ad-2					
Not Ⅰ	Ad-2					
Nru Ⅰ	λ					
Nsi Ⅰ	λ					
Pst Ⅰ	λ					
Pvu Ⅰ	Ad-2					
Pvu Ⅱ	λ					
Rsa Ⅰ	λ					
Rsr Ⅱ *	λ					
Sal Ⅰ	Ad-2					
Sau3A Ⅰ	λ					
Sau96 Ⅰ	Ad-2					
Sca Ⅰ	λ					
Sfi Ⅰ	Ad-2					
Sma Ⅰ	Ad-2					
Spe Ⅰ	Ad-2					
Sph Ⅰ	λ					
Ssp Ⅰ	λ					
Sst Ⅰ	Ad-2					
Sst Ⅱ	Ad-2					
Stu Ⅰ	λ					
Sty Ⅰ	λ					
Taq Ⅰ	φX174					
Tha Ⅰ	λ					
Xba Ⅰ	Ad-2					
Xho Ⅰ	Ad-2					
Xma Ⅲ	Ad-2					
Xor Ⅱ	Ad-2					

图 1-1　各种限制性内切酶在保温过程中的活性变化

　　无活性,　　部分活性,　　完全活性

* 1 U 的 *Rsr* Ⅱ 在 18 h 中酶解 1 μg λDNA。

(引自 GIBCO BRL,Catalogue)

  $E.coli$ 绝大多数菌株含有两种 DNA 甲基化酶,即 dam 和 dcm 甲基化酶。dam 可在 5′-GATC-3′序列中的腺嘌呤 N^6 位置上引入甲基,而 dcm 则在 5′-CCAGG-3′或 5′-CCTGG-3′ 中的胞嘧啶 C^5 位置上引入甲基。很多较高等的真核生物含有在特定位点 C_PG 和 C_PN_PG 的 DNA 甲基化酶,可使上述序列的胞嘧啶 C^5 位上甲基化。在哺乳类的基因组中,甲基化主要发生在 CG 序列,而植物基因组中甲基化可以发生在 CG 和 CNG 序列。在选用限制性内切酶时要注意:

  ① 所选用的限制酶对甲基化的敏感性。

  ② 根据 DNA 的不同来源选择不同的限制性内切酶。对某些位点特异性甲基化作用不敏感的限制性内切酶,尤其适用于对修饰的 DNA 进行完全消化。例如对甲基化程度很高的植物 DNA 进行物理图谱分析时,就要选择对 ^{m5}CG 和 ^{m5}CNG 不敏感的限制性内切酶。

  甲基化酶现在已用于基因工程操作中。例如,通过 DNA 甲基化作用对限制性酶切位点进行修饰。就许多 Ⅱ 类限制性内切酶而言,已分离到与其相对应的甲基化酶,而这些甲基化酶可以通过甲基化作用修饰限制性内切酶识别序列,使之不受相应的限制性内切酶切割。在构建基因组 DNA 文库及 cDNA 文库时,正是根据上述策略,使存在于 DNA 片段内的一些限制性内切酶识别序列甲基化,从而避免这些片段在基因工程操作时被相应的限制性内切酶切碎,便于 DNA 片段有效克隆。

1.1.2 连接酶

  用于将两段乃至数段 DNA 片段拼接起来的酶称为 DNA 连接酶。基因工程中最常用的连接酶是 T_4 DNA 连接酶。它催化 DNA 5′-磷酸基与 3′-OH 之间形成磷酸二酯键,其用途是:

  (1) 连接带匹配黏性末端的 DNA 分子。

  (2) 使平端的双链 DNA 分子互相连接或与合成的寡核苷酸接头相连接。这类反应要比黏性末端之间的连接慢得多,但单价阳离子(150~200 mmol/L NaCl)或低浓度的聚乙二醇(PEG)可提高平端之间的连接效率。其反应如下(A)、(B)分别示 DNA 片段间匹配黏性末端之间以及平端之间的连接反应:

$$(A)\begin{cases} 5′\cdots\cdots_PA_PC_PG_{OH} \qquad _PA_PA_PT_PT_PC_PG_PT\cdots\cdots3′ \\ 3′\cdots\cdots T_PG_PC_PT_PT_PA_PA_P \qquad _{HO}G_PC_PA_P\cdots\cdots5′ \\ \qquad\qquad\quad \overset{Mg^{2+}}{\underset{AT_P}{\Big\downarrow}} \ T_4 \text{ DNA 连接酶} \\ 5′\cdots\cdots_PA_PC_PG_PA_PA_PT_PT_PC_PG_PT\cdots\cdots3′ \\ 3′\cdots\cdots T_PG_PC_PT_PT_PA_PA_PG_PC_PA_P\cdots\cdots5′ \end{cases}$$

$$(B)\begin{cases} 5′\cdots\cdots_PC_PG_PA_{OH} \qquad _PC_PG_PT_PA\cdots\cdots3′ \\ 3′\cdots\cdots G_PC_PT_P \qquad _{HO}G_PC_PA_PT_P\cdots\cdots5′ \\ \qquad\qquad\quad \overset{Mg^{2+}}{\underset{AT_P}{\Big\downarrow}} \ T_4 \text{ DNA 连接酶} \\ 5′\cdots\cdots_PC_PG_PA_PC_PG_PT_PA\cdots\cdots3′ \\ 3′\cdots\cdots G_PC_PT_PG_PC_PA_PT_P\cdots\cdots5′ \end{cases}$$

  除 T_4 DNA 连接酶外,还有 $E.coli$ 的 DNA 连接酶,它所行使的催化反应基本同 T_4 DNA

连接酶相同,只是催化反应需要 NAD^+ 参与。第三种连接酶是 T_4 RNA 连接酶,其催化单链 DNA 或 RNA 的 $5'$-磷酸与另一单链 DNA 或 RNA 的 $3'$-OH 之间形成共价连接。

1.1.3 用于基因工程的修饰酶

1. DNA 聚合酶

目前常用的 DNA 聚合酶是 *E. coli* DNA 聚合酶 I、*E. coli* DNA 聚合酶 I 大片段 (Klenow fragment)、T_4 噬菌体 DNA 聚合酶、T_7 噬菌体 DNA 聚合酶以及耐高温 DNA 聚合酶(如 *Taq* DNA 聚合酶)等。不同来源的 DNA 聚合酶具有各自的酶学特性。*E. coli* DNA 聚合酶 I 具有 $5' \rightarrow 3'$ DNA 聚合酶活性、$5' \rightarrow 3'$ 及 $3' \rightarrow 5'$ 外切核酸酶活性,其大片段是经枯草杆菌蛋白酶裂解完整的 DNA 聚合酶 I,或用基因工程手段去除全酶中 $5' \rightarrow 3'$ 外切酶活性片段而得到的具有 $5' \rightarrow 3'$ DNA 聚合酶活性及 $3' \rightarrow 5'$ 外切酶活性的全酶大片段。T_4 噬菌体 DNA 聚合酶的酶活性与上述大片段酶活性相似,然而其 $3' \rightarrow 5'$ 的外切核酸酶活力比 Klenow 大片段强近 200 倍。与 Klenow 大片段相比,T_4 噬菌体 DNA 聚合酶的最大特点是不从单链 DNA 模板上置换寡核苷酸引物,因此,在体外突变反应中,T_4 DNA 聚合酶比大片段具更大的效率。T_7 噬菌体 DNA 聚合酶所催化合成的 DNA 的平均长度要比其他 DNA 聚合酶催化合成的 DNA 的平均长度大得多。耐高温的 DNA 聚合酶(如 *Taq* DNA 聚合酶)由于其最佳作用温度为75～80℃,目前广泛用于多聚酶链反应(polymerase chain reaction,PCR)及 DNA 测序。

无论哪种 DNA 聚合酶,其催化的反应是:在存在单链 DNA 模板及带 $3'$-OH 的引物时,其反应结果为:

$$DNA_{OH} \xrightarrow[\text{dATP,dTTP,dCTP,dGTP,}Mg^{2+}]{\text{DNA 聚合酶}} DNA-(_p dN)_n + nPP_i$$

它们在基因工程中的应用是多方面的。例如,DNA 分子的体外合成、体外突变、DNA 片段探针的标记、DNA 的序列分析、DNA 分子的修复、多聚酶链反应(PCR)等。具体的操作和注意事项请参阅有关工具书。

反转录酶是一种依赖于 RNA 的 DNA 聚合酶。商品化的两种反转录酶分别来源于鼠反转录病毒和禽反转录病毒。反转录酶具有 $5' \rightarrow 3'$ 的 DNA 聚合酶活性,在存在 RNA 或 DNA 模板及带 $3'$-OH 的 RNA 或 DNA 引物时,其催化如下反应:

$$DNA_{OH} \text{ 或 } RNA_{OH} \xrightarrow[\text{dATP,dTTP,dCTP,dGTP,}Mg^{2+}]{\text{反转录酶}} \begin{matrix} DNA-(_p dN)_n + nPP_i \\ RNA-(_p dN)_n + nPP_i \end{matrix}$$

反转录酶还具有 RNase H 的活性,即 $5' \rightarrow 3'$ 及 $3' \rightarrow 5'$ 外切核酸酶活性。利用反转录酶所具有的 RNase H 的活性,可使 RNA-DNA 杂交体中的 RNA 被持续地、特异性地降解,从而免去对反转录后的 RNA 模板用 NaOH 水解的步骤。

值得指出的是,目前所用的反转录酶都不具备 $3' \rightarrow 5'$ 的脱氧核糖核酸的外切酶活性,故不具备如 Klenow 大片段那样的校对功能,所以在进行延伸反应时容易出现碱基错误掺入。

反转录酶在基因工程中的用途主要是以真核 mRNA 为模板合成 cDNA,用以组建 cDNA 文库,进而分离为特定蛋白质编码的基因。将 mRNA 反转录与 PCR 偶联建立起来的反转 PCR(RT-PCR),使真核基因的分离更加高效。

另一类型的 DNA 聚合酶是末端脱氧核苷酸转移酶。在二价阳离子(Co^{2+})存在下,末端转移酶催化 dNTP 加于 DNA 分子的 $3'$-OH 端。主要用于给载体或 cDNA 加上互补的同聚尾,便于外源基因重组;标记 DNA 片段的 $3'$ 端以及制备寡核苷酸的分子长度的标准(Jing GZ, et al, 1986)。此酶不需 DNA 模板。

2. 依赖于 DNA 的 RNA 聚合酶

SP_6 噬菌体及 T_7 和 T_3 噬菌体 RNA 聚合酶是目前常用的三种酶,其催化的反应如下:

$$双链 DNA \xrightarrow[Mg^{2+}、ATP、UTP、CTP、GTP]{SP_6、T_7、T_3 噬菌体 RNA 聚合酶} RNA + PP_i + 模板$$

这三种酶的共同特点是只识别各自噬菌体的 DNA 序列中特定的启动子区。用这三种噬菌体启动子组建的各种类型的载体已经面世(Promega Corporation, 1996)。这三种酶的主要用途是在离体条件下,合成单链 RNA 作为杂交探针,完成体外翻译系统中功能性 mRNA 或体外剪接反应的底物的合成。

3. T_4 噬菌体多核苷酸激酶

它催化 ATP 的 γ-磷酸基转移至 DNA 或 RNA 片段的 $5'$ 末端。基因工程中主要用于:

(1) 标记 DNA 片段的 $5'$ 端,制备杂交探针;

(2) 基因化学合成中,寡核苷酸片段 $5'$ 磷酸化;

(3) 测序引物的 $5'$-磷酸标记。

4. 碱性磷酸酶

市售的产品主要来源于细菌和牛小肠的碱性磷酸酶,其功能是去除 DNA 或 RNA $5'$ 末端的磷酸反应:

$$5'_P DNA 或 5'_P RNA \xrightarrow{碱性磷酸酶} 5'_{OH} DNA 或 5'_{OH} RNA$$

碱性磷酸酶用于:

(1) 去除 DNA 片段 $5'$-磷酸,以防止在重组中 DNA 分子(如载体 DNA)的自身环化,从而提高重组效率;

(2) 在以 $[\gamma$-$^{32}P]$-ATP 标记 DNA 或 RNA 的 $5'$ 末端前,去除 DNA 或 RNA 片段的非标记的 $5'$-磷酸。

除上面介绍的一系列工具酶之外,还有其他一些工具酶在基因工程的操作中也被广泛应用。例如核酸酶 BAL31、S_1 核酸酶、绿豆核酸酶、核糖核酸酶 A(RNase A)、脱氧核糖核酸酶 I(DNase I)及外切核酸酶 III 等。这些核酸酶在可控的条件下,用于核酸分子的修饰或降解。

基因工程的工具酶为基因的分离、重组、修饰、突变提供了必要的手段,有关它们在应用中的反应条件、注意事项可以参阅各种有关"分子克隆"实验指南及各生物工程公司所提供的样品手册。仔细地阅读这些样品手册将为实验工作的成功创造条件。

1.2 基因的分离

基因的分离是基因工程研究中最主要的要素,目的基因的成功分离是基因工程操作的关键。由于每种基因,特别是单拷贝基因占整个生物基因组很少一部分,且 DNA 的化学结构相似,都是由 A、T、G、C 四种碱基组成,具有极相似的理化性质,这给分离特定的目的基因带来很大困难。尽管如此,人们仍可以通过各种方法有效地分离出所要的基因。

1.2.1 基因分离的物理化学方法

这是基因工程在初始阶段所用的方法,目前已不用。介绍此方法对于了解基因分离手段的进步是有益的。DNA 分子的两条链存在着 G≡C、A＝T(分别代表 GC 间的 3 个氢键、AT 间 2 个氢键)碱基配对。如果 DNA 分子中某段的 G≡C 碱基对含量高,则其热稳定性就高,即 其熔解温度(T_m)值就高。这样,人们可以通过控制熔解温度使富 A＝T 区解链变性,而富 G≡C 区仍维持双链,再利用单链核酸酶 S_1 去除解开的单链部分,得到富 G≡C 区的 DNA 片 段。海胆 rDNA 基因的分离就是一例。海胆 rDNA 分子内 G≡C 含量可以达 63%,通过热变 性和 S_1 酶解处理可得到提纯 50 倍的 rDNA,最后经氯化铯平衡梯度离心,得到相对分子质量 为 1.9×10^7 的高纯 rDNA。

1.2.2 鸟枪法分离基因

鸟枪法(shot gun)又叫霰弹法。这一方法是绕过特定基因分离这一关口,用生物化学方法, 如用限制性内切酶将基因组 DNA 进行切割,得到很多在长度上同一般基因大小相当的 DNA 片 段(相对分子质量为 $0.8 \times 10^6 \sim 9 \times 10^6$)。然后,将这些片段混合物随机地重组入适当的载体,转 化后在受体菌(如 *E.coli*)中进行扩增,再用适当的筛选方法筛选出所需要的基因。此方法在基 因工程发展的初级阶段曾起过很大的作用。用鸟枪法分离基因要求有简便的筛选方法,如利用 特定基因缺陷型(如营养缺陷型等)的受体菌,或特定的寡核苷酸或 DNA 片段探针以及特定基因 产物的抗体,可通过对表型的筛选或用分子杂交技术、免疫筛选技术检出所需要的基因。

1.2.3 cDNA 文库的建立与基因的分离

cDNA 的克隆对于特定基因的分离和特性研究是极有价值的工具。cDNA 文库(cDNA library)最关键的特征是它只包括在特定的组织或细胞类型中已经被转录成 mRNA 的那些基 因序列。这样使得 cDNA 文库的复杂性要比基因组文库(genomic DNA library)要低得多(图 1-2)。由于不同的细胞类型、发育阶段以及细胞所处的特定状态是由特定基因的表达所决定 的,因此各自的 mRNA 的种类就不同,由此而产生独特的 cDNA 文库。在建立 cDNA 文库 时,如果选择的细胞或组织类型得当,就容易从 cDNA 文库中筛选出所需要的基因序列。

一个 cDNA 文库的组建应包括如下步骤:

1. 分离表达目的基因的组织或细胞

为了最大限度地得到目的基因,避免来源于其他组织或细胞的基因的混杂,要尽量避免其 他组织和细胞类型的污染。为了得到全长的 cDNA,所用的材料要尽量新鲜。

2. 从组织和细胞中制备总体 RNA 或 mRNA

从有限量的起始材料去组建 cDNA 文库的主要限制是能否得到足够量的模板 RNA。为 增加 RNA 的回收率,保证有足够量的模板 RNA 用于第一条互补链 DNA 的合成,利用硫氰 胍或酸性硫氰胍-酚-氯仿等 RNA 微量分离法以及载体 RNA 共沉淀法来制备 RNA。应该注 意到所用的载体 RNA 一定要同目的 RNA 有明显区别,不作为模板参与 cDNA 的合成。如果 起始物质不受限制,一般用 oligo(dT)纤维素柱亲和层析分离出 poly(A)$^+$ RNA 作为 cDNA 合成模板。如果材料有限,应直接用总体 RNA 进行 cDNA 文库的组建。利用 poly(A)$^+$ mRNA 可使文库的复杂性降低,大部分 mRNA 序列可以富集 50 倍左右。由于 mRNA 的相 对含量增加,这样对于在细胞内丰度较低的 mRNA cDNA 的合成有利。然而,在 poly(A)$^+$ mRNA 的纯化过程中,也可能造成某些基因序列的丢失。

基于利用 oligo(dT)亲和柱层析,通过 oligo(dT)与 mRNA 3′端 poly(A)配对可分离纯化 poly(A)$^+$mRNA 的原理,现已开发出更简便、高效地分离纯化 poly(A)$^+$mRNA 的方法:利

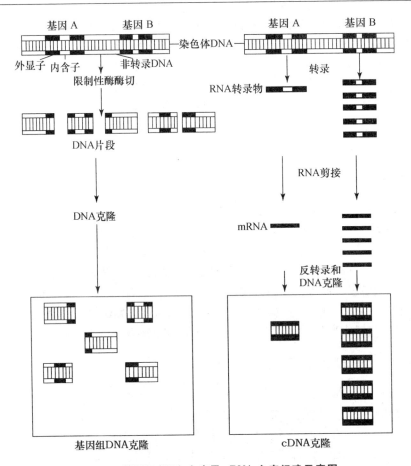

图 1-2 基因组 DNA 文库及 cDNA 文库组建示意图

用生物素化的 oligo(dT)(biotinylated oligo(dT))作为亲和介质,从细胞或组织抽提物中富集 poly(A)⁺mRNA,然后,将所得到的生物素 oligo(dT)-poly(A)⁺mRNA 混合物与链霉亲和素(抗生物素蛋白)磁球(streptavidin MagneSphere)保温,通过生物素-抗生物素蛋白之间有效的相互作用,达到简便、高效分离纯化 poly(A)⁺mRNA 的目的。此方法的优点是 mRNA 产率高,其回收量与所用细胞或组织的量成正比,不用在纯化前纯化总体 RNA,减少 mRNA 在分离纯化过程中发生降解的机会。此类 mRNA 纯化系统可从各厂家获得。

3. 第一条 cDNA 链的合成

第一条互补 DNA 链(CDNA)的合成需要 RNA 模板、cDNA 合成引物、反转录酶、四种脱氧核苷三磷酸以及相应的缓冲液(Mg²⁺)等。第一条链的合成可参见"分子生物学基础分册"中图 4-50。如前所述,RNA 模板可以用总体 RNA 或 poly(A)⁺RNA。引物通常用 oligo(dT)(12~18 个)或由小牛胸腺 DNA 制备的随机引物(5~6 个核苷酸长,商品有售)。利用 oligo(dT)作为引物的优点是可以最大限度地减少 poly(A)⁻模板合成 cDNA 的可能性;缺点是 cDNA 的合成总是从 mRNA 的 3′端开始,在最后的 cDNA 文库中,代表 mRNA 的 3′区域的组分所占比例会高,而且对于一些较长的 mRNA 分子来说,由于反转录酶在 cDNA 合成过程中易从 mRNA 分子上脱开,从而造成第一条链合成不完全。利用随机引物的好处是,合成的 cDNA 文库可能更好地代表最初 RNA 模板所代表的组分;缺点是,由于 cDNA 在 RNA 模板上的合成是随机的,易产生较大量的非全长的 RNA 模板转录物,从而影响到全长 cDNA 分子的获得率。需指出的是,如果想使 cDNA 文库最大限度地代表 poly(A)$^+$mRNA 的序列,在合成 cDNA 的反应中,用总体 RNA 和 oligo(dT)引物是最有效的组合。第一条链的合成质量可用碱性琼脂糖凝胶电泳来检测。

4. 第二条 cDNA 链的合成

目前通用的 cDNA 第二条链的合成的方法有三种:

(1) 自身引导法。即利用第一条链上的 3′端序列的折回或发夹自引导法来合成(见"分子生物学基础分册"图 4-50)。虽然过去组建的大多数 cDNA 文库都用此法,但由于其效率低,目前已不多用。

(2) cDNA 第二条链的置换合成法(图 1-3)。此方法的特点是,作为第一条链合成反应产物的 cDNA-mRNA 杂交分子充当切口平移的模板。RNase H 在杂交分子的 mRNA 链上造成切口或缺口,产生一系列 RNA 引物,它们被 E. coli 的 DNA 聚合酶 I 用以合成第二条链。

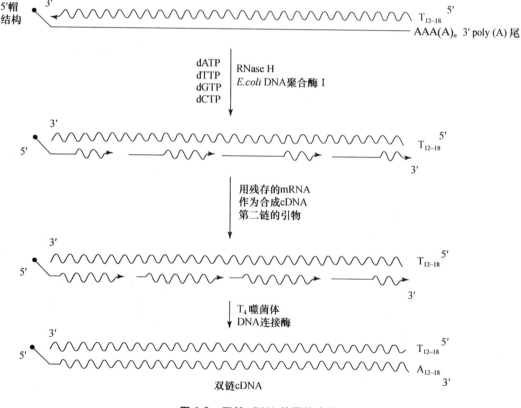

图 1-3 双链 cDNA 的置换合成

(引自 Sambrook J, et al, 1989)

该方法的优点是:效率高;直接利用第一条链反应产物,无需进一步处理和纯化;省去 S$_1$ 酶处理,改善了 cDNA 的质量。近来 Ray 等人报道了用 RNase H/E. coli DNA 聚合酶 I/Klenow 大片段不同配比合成第二条链的方法。此方法使产生全长 cDNA 的概率大大提高(McCarrey JR, et al, 1994)。

(3) 引物-衔接头法合成双链 cDNA。其原理如图 1-4 所示。此方法的特点是通过将 cDNA 两端加上限制性核酸内切酶位点,使其较方便地克隆入相应的载体。cDNA 文库的建立方法仍在不断地改进,其基本原则是使 cDNA 文库具有最大的代表性。多聚酶链反应(PCR)的出现给 cDNA 文库的组建带来新的活力。

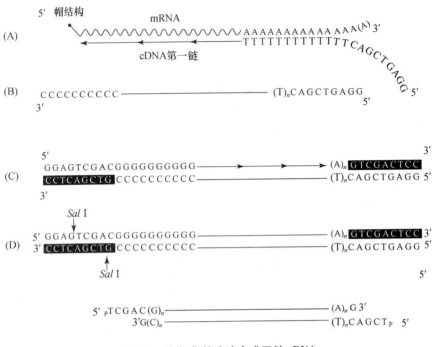

图 1-4　引物-衔接头法合成双链 cDNA

（A）用单链引物-衔接头引导 cDNA 第一链的合成;（B）水解 RNA 并用末端转移酶将同聚尾加到 cDNA 第一链的 3′端;（C）用单链引物-衔接头引导 cDNA 第二链的合成(为尽量使 cDNA 末端的限制酶切位点再生,合成时通常加入与衔接头互补的单链寡核苷酸);（D）用适当限制酶切割双链 cDNA 并连接到载体上。(引自 Sambrook J, et al, 1989)

5. cDNA 的甲基化和接头的加入

一旦双链 cDNA 被合成,可以用标准法将 cDNA 甲基化,并在其 5′和 3′端加上适当的接头。当用有限材料制备时,甲基化这步可以省略,用预先切好的接头连在 cDNA 片段的两端,这样就可以在不甲基化的条件下进行克隆。接头除了提供相容的末端以便将 cDNA 进行克隆外,也可以作为双链 cDNA PCR 扩增引物位点。

6. 双链 cDNA 同载体的连接

双链 cDNA 同载体的有效连接是 cDNA 文库建立好坏的关键,特别是起始材料很少时更是如此。为保证 cDNA 文库具代表性,要选择尽可能有效的载体。通常用 λgt10/λgt11 及与其相当的载体来组建非表达和表达的 cDNA 文库,而一般不用转化效率较低的质粒作载体。插入的顺序(cDNA)与载体 DNA 的比率按下式计算:

$$\frac{插入顺序}{载体}=\frac{插入顺序质量}{插入顺序碱基对}\times\frac{载体碱基对}{载体质量}$$

式中插入顺序和载体的质量以 ng 计。一般,插入顺序和载体的摩尔比在 1:1 和 3:1 之间为好。

cDNA 文库的建立为我们分离特定的有用基因提供了来源,也为研究特定细胞中基因表达的相对水平开辟了道路。当然,如果分离 cDNA 克隆的目的就是为分离少数几个基因,cDNA 文库数量上的代表性就不必太多考虑,但必须选对所用的细胞类型。cDNA 文库为从其中筛选出所需的目的基因创造了条件。如何从众多的重组体中筛选出特定的基因,将在有关基因筛选的章节介绍。

1.2.4　直接从特定的 mRNA 分离基因

如果在细胞中特定 mRNA 含量非常高,如哺乳动物的网织红血细胞中珠蛋白 mRNA 的比例占总 mRNA 量的 90% 以上。这样就可以通过 mRNA→cDNA→dscDNA 的途径而绕过建立 cDNA 文库这一步,直接得到基因。

1.2.5　基因组文库的建立和基因的分离

所谓基因组文库(genomic DNA library),是指将基因组 DNA 通过限制性内切酶部分酶解(必要时对这些 DNA 片段进行密度梯度离心或经制备型凝胶电泳进行分级分离,以选择长度适合于插入载体的片段),所产生的基因组 DNA 片段随机地同相应的载体重组、克隆,所产生的克隆群体代表了基因组 DNA 的所有序列。为得到在文库中任一给定 DNA 序列的精确概率,可通过下列方程式计算:

$$N=\ln(1-p)/\ln(1-f)$$

式中 p 为期望概率,f 为单个重组体中的插入片段在基因组中所占的份额比值,N 是所需要的重组体数目。例如,要在一哺乳动物基因组(3×10^9 bp)的 17 kb 片段的文库中,使含有一给定 DNA 序列达 99% 的概率($p=0.99$),代入上式后得到:

$$N=\ln(1-0.99)/\ln[1-(1.7\times10^4/3\times10^9)]=8.1\times10^5$$

这就是说,当基因组 DNA 的部分酶解片段大小为 17 kb 时,由其所组建的基因组 DNA 文库中至少应含有 8.1×10^5 个以上的重组体,才能代表整个的基因组。从这个公式可以看出,如果得到的部分酶解片段越大,形成一个基因组文库所需重组体数目就越少。现在已有可容纳不同大小片段的用以组建基因组 DNA 文库的载体,如 λ 噬菌体、黏质粒(cosmid)、各种人工染色体(如酵母的 YAC,细菌的 BAC,P$_1$ 噬菌体的 PAC 以及正在研究的哺乳类人工染色体 MAC)。图 1-5 及 1-6 为如何以 λ 噬菌体 DNA 为载体,组建基因组 DNA 文库的图解。

基因组 DNA 文库有着非常广泛的用途。如用以分析、分离特定的基因片段;通过染色体步查(chromasome walking)研究基因的组织结构;用于基因表达调控研究;用于人类及动、植物基因组工程的研究等。还需指出,从真核基因组 DNA 文库所分离得到的基因序列包含有内含子序列,因此不能直接在原核细胞中进行表达。

1.2.6　从蛋白质入手分离编码此蛋白的基因

如果手中来源于真核细胞的蛋白质足以产生抗体,可以通过双抗体免疫法分离出此蛋白质的基因。此方法的基本原理如下:核糖体沿 mRNA 进行多肽链合成时,形成多聚核糖核蛋白体,而具有不同长度的新生肽链在核糖体上不断延伸。将从细胞匀浆液中制备出的多聚核糖核蛋白体同特定抗体一起温育,形成多聚核糖体同抗体的复合体,然而这种复合体不足以从细胞总多聚核蛋白体中沉淀出来。当加入由此特定蛋白的抗体产生的第二抗体时,就可以通过不连续蔗糖梯度离心,将所要的含有特定 mRNA 的多聚核糖体同总多聚核糖体分离,再通过酚,氯仿抽提去除蛋白,并使用 oligo(dT)柱亲和层析,就可以得到为特定蛋白编码的 mRNA,然后通过反转录就可以得到 cDNA。理论上,用此方法可将只占真核总 RNA 0.1% 的 mRNA 分离出来。由于发现金黄色葡萄球菌中的 protein A 能同 IgG 产生免疫反应,可代

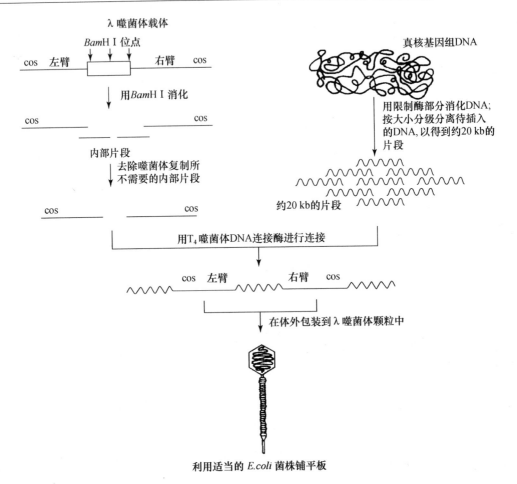

图 1-5　构建真核 DNA 随机片段文库的策略

　　左上图为载体 DNA 片段的制备;右上图则为真核 DNA 片段的制备。在 T₄ 噬菌体 DNA 连接酶作用下生成重组 DNA 的多联体分子,这一多联体为体外包装反应的底物,在包装过程中,每一重组 DNA 分子各自装入一个噬菌体颗粒。在 E. coli 中生长扩增后收获裂解产物,其中即包含一个重组克隆的文库,这些文库的集合便含有真核基因组的绝大多数序列。(引自 Sambrook J,et al,1989)

替第二抗体,所以发展出新的纯化方法,即用 protein A-Sepharose 4B 作为亲和层析介质,通过亲和层析分离特定的多聚核糖体,从而使双抗免疫法分离基因更为有效。

1.2.7　基因的化学合成[①]

　　随着寡核苷酸化学合成的自动化,基因的化学合成变得更经济、容易和准确。化学合成基因对那些用其他技术方法不易分离的基因尤为重要。基因合成的方法大致可分为以下两类:

　　1. 基因片段的全化学合成

　　所谓基因片段的全化学合成是首先合成组成一个基因的所有片段,相邻的片段间有 4～6 个碱基的重叠互补,在适当的条件下(主要是温度条件)经退火后,用 T₄ DNA 连接酶将各片段以磷酸二酯键形式连接成一个完整的基因。因为化学合成的 DNA 片段在纯化后其 5′端及 3′

---

　　① 此部分内容参见相关文献(静国忠,1986)。

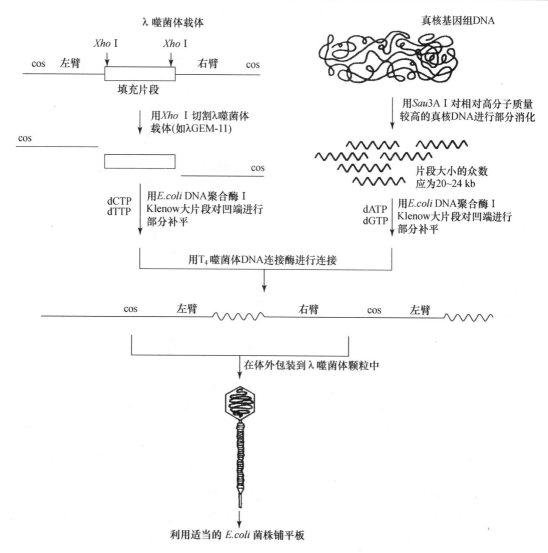

图 1-6　不经分级分离的基因组 DNA 文库的构建

(引自 Sambrook J, et al, 1989)

端都为羟基,所以在组建基因之前要将 DNA 片段的 $5'$ 端磷酸化。一般地说,处于基因 $5'$ 端的两个寡核苷酸片段不进行磷酸化,以防止基因本身在 DNA 重组时自身环化。对于较大的基因,一般将基因分成几个亚单位进行分子克隆,然后分离纯化这些亚单位,再重组成一个完整的基因,最后克隆进适当的表达载体进行表达(图 1-7)。

2. 基因的化学-酶促合成

此方法的特点是不需要合成组成完整基因的所有寡核苷酸片段,而是合成其中一些片段,相邻的 $3'$ 末端有一短的顺序相互补,在适当的条件下通过退火形成模板-引物复合体(template-primer complex),然后在存在四种 dNTP 的条件下,用 E. coli 的 DNA 聚合酶Ⅰ大片段(Klenow 大片段)填补互补片段之间的缺口,最后用 T_4 DNA 连接酶连接及适当的限制性内切酶切割后重组入载体(图 1-8)。当然,对于较短的多肽基因可以将图 1-8 所示的方法进一步修改,将化学合成与 PCR 方法相结合得到所需的基因。关于寡核苷酸片段的化学合成将在专门章节介绍。

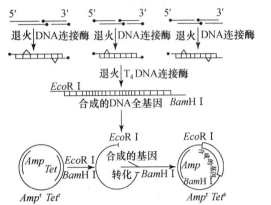

图 1-7 基因的化学合成及克隆图解

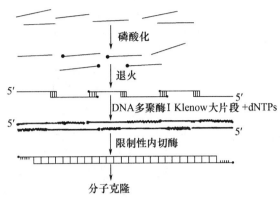

图 1-8 基因的化学-酶促合成图解

1.2.8 利用 PCR 或 RT-PCR 分离基因

PCR 技术的出现使基因的分离和改造变得简便得多,特别是对原核基因的分离,只要知道基因的核苷酸序列,就可以设计适当的引物从染色体 DNA 上将所要的基因扩增出来。反转 PCR(RT-PCR)使得人们可以从 mRNA 入手,通过反转录得到 cDNA,在适当的引物存在下,再通过 PCR 将基因扩增出来。有关 PCR 的原理和应用,将在专门的章节介绍。

1.3 基因工程载体

如果只有基因而没有负责运载它的载体,则基因就不可能发挥作用。基因工程载体决定了外源基因的复制、扩增、传代乃至表达。具备什么样的条件才是好的载体呢? 最起码的条件应该是:

(1)能自我复制并能带动插入的外源基因一起复制。

(2)具有合适的限制性内切酶位点。在载体上单一的限制性内切酶位点越多越好,这样可以将不同限制性内切酶切割后的外源 DNA 片段方便地插入载体。

(3)具有合适的筛选标记,如抗药性基因等。

(4)在细胞内拷贝数要多,这样才能使外源基因得以扩增。

(5)载体的相对分子质量要小,这样可以容纳较大的外源 DNA 插入片段。载体的相对分子质量太大将影响重组体或载体本身的转化效率。

(6)在细胞内稳定性高,这样可以保证重组体稳定传代而不易丢失。

现在有多种载体,它们分别由从细菌质粒、噬菌体 DNA、病毒 DNA 分离出的元件组装而成。它们可分为克隆载体和表达载体。表达载体又分胞内表达和分泌表达载体。而从表达所用的受体细胞分,又可分为原核细胞和真核细胞表达载体。从功能分,又可以分为测序载体、克隆-转录用载体、基因调控报告载体等多功能载体。在此仅就几个具体的载体进行分析,以期对各种载体有个清楚的了解。

1.3.1 质粒载体

质粒载体是以细菌质粒(plasmid)的各种元件为基础组建而成的基因工程载体。细菌质粒是双链闭合环状的 DNA 分子,其分子大小可从 1 kbp 到 200 kbp(kbp 表示千碱基对)。质粒的复制和遗传独立于细菌染色体,但其复制和转录依赖于宿主所编码的蛋白和酶。质粒按其复制方式分松弛型质粒和严紧型质粒。松弛型质粒的复制不需要质粒编码的功能蛋白,其复制完全依赖于宿主提供的半寿期较长的酶(如 DNA 聚合酶 Ⅰ、Ⅲ,依赖于 DNA 的 RNA 聚合酶以及宿主基因 dna B、C、D、Z 的产物等)来进行。因此,在一定的情况下,即使蛋白质合成并非正在进行,质粒的复制依然进行。当在抑制蛋白质合成并阻断细菌染色体复制的氯霉素或壮观霉素等抗生素存在时,质粒拷贝数可达 2000~3000 个。严紧型质粒的复制则要求同时表达一个由质粒编码的蛋白质,所以这类质粒的拷贝数不能通过用诸如氯霉素等蛋白合成的抑制物来增加。利用松弛型复制子组建的载体叫做松弛型载体(如 pBR322,其复制区来源于 Col E1 质粒的复制子);而利用严紧型复制子组建的载体叫做严紧型载体(如由 pSC101 为基础组建的载体)。大多数基因工程工作使用松弛型载体,因为它们在单位体积的培养物中所得到的 DNA 收率更高,用这些载体组建的表达载体,外源基因产物的得率也高。然而严紧型载体可以用来表达一些其高表达可能使宿主细胞受毒害致死的基因。图 1-9 给出一类松弛型质粒(如 pMBI 或 Col E1)复制起始阶段所产生的转录物的方向及拷贝数的调控机理。这类质粒的单向复制从特定的起点(ori)开始,由一个 RNA 引物所引导,而该引物的启动子位于复制起点上游大约 550 bp 处。DNA 模板链与新生的 RNA 间形成稳定的杂交体,作为 RNase H 的底物,由 RNase H 切割前引物(preprimer)产生引导 DNA 合成的引物 RNA Ⅱ。RNA Ⅱ的成熟则由另一个不翻译的 RNA Ⅰ来控制,RNA Ⅰ由编码 RNA Ⅱ的同一区段的 DNA 互补链转录而来,它可以与 RNA Ⅱ结合,从而阻止 RNA Ⅱ折叠为三叶草结构,而这种三叶草结构又是 RNA Ⅱ同 DNA 形成 DNA-RNA 杂交体所必需的。一个由 63 个氨基酸组成的 Rop 蛋白的存在,可以强化 RNA Ⅰ对复制的负调控作用。

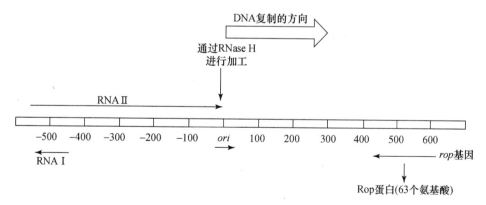

图 1-9 带 pMBI(或 Col E1)复制起点的质粒在复制起始阶段所产生的转录物的方向及其粗略大小

因此,要想增加带有 pMBI 或 Col E1 的复制子载体的拷贝数,可以通过突变 RNA Ⅰ或缺失 rop 基因来减弱 RNA Ⅰ对 RNA Ⅱ的结合效率来实现。pUC 质粒之所以拷贝数较高,是因为在 RNA Ⅰ的正常起始位点上游一个核苷酸的位置产生 G→A 的突变,结果 RNA Ⅰ转录物的起始位点位于正常起始位点下游 3 个核苷酸的位置。RNA Ⅰ 5′单链区的完整性对于 RNA

Ⅰ和 RNAⅡ之间的相互作用至关重要,因此 pUC 质粒拷贝数的增加很可能是由于缩短的 RNAⅠ与 RNAⅡ结合效率的降低所致;pKKH 质粒的拷贝数增加,外源基因表达效率的提高则可能是由于 *rop* 基因的缺失,从而减弱 RNAⅠ对 RNAⅡ的结合效率而致(Jing GZ, et al, 1993)。值得指出的是,质粒上编码的 RNAⅠ、RNAⅡ和 Rop 蛋白的区段也决定两个不同的质粒是否可以在同一细菌细胞中共存。把利用同一复制系统的不同质粒不能稳定共存的现象,称为质粒的不相容性,在基因工程的操作中要注意这一情况。

1. pBR322 质粒

这个质粒是至今仍广泛应用的克隆载体,其具备一个好载体的所有特征。从图 1-10 的质粒图谱可见,在其上有多个单一的限制性内切酶位点,其中包括 *EcoR*Ⅰ、*Hind*Ⅲ、*EcoR*Ⅴ、*BamH*Ⅰ、*Sal*Ⅰ、*Pst*Ⅰ、*Pvu*Ⅱ等常用酶切位点,而 *BamH*Ⅰ、*Sal*Ⅰ和 *Pst*Ⅰ分别处于四环素和氨苄青霉素抗性基因上。这个载体的最方便之处是当将外源 DNA 片段在 *BamH*Ⅰ、*Sal*Ⅰ或 *Pst*Ⅰ位点插入时,可引起抗生素基因的失活,由此可筛选重组体。如一个外源 DNA 片段插入到 *BamH*Ⅰ位点时,由于外源 DNA 片段的插入使四环素抗性基因(*Tet*)失活,这样可以通过 *Amp*ʳ *Tet*ˢ 来筛选重组体。利用氨苄青霉素和四环素这样的抗性基因既经济又方便。pBR322 是利用 Col E1 的复制子,所以在细胞内是多拷贝,也可以通过加氯霉素使质粒的拷贝数进一步扩增。pBR322 也曾经被用做表达载体。当外源基因以正确的读码框(reading frame)插入处于氨苄青霉素抗性基因(β-内酰胺酶基因)的 *Pst*Ⅰ限制性内切酶位点时,外源蛋白与β-内酰胺酶 N 端序列形成融合蛋白而得以表达。

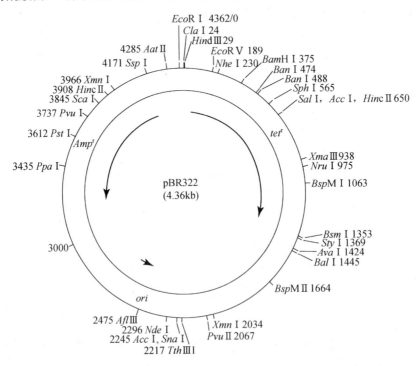

图 1-10　pBR322 质粒限制性内切酶图谱

2. pUC18/19 质粒

这是一对可用组织化学方法鉴定重组克隆的质粒载体。这对载体由 2686 bp 组成,其在细胞中的拷贝数可达 500~700 个。它有来自 *E.coli* 的 *lac* 操纵子的 DNA 区段,编码 β-半乳糖苷酶氨基端的一个片段。异丙基-β-D-硫代半乳糖苷(IPTG)可诱导该片段的合成,而该片段能与宿主细胞所编码的缺陷型 β-半乳糖苷酶实现基因内互补(α-互补)。当培养基中含有 IPTG 时,细胞可同时合成这两个功能上互补的片段,使含有这种质粒的上述受体菌在含有生色底物 5-溴-4-氯-3-吲哚-β-D-半乳糖苷(X-gal)的培养基上形成蓝色菌落。当外源 DNA 片段插入到质粒上的多克隆位点时,可使 β-半乳糖苷酶的氨基端片段失活,破坏 α-互补作用。这样,带有重组质粒的细菌将产生白色菌落。人们可从菌落颜色的变化来选择重组体。值得指出的是,当插入的外源 DNA 片段较小,而不破坏 β-半乳糖苷酶的 N 端片段的读码框时,重组体菌落可表现出浅蓝色。图 1-11 给出 pUC18/19 的图谱及多克隆位点。由于 pUC 质粒含有 *Amp^r* 抗性基因,可以通过颜色反应和 *Amp^r* 对转化体进行双重筛选。

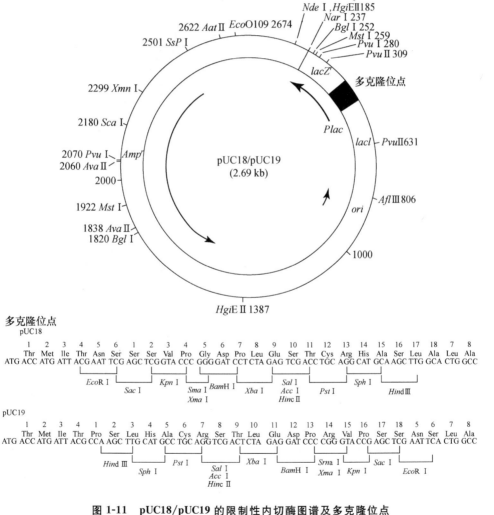

图 1-11　pUC18/pUC19 的限制性内切酶图谱及多克隆位点

在 pUC18 中,*Eco*R Ⅰ 位点紧接于 *Plac* 下游;在 pUC19 中,*Hind* Ⅲ 位点紧接于 *Plac* 下游。

(引自 Sambrook J,et al,1989)

3. pGEM 系列多功能载体

此类载体是由 pUC 质粒衍生而来,它们都含有由不同噬菌体编码的依赖于 DNA 的 RNA 聚合酶转录单位的启动子。此系列可从 Promega 公司买得各类衍生质粒。现以 pGEM-3Zf 为例予以介绍。从图 1-12 可见,此类载体含有 T7 及 SP6 RNA 聚合酶启动子及转录起始位点,多克隆位点,lac 启动子调控区及编码 LacZ α 肽的基因,Amp' 基因,噬菌体 f1 的复制起始区(f1 ori)以及 pUC/M13 正、反向序列分析引物的结合位点。因此,这类载体具有多种功能,一个载体在手可以根据需要进行体外转录、分子克隆、对重组体进行组织化学筛选、测序以及基因表达等一系列实验。这种多功能载体使研究者避免了不少繁琐的重复操作,提高了工作效率。

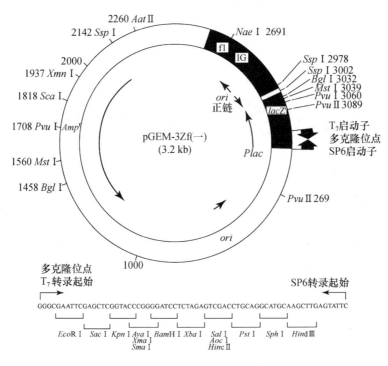

图 1-12　pGEM-3Zf(一)图谱

4. E. coli 中所用的表达载体

在此我们以 E. coli 中所用的表达载体作为原核细胞表达载体来介绍。表达载体和克隆载体的区别在于,表达载体必须含有:

(1)强的启动子,一个强的可诱导的启动子可使外源基因有效地转录;

(2)在启动子下游区和 ATG(起始密码子)上游区有一个好的核糖体结合位点序列(SD);

(3)在外源基因插入序列的下游区要有一个强的转录终止序列,保证外源基因的有效转录和质粒的稳定性。

在 E. coli 中常用的启动子有 lac、Trp、Tac 以及来自 λ 噬菌体的强启动子 P_L、P_R 以及来自 T7 噬菌体的 T7 启动子(T7 启动子是一个组成性的强启动子)等。前几类启动子可被 E. coli 的 RNA 聚合酶所识别而起始转录,而 T7 启动子必须由 T7 噬菌体来源的 T7 RNA 聚合酶所识别而起始转录。因此,在表达载体中用 T7 启动子时,必须要用能产生 T7 RNA 聚合酶的受体菌作宿主,如 JM109(DE3)菌株。

pBV221/pBV220 表达载体(图 1-13)是我国科学家构建的表达载体。本载体利用 λ 噬菌体的 P_L、P_R 作为串联启动子,一个温度敏感的转录阻遏蛋白 cI 857 的基因位于其上游;在多克隆酶切位点(MCS)的下游区有一强的转录终止序列 $rrnBT_1T_2$;在多克隆酶切位点与启动子之间有 SD 序列。当外源基因插入后,其表达处于为 cI 857 阻遏蛋白紧密控制下的 P_R、P_L 启动子的双重调控之下。cI 857 阻遏蛋白是一个温度敏感的转录调控蛋白。在 30℃时其同启动子紧密结合,阻止转录起始;当培养温度升到 42℃时,阻遏蛋白失活,从启动子上解离,RNA 聚合酶与启动子结合起始转录。这种可诱导的启动子使得基因能高效表达。pBV221/pBV220 是胞内表达载体,其表达产物位于细胞质中。

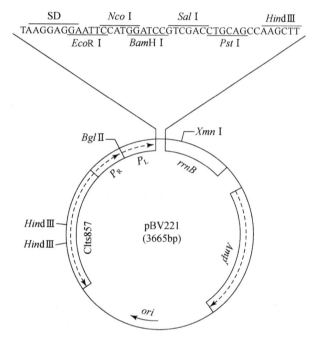

图 1-13　pBV221 限制性内切酶图谱

pBV220 与 pBV221 的唯一区别是将 *Nco* I 识别序列 CCATGG,改为 *Sma* I 的识别位点 CCCGGG。pBV221 可用 *Nco* I 或 *Bam*H I 酶解,暴露出 ATG 起始密码,以表达本身无起始密码序列的外源基因,而 pBV220 只能表达本身含有起始密码的基因。

pTA1529(图 1-14)是分泌表达载体的例子,其同细胞内表达载体的区别是在启动子之后有一信号肽编码序列。外源基因插入到信号肽序列后的酶切位点,使外源基因的第一个密码子正好同信号肽最后一个密码子相接。外源基因连同信号肽基因一起转录,然后翻译成带有信号肽的外源蛋白。当蛋白质分泌到位于 *E. coli* 细胞内膜与细胞外膜之间的周质时,信号肽被信号肽酶所切割,得到成熟的外源蛋白。pTA1529 是用 *E. coli* 碱性磷酸酯酶(phoA)启动子及其信号肽(由 21 个氨基酸组成)基因构建而成。在磷酸盐饥饿的状态下,在这一启动子及信号肽序列指导下,使在其后的外源蛋白表达并分泌到细胞周质中。在 *E. coli* 中常用的介导分泌的信号肽,除了 phoA 的信号肽外,还有 *E. coli* 外膜蛋白(omp)类的信号肽等。目前质粒载体的发展很快,很多载体已经商品化,不同的实验室也根据需要构建各自的载体,只要掌握了载体应具备的基本特征,可以举一反三,构建出所需要的载体。

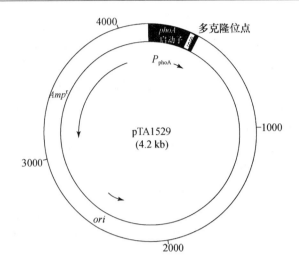

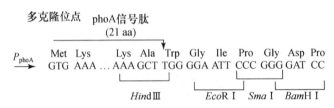

图 1-14　pTA1529 质粒含 *E. coli phoA* 基因的启动子和信号肽序列(SS)

信号肽序列的第一个密码子为 GTG,作为为甲硫氨酸(Met)编码的起始密码子。多克隆位点
在信号肽序列切割位点(↓)的附近。(引自 Sambrook J, et al, 1989)

1.3.2　λ 噬菌体载体

要想很好地利用 λ 噬菌体载体,必须对其分子生物学性质有透彻了解,在由 Sambrook 等人编著的 *Molecular Cloning*(《分子克隆》)一书中有实用而详细的介绍,对不同类型载体的应用范围都作了详尽说明,在此不再赘述。

λ 噬菌体基因组是一长度为 48 502 bp 的线性双链 DNA 分子,其末端为长 12 个核苷酸的互补单链,称为黏性末端(cohesive end, cos)。这是将 DNA 包装到 λ 噬菌体颗粒中所需的 DNA 序列。λ 噬菌体 DNA 之所以能作为外源 DNA 片段的载体是因为其基因组中部约占基因组 1/3 的区段是裂解性生长的非必需区,即位于 *J* 基因和 *N* 基因之间的这一区域可被外源 DNA 区段替代(图 1-15)。在此基础上,通过各种遗传操作,在 λ 噬菌体 DNA 的适当部位设置便于克隆的独特的限制性核酸内切酶位点,构建成用于各种目的的 λ 噬菌体源的克隆或表达载体。当外源基因重组入此载体后,按图 1-6 所示的方式在体外包装到 λ 噬菌体颗粒中,然后在 *E. coli* 中生长扩增或表达。λ 噬菌体载体有以下几种:

1. Charon 系列载体(Charon 4A,28,32~35 及 40 等)

这类载体是为克隆 DNA 大片段而设计的置换型载体,根据载体上的克隆位点的不同,可以将数千碱基对至 24 kb 的外源 DNA 片段进行克隆。图 1-16 给出置换型载体 Charon 28 的限制图谱。当用 *Bam*H Ⅰ 克隆位点时,可将具有 *Bam*H Ⅰ 和 *Mbo* Ⅰ 的大 DNA 片段(5~20 kb)进行克隆,此类载体多用于真核细胞基因组文库的组建。此载体的不足之处是:由于其缺少多克隆位点,给从重组体上切下插入的外源 DNA 片段和制备克隆载体带来不便;另外,用 Charon 28 组建的文库,各重组体形成噬菌斑的大小变化很大,也给文库的筛选带来不便。

左　　　　　　　　　　　　　　　　　　　　　　　　　　　　　　　　　　　　右

A W B C D E FZUVGT HMLKI　　J　　b2　att xis exo cIII NO$_L$ clO$_R$　OP Q　　　SR

碱基对	1　5000　10 000　15 000　20 000　25 000　30 000　35 000　40 000　45 000　48 502
Acc I	2191 ǀ 13 070 ǀ 3574 ǀ 11 828 ǀ 1444 ǀ 6957 ǀ 2720 ǀ 5580
Apa I	10 090 ǀ 38 412
Ava I	4720 ǀ 14 677 ǀ 1602 ǀ 6888 ǀ 3730 ǀ 1881 ǀ 4716 ǀ 1674 ǀ 8614
BamH I	5505 ǀ 16 841 ǀ 5626 ǀ 6527 ǀ 7233 ǀ 6770
Bcl I	8844 ǀ 4459 ǀ 18 909 ǀ 4623 ǀ 6330 ǀ 2684 ǀ 1576
Bgl II	22 010 ǀ 13 286 ǀ 2392 ǀ 9688
Cvn I	26 718 ǀ 7601 ǀ 14 183
EcoR I	21 226 ǀ 4878 ǀ 5643 ǀ 7421 ǀ 5804 ǀ 3530
Hind III	23 130 ǀ 2027 ǀ 2322 ǀ 9416 ǀ 6557 ǀ 4361
Kpn I	17 057 ǀ 1503 ǀ 29 942
Mlu I	5090 ǀ 9824 ǀ 2419 ǀ 3161 ǀ 1268 ǀ 26 282
Nar I	45 680 ǀ 2822
Nco I	19 329 ǀ 4572 ǀ 3967 ǀ 16 380 ǀ 4254
Nde I	27 631 ǀ 2253 ǀ 3796 ǀ 2433 ǀ 1689 ǀ 1774 ǀ 8370
Nhe I	34 679 ǀ 13 823
Nru I	4592 ǀ 23 460 ǀ 3653 ǀ 9401 ǀ 6692
Pvu I	11 936 ǀ 14 321 ǀ 9533 ǀ 12 712
Sal I	32 745 ǀ 15 258
Sca I	16 423 ǀ 2263 ǀ 7001 ǀ 1578 ǀ 5539 ǀ 15 698
Sma I	19 399 ǀ 12 220 ǀ 8271 ǀ 8612
Sph I	2216 ǀ 9790 ǀ 11 940 ǀ 3003 ǀ 12 044 ǀ 9080
Sst I	24 776 ǀ 1105 ǀ 22 621
Sst II	20 323 ǀ 1076 ǀ 18 780 ǀ 8113
Stu I	12 436 ǀ 19 044 ǀ 1519 ǀ 6995 ǀ 7886
Sty I	19 329 ǀ 1882 ǀ 2690 ǀ 3472 ǀ 6223 ǀ 1489 ǀ 7743 ǀ 4254
Xba I	24 508 ǀ 23 994
Xho I	33 498 ǀ 15 004

图 1-15　λDNA 限制图谱

长度<1000 bp 的片段未标出。

2. EMBL 系列载体

这类载体是欧洲分子生物学实验室组建的一类置换型载体。EMBL3 具有两个多克隆位点,可将用 Mbo I、BamH I、EcoR I、Bgl II、Xho I、Bcl I 和 Sal I 切割出的外源 DNA 片段进行克隆。它最适于将外源 DNA 经 Sau3A 或 Mbo I 部分酶解后组建基因组文库,此类克隆载体可容纳 23 kb 的插入序列。由于此类载体具有两个多克隆位点,故使得载体制备及克隆片段的制备过程简化,也使得将插入序列从重组体上切离下来变得更方便。此类载体另一个优点是包括重组的外源基因在内的 44 kb 的 DNA 重组噬菌体在适当的 E. coli 受体细胞(如 LE392)中能很好地生长,便于文库的筛选。EMBL4 是 EMBL3 的姊妹载体,与 EMBL3 的不同之处是其多克隆位点的方向正好与 EMBL3 相反(图 1-17)。

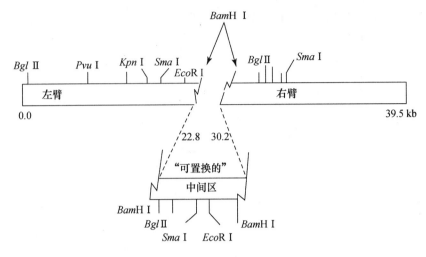

图 1-16　Charon28 上的限制性酶切位点示意

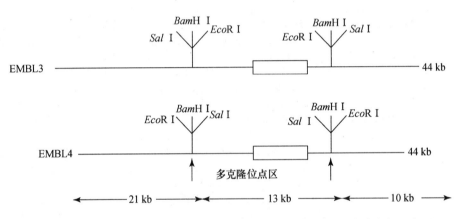

图 1-17　EMBL3 和 EMBL4 上用于进行克隆的限制性酶切位点的方向示意

3. λgt 系列载体

这类载体多用于构建 cDNA 文库,插入的 DNA 片段为 6~8.2 kb,属于此系列的载体有 λgt10、11、18、19、20、21、22 及 23 等。以 λgt11 载体为例(图 1-18),λgt11 是一个 43.7 kb 长的线性双链 λ 噬菌体克隆载体,用以克隆小的 $EcoR$ Ⅰ 片段(<6 kb),特别是用 $EcoR$ Ⅰ 接头克隆 cDNA 片段。用以插入外源 DNA 的 $EcoR$ Ⅰ 位点位于 lacZ 基因的 C 末端,外源 DNA 序列可以作为 β-半乳糖融合蛋白进行表达。用 λgt11 产生的重组文库可用抗体探针或核酸探针进行筛选,这是因为抗体可以检测出被重组的 λgt11 噬菌体表达的融合蛋白。此外在 $EcoR$ Ⅰ 位点插入外源 DNA 致使噬菌体为 gal[-],而非重组体则为 gal[+],因此,在适当的 $E.coli$ 受体细胞中,(gal[-],Y1090)重组体在 X-gal 平板上形成无色亮斑,而非重组体则形成蓝色噬菌斑。通过这种特性可方便地检查出外源基因片段是否插入到 λgt11 克隆载体上。λgt11 还有两个有用的遗传特性:λgt11 含有编码温度敏感的阻遏物(cⅠ857)以及裂解基因中的一个琥珀突变(Sam100)。因此,它可以在带琥珀抑制基因 SupE 的 $E.coli$ 菌株上形成噬菌斑,并在阻遏物有活性的温度下(32℃)形成溶原体。对于用抗体筛选 λgt11 文库的原理可参看图 1-30。

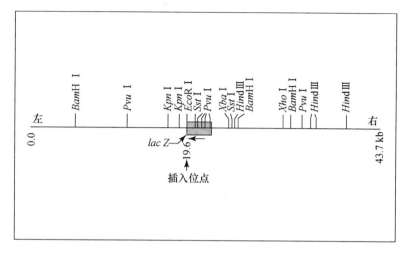

图 1-18　λgt11 载体上主要的限制性酶切位点

4. λORF8、λZAP 等

相关内容,可参阅 Sambrook J 等人编著的 *Molecular Cloning*(1989)。

值得指出的是,没有适用于克隆所有 DNA 片段的万能 λ 噬菌体载体。因此,必须根据实验需要选择合适的载体。在选择时应考虑:

(1) 所要选用的限制性内切酶的特性;

(2) 将要插入的外源 DNA 片段的大小;

(3) 是否要在 *E. coli* 中表达所要克隆的基因;

(4) 所具备的筛选方法等。

1.3.3　黏质粒载体

黏质粒载体(cosmid)是将质粒和 λ 噬菌体 DNA 包装有关的区段(cos 序列)相结合构建而成的克隆载体。黏质粒载体所能容纳的外源 DNA 片段的长度比 λ 噬菌体载体要长,大约在 35~45 kb 大小。黏质粒载体最初就是为克隆和增殖基因组 DNA 的大区段而设计的。由于黏质粒通常携有 Col E1 复制起始点和抗药性标记(如 *Amp*ʳ),所以它能像质粒一样用标准的转化方法(参看 1.4 节)导入 *E. coli* 进行增殖。当在其适当的位点插入外源基因的 DNA 大片段时(35~45 kb),由于其具有 λ 噬菌体的包装序列(cos),可将克隆的 DNA 包装到 λ 噬菌体颗粒中去。这些噬菌体颗粒感染 *E. coli* 时,线状的重组 DNA 被注入细胞并通过 cos 位点的黏端而环化,结果形成的环化分子含有完整的黏质粒载体,它像质粒一样复制并使其宿主菌获得抗药性。因而可用含适当抗生素的培养基对带有重组黏质粒的细菌进行筛选。根据不同的需要,现在已发展出在细菌中增殖真核 DNA 的黏质粒载体(如 pJB8、c2RB、pcos1EMBL 等)以及用以转染哺乳动物细胞的、含有真核细胞病毒的复制起始点及相关筛选标记的黏质粒载体(如 pWE15、pWE16、pCV 系列黏质粒等)。图 1-19 给出具有双 cos 位点载体 c2RB 克隆的示意图。

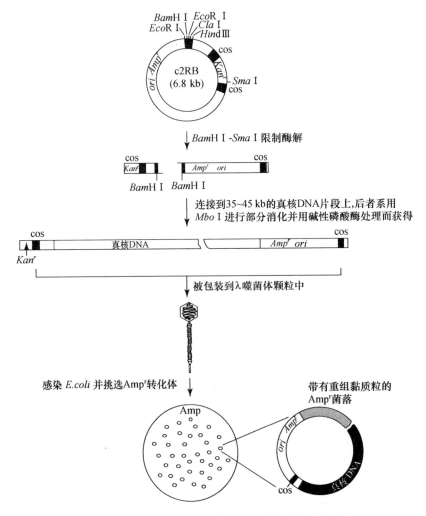

图 1-19 使用双 cos 位点载体 c2RB 进行的黏质粒克隆

载体 DNA 经 *Bam*H Ⅰ 和 *Sma* Ⅰ 酶解后与去磷酸化的外源 DNA 片段(35～45 kb)相连接,由于外源 DNA 片段是用 *Mbo* Ⅰ 部分酶解,其黏性末端与 *Bam*H Ⅰ 黏性末端相匹配。将连接产物包装入 λ 噬菌体颗粒中后感染 *E.coli* recA⁻ 菌株。(引自 Sambrook J,et al,1989)

1.3.4 M13 噬菌体载体及噬菌粒

M13 噬菌体与 f₁、f_d 噬菌体同属丝状噬菌体,这些噬菌体基因组的核苷酸序列有 98% 以上同源,所以在基因操作中把它们视为同一种噬菌体。现在所用的 M13 噬菌体载体 mp 系列都是从同一个重组 M13 噬菌体(M13mp1)改造而来的。M13mp 系列载体在主要基因间隔区内插入了一段带有 β-半乳糖苷酶基因(*lacZ*)的调控序列及其 N 端 146 个氨基酸的编码序列。在 *lacZ* 序列内引入一系列独特的限制性核酸内切酶酶切位点,即多克隆位点(MCS)。这样当有外源 DNA 片段插入时,由于破坏了 β-半乳糖苷酶片段的 α-互补作用(参看 1.3.1 节关于 pUC 质粒),因此可以通过所产生的噬菌斑颜色变化来筛选重组体。M13mp18/19 是一对广泛应用的载体(图 1-20)。

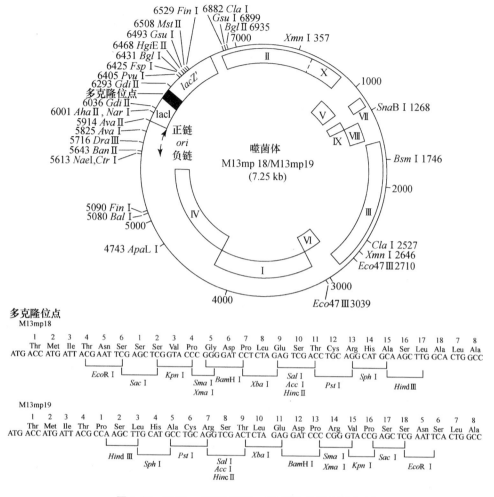

图 1-20 M13mp18 和 M13mp19 载体的限制酶切图

图中显示了一些限制酶在 M13mp18 和 M13mp19 双链 RF DNA 上的酶切位点,两种载体仅在多克隆位点的方向上有所不同。在 M13mp18 中,*EcoR* I 位点紧接于 *Plac* 下游;在 M13mp19 中,*Hind* III 位点紧接于 *Plac* 下游。(引自 Sambrook J, et al, 1989)

M13 噬菌体是一种持续性感染的噬菌体,在一次培养中,可以从 *E. coli* 的细胞中制备其双链的复制型(RF)DNA,而在培养基中可从包装好的噬菌体颗粒中制备单链(＋)DNA。前者可用于基因重组,后者可作为单键 DNA 模板用于 DNA 序列分析和位点特异性突变的研究。M13 类噬菌体载体的不足之处在于:

(1) 易产生外源 DNA 区段的部分缺失,且外源 DNA 越大,其缺失频率越高。这也使插入的外源基因片段的长度受到限制。

(2) 外源 DNA 经常以单方向插入,这给 DNA 片段的克隆带来不便。为了克服 M13 类载体的这些不足,目前已构建了集质粒与丝状噬菌体载体之长处于一身的新载体——噬菌粒(phagemid)。

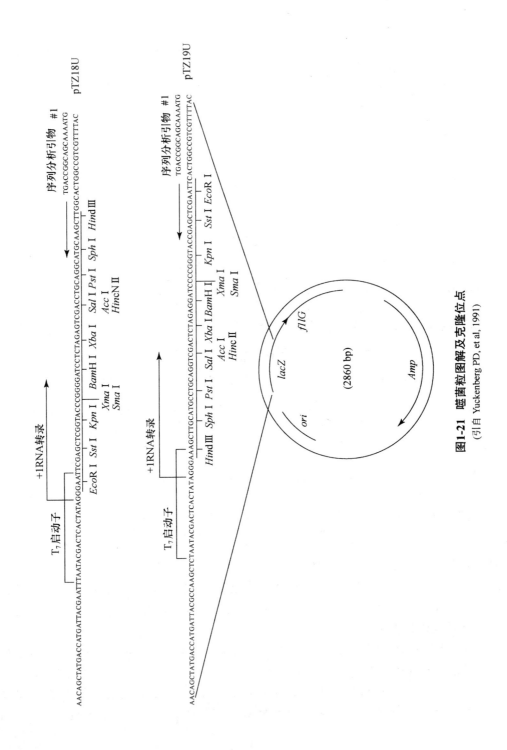

图1-21 噬菌粒图解及克隆位点
(引自 Yuckenberg PD, et al, 1991)

噬菌粒具有如下特征：

(1) 双链 DNA 既稳定又高产；

(2) 这类载体都比较小，可容纳较长的外源 DNA 片段(≈10 kb)；

(3) 具多种功能。

图 1-21 给出一对噬菌粒的图解和克隆位点。这种噬菌粒序列中含有 Col E1 复制起始序列、Amp^r 基因、lac 操作子、lac 启动子及其下游的 β-半乳糖苷酶 N 端 145 个氨基酸残基的编码序列，以及多克隆位点(MCS)等 pUC 质粒的特性。它还具有 f_1 噬菌体的复制起始序列，在辅助噬菌体的帮助下，可以产生含单链 DNA 的类噬菌体颗粒。此外，T_7 RNA 聚合酶启动子的插入，可利用这个启动子对特定的外源基因进行体外转录。用一个噬菌粒载体可以进行多种多样的工作：

(1) 外源 DNA 的克隆；

(2) 产生单链模板 DNA 用于基因特异性位点突变；

(3) 对插入序列直接测序；

(4) 对插入的外源基因进行体外转录和翻译研究等。

1.3.5 真核细胞用载体

由于真核细胞基因表达调控要比原核细胞基因复杂得多，所以用于真核细胞的克隆和表达载体也不相同。目前所用的真核载体大多是所谓的穿梭载体(shuttle vectors)，这种载体可以在原核细胞中复制扩增，也可以在相应的真核细胞中扩增、表达。由于在原核体系中基因工程的重组、扩增、测序等易于进行，所以利用穿梭载体，首先把要表达的基因装配好后再转到真核去表达，这为真核细胞基因工程操作提供了很大的方便。

作为真核基因表达载体应该具备如下的条件：

(1) 含有原核基因的复制起始序列(如 Col E1 复制起始序列 ori)以及筛选标记(如使 E.coli 具有 Amp^r 的 β-内酰胺酶基因)。这样便于在 E.coli 细胞中进行扩增和筛选。

(2) 含有真核基因的复制起始序列(如 SV40 病毒的复制序列)、酵母的 2μ 质粒的复制起始序列(ARS, autonomously replicating sequence)以及真核细胞筛选标记(如氨基糖苷 G418 抗性基因、在酵母细胞中与自养有关的基因：TRP1、LEU2、HIS3、URA3 以及哺乳动物中常用的二氢叶酸还原酶 DHFR 基因等)。

(3) 含有有效的启动子序列，可包含增强子序列等各种顺式作用元件(cis-acting elements)，保证在其下游的外源基因进行有效的转录起始。

(4) RNA 聚合酶Ⅱ所需的转录终止和 poly(A)加入的信号序列。

(5) 合适的供外源基因插入的限制性核酸内切酶位点。

当然对于外源基因的高效表达，还必须考虑到其他多种因素(这将在相应的章节中介绍)。

图 1-22 给出两个通用的酵母表达载体的图谱 pGPD-1 和 pGPD-2。这两个表达质粒由分别来自于酵母 TRP1 基因、2μ 质粒以及 E.coli 载体 pBR322 复制起始区(oriE)和 Amp^r(β-内酰胺酶基因)等 DNA 片段元件组成。TRP1 代表用于酵母细胞的基因筛选标记，当重组质粒转入到 Trp(色氨酸)自养缺陷型的酵母受体细胞后，可用缺少色氨酸的培养基来筛选重组体；而来源于 E.coli 细胞中的 pBR322 复制起始序列(oriE)和 Amp^r 抗性筛选标记，便于此载体首先在 E.coli 细胞中扩增和进行基因操作。GPD-P 是酵母甘油醛-3-磷酸脱氢酶基因启动

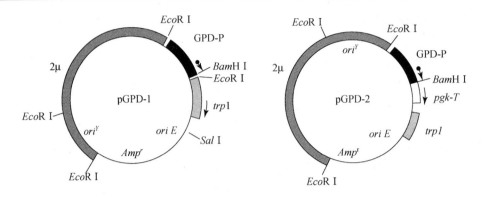

图 1-22　通用的酵母表达载体

示表达载体 pGPD-1 和 pGPD-2 的限制性核酸内切酶图谱。此表达质粒的 DNA 分别来自于酵母 *trp*1 基因、2μ 质粒以及 pBR322 复制起始区(*oriE*)和 *Amp*r 基因。GPD(甘油醛-3-磷酸脱氢酶基因)启动子用黑色区段表示,●→示转录方向,磷酸甘油酸激酶(PGK)基因转录终止序列(*pgk-T*)处于克隆位点 *Bam*H Ⅰ 的下游。

子,酵母磷酸甘油酸激酶(PGK)基因转录终止序列(*pgk-T*)位于克隆位点 *Bam*H Ⅰ 的下游。

应指出,酵母表达载体除了上述通用表达载体外,还有分泌表达载体(参考 4.3 节)以及整合载体。图 1-23 给出两个用于甲醇酵母(*Pichia*)中的整合表达载体 pPIC3 和 pPIC3K。从图可见 pPIC3 由 *Aox*1(醇氧化酶)启动子、多克隆位点以及 *Aox*1 转录终止子(*Aox*1t)在内的 *Aox*1 的 5′区段,以及 HIS 选择标记、*Aox*1 的 3′区段、Amp 抗性基因(*Amp*r)组成。当外源基因重组入多克隆位点并转化入酵母受体细胞(*Pichia*)后,重组体借助 *Aox*1 的 5′及 3′区序列整合入宿主细胞染色体中,使外源基因在 *Aox*1 启动子的调控下稳定表达。pPIC3K 同前者唯一的不同是引入卡那霉素(*Kan*r)抗性基因,可利用 G418 筛选多拷贝的转化体。

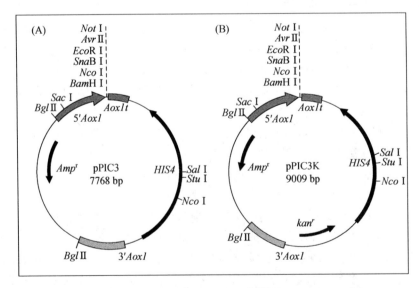

图 1-23　两种典型的酵母(*Pichia*)表达载体 pPIC3 和 pPIC3K

(引自 Romanos M,1995)

不同的真核细胞表达载体可能有所不同,但上述基本成分则是必需的。掌握了这些基本点就可以根据不同需要,加入不同的元件构建所需的载体体系。

1.3.6 人工染色体

以 λ 噬菌体为基础构建的载体能装载的外源 DNA 片段只有 24 kb 左右,而黏质粒载体也只能容纳 35~45 kb。然而许多基因过于庞大,不能作为单一片段克隆于这些载体中,特别是人类基因组、水稻基因组工程的工作需要能容纳更长 DNA 片段的载体,这就使人们开始组建一系列的人工染色体:YAC、BAC、PAC、MAC(Monaco A, et al, 1994)。

1. YAC(酵母人工染色体,yeast artificial chromosome)

YAC 是在酵母细胞中克隆外源 DNA 大片段的克隆体系,是由酵母染色体中分离出来的 DNA 复制起始序列(ARS,自主复制序列)、着丝粒、端粒以及酵母选择性标记组成的能自我复制的线性克隆载体。图 1-24 给出几种不同的 YAC 克隆。YAC 克隆的两端有来源于四膜虫的端粒(TEL,telomere),其左臂含有酵母筛选标记 TRP1、自主复制序列 ARS 及着丝粒 CEN,其右臂含有酵母筛选标记 URA3。在二者之间插入人的 DNA 大片段。酵母人工染色体可插入 100~2000 kb 的外源 DNA 片段。YAC 的特点就是可容纳更长的 DNA 片段,使得用不多的克隆就可以包含特定的基因组全部序列,这样可以保持基因组特定序列的完整性,有利于制作物理图谱。其主要的缺点是:

(1) 用其克隆外源基因易出现嵌合体(40%~60%的克隆是嵌合体);

(2) 某些克隆不稳定,有从插入序列丢失其内部区段的倾向;

(3) YAC 克隆不容易与 15Mb 的酵母自身染色体相分离,给制备 YAC 克隆带来不便。

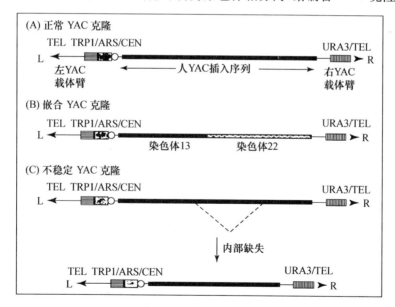

图 1-24　YAC 克隆示意图

(A) 正常酵母人工染色体(YAC)TEL:四膜虫端粒;TRP1、URA3 分别为酵母选择标记;ARS:酵母自主复制序列;CEN:酵母着丝粒。(B) 嵌合的 YAC 克隆,人 DNA 的插入序列分别来自人染色体 13 和 22。(C) 不稳定的 YAC 克隆,内部插入序列受到重排和缺失。(引自 Monaco AP, et al, 1994)

其中缺点(1)、(2)可以通过将 YAC 文库转化入重组缺失的品系来减少嵌合体形成和不稳定性的问题,而(3)可用发展 BAC、PAC 来克服。

2. BAC(细菌人工染色体,bacterial artificial chromosome)

BAC 是以细菌 F 因子(细菌的性质粒)为基础组建的细菌克隆体系,其特点是拷贝数低,稳定,比 YAC 易分离,其对外源 DNA 的包容量可以达 300 kb。BAC 可以通过电穿孔导入细菌细胞。其不足之处是对无选择标记的 DNA 片段的产率很低。

3. PAC(P1-derived artificial chromosome)

这是将 BAC 和 P1 噬菌体克隆体系(P1-clone)的优点结合起来所产生的克隆体系,其可以包含 100～300 kb 的外源 DNA 片段。到目前为止尚未发现插入序列出现嵌合体和不稳定性。P1-clone 是用于分离基因组 DNA 的克隆体系。这个体系将克隆的 DNA 及载体包装λ噬菌体颗粒后注入 E.coli 中,其 DNA 通过 P1 loxp 重组位点和在受体菌中表达的 P1cre 重组酶的作用而环化,形成环形质粒。由于 P1 clone 载体含有卡那霉素抗性基因,所以便于筛选。由于这种质粒在宿主细胞中以单拷贝存在故避免了因多拷贝所造成的克隆不稳定性。

4. MAC(哺乳动物人工染色体,mammalian artificial chromosome)

这是一类正在研究中的人工染色体。如果能从哺乳动物细胞中分离出复制起始区、端粒以及着丝粒,就可以组建 MAC。MAC 的组装成功可以使人们能确定对精确的有丝和减数分裂所必需的 DNA 片段的大小;可通过 MAC 研究在哺乳类细胞中染色体的功能;可利用 MAC 的巨大包容性对大而复杂的基因进行功能分析以及用于体细胞基因治疗等。由于 MAC 将在宿主细胞中自主复制,它们将不作为插入到病人基因组的插入突变剂发生作用,它们可以将整套的基因,甚至将一串与特定遗传病有关的基因及其表达调控序列转入到受体细胞中,使基因治疗变得更有效。

表 1-1 给出各种人工染色体的受体细胞、结构特点及包含量与黏质粒、λ 噬菌体载体、P1噬菌体克隆载体的比较。

表 1-1　各种克隆载体的比较

载体	受体细胞	结构	插入大小
λ 噬菌体	*E.coli*	线性载体	≈24 kb
黏质粒	*E.coli*	环状质粒	35～45 kb
P1-clone	*E.coli*	环状质粒	70～100 kb
BAC	*E.coli*	环状质粒	可达 300 kb
PAC	*E.coli*	环状质粒	100～300 kb
YAC	酵母细胞	线性染色体	100～2000 kb
MAC	哺乳类细胞	线性染色体	>1000 kb

目前,将 PAC、黏质粒、YAC 等克隆载体结合使用克隆各种基因组 DNA 大片段,为基因组图谱制作、基因分离以及基因组序列分析提供了有用的工具。

1.4　受体细胞和重组基因的导入

基因工程发展到今天,从原核到真核细胞,从简单的真核细胞如酵母菌到高等的动、植物细胞都可以作为基因工程的受体细胞。重组基因的高效表达与所用的受体细胞关系密切,选择适当的受体细胞有时又是重组基因高效表达的前提。例如,当我们用 $E.\,coli$ 作为受体菌去表达一个外源基因时,如果所用的表达载体中的启动子是 λ 噬菌体的 P_R 或 P_L 启动子,为了使外源基因通过热诱导来表达,就必须用可表达温度敏感的 cⅠ857 阻遏蛋白基因的菌株作为受体菌。但当选用的载体本身就含有并表达 cⅠ857 的基因(如在 1.3.1 节中所介绍的 pBV220)时,则其受体菌就不受是否含有表达 cⅠ857 的基因的限制。同样的道理,当我们利用 lac 或 tac 启动子来表达外源基因时,受体菌必须是 Lac Ⅰ⁺ 菌株,除非载体上含有 Lac Ⅰ 的基因。又如当用 T_7 噬菌体启动子表达外源基因时,由于 T_7 启动子只能为其本身的 RNA 聚合酶(T_7 RNA 聚合酶)所识别,所以所用受体菌一定能表达 T_7 RNA 聚合酶。

当外源基因在哺乳动物细胞如 CHO(中华仓鼠卵巢细胞)中表达时,如果选用其二氢叶酸还原酶(DHFR)作为可扩增的遗传标记基因时,所用的受体细胞应该是 DHFR 基因缺陷型的 CHO 细胞。这样当用氨甲喋呤(MTX)加压时,随着 DHFR 基因扩增,目标基因也扩增,从而使外源基因的拷贝数增加,表达量提高。

选择受体细胞的一般原则应该是:

(1) 根据所用的表达载体所含的选择性标记与受体细胞基因型是否相匹配,从而易于对重组体进行筛选;

(2) 遗传稳定性高,易于进行扩大发酵(或培养),易于进行高密度发酵而不影响外源基因的表达效率;

(3) 受体细胞内内源蛋白水解酶基因缺失或蛋白酶含量低,利于外源蛋白表达产物在细胞内积累;

(4) 可使外源基因高效分泌表达;

(5) 对动物细胞而言,所选用的受体细胞具有对培养的适应性强,可以进行贴壁或悬浮培养,可以在无血清培养基中进行培养;

(6) 受体细胞在遗传密码子的应用上无明显偏倚性;

(7) 无致病性;

(8) 具有好的转译后加工机制等。

应该指出的是,外源基因的高效稳定表达是载体、基因、受体细胞以及外部条件等相互匹配的结果,从这个意义上讲,基因工程又是一个包括分子、细胞、整体各水平的一个系统工程,需要各方面的知识相互渗透、互补。

以上已经对实施基因工程的四要素作了简明介绍。有了这 4 个条件,就可以在实验室进行基因的分离、重组、筛选和表达。那么,怎样将重组基因导入受体细胞呢?下面介绍几种常用的方法:

1. CaCl₂ 处理后的细菌转化或转染

这是将重组的质粒或噬菌体 DNA(如 λ 噬菌体 DNA,M13 噬菌体 DNA 等)导入细菌中所用的常规方法。前者称为转化(transformation),后者称为转染(transfection)。作为受体细胞的细菌,经一定浓度的冰冷的 CaCl₂(50~100 mmol/L)溶液处理后变成所谓感受态细胞(competent cells),处在感受态的菌体有摄取各种外源 DNA 的能力。如果感受态细胞做得好,每微克的超螺旋质粒 DNA 可得 $5 \times 10^7 \sim 1 \times 10^8$ 个转化体。为得到合格的感受态菌,要注意以下几点:

(1) 用作受体菌的细胞在培养时要掌握好细胞密度,一般 A_{600} 为 0.4 左右为好。

(2) 制备受体细胞的整个过程要在 0~4℃进行,并尽量避免污染。如果用抗菌素筛选转化体,作为对照的受体菌应该在此培养基上不生长。

(3) 为了提高转化率,可选用复合 $CaCl_2$ 溶液,如 *Molecular Cloning* 一书所介绍的 FSB 溶液。

2. 高压电穿孔法

利用脉冲电场将 DNA 导入受体细胞的方法叫做高压电穿孔法。利用这种方法,可以将 DNA 导入动、植物及细菌细胞。影响电穿孔导入 DNA 效率的因素很多,如外加电场的强度,对大多数哺乳动物细胞而言,控制在 250~750 V/cm 较适宜;电脉冲的时间,一般最佳控制在 20~100 ms;工作温度,对不同类型细胞所要求的条件不同,可以在 0℃至室温(25℃)之间进行选择;DNA 的构象和浓度,线性 DNA 比环状 DNA 要好,浓度宜控制在 1~40 $\mu g/mL$。此外,工作缓冲液的离子成分也对其 DNA 导入效率发生作用,一般用盐溶液悬浮细胞要比用非离子溶液更易导入 DNA。

此方法必需专门仪器,最佳条件因所用的受体细胞不同乃至不同实验者而异,必须通过预备实验进行优化,但对于用磷酸钙共沉淀法等不能导入的受体细胞,可用电穿孔法解决。

3. 聚乙二醇介导的原生质体转化法

这种方法常用于转化酵母细胞以及其他真菌细胞。活跃生长的细胞或菌丝体用消化细胞壁的酶(如 driselase)处理变成球形体后,在适当浓度的聚乙二醇 6000(PEG 6000)的介导下,将外源 DNA 转入受体细胞中(静国忠,1986)。

4. 磷酸钙或 DEAE-葡聚糖介导的转染

这是将外源基因导入哺乳类细胞中进行瞬时表达的常规方法。用磷酸钙和 DNA 共沉淀方法时,是将被转染的 DNA 同正在溶液中形成的磷酸钙微粒共沉淀后可能通过内吞作用进入受体细胞。对于 DEAE-葡聚糖作用的机理尚不清楚,可能是其与 DNA 结合从而抑制核酸酶的作用或与细胞结合从而促进 DNA 的内吞作用。

5. 原生质体融合

通过带有多拷贝重组质粒的细菌原生质体同培养的哺乳细胞直接融合,细菌内容物转入动物细胞质中,质粒 DNA 被转移到细胞核中。

6. 脂质体法

将 DNA 或 RNA 包裹于脂质体内,然后进行脂质体与细胞膜融合将基因导入。

7. 细胞核的显微注射法

该方法将目的基因重组体通过显微注射装置直接注入细胞核中。显微注射的方法需要专门的仪器和操作技巧。

8. 颗粒轰击(particle bombardment)技术

颗粒轰击技术是将基因转移到细胞或组织中的通用方法,也就是平常所说的用基因枪实现基因转移的方法。此方法是将 DNA 包被在金或钨的微粒中,然后用基因枪将 DNA 包被的颗粒直接转移到原位组织、细胞乃至细胞器中去。这一技术目前广泛用于植物基因工程、基因治疗以及基因(DNA)免疫等研究。利用基因寻靶的载体(gene targeting vector),将外源基因重组后,通过颗粒轰击技术,将重组体导入受体细胞内,再通过同源重组整合于细胞染色体的特定部位,实现外源基因的持续表达。

总之,基因的导入方法有多种多样,可根据具体需要进行选择。

1.5 基因重组的方法

如何将分离得到的目的基因与载体重组？目前有如下方法：

（1）根据外源 DNA 片段末端的性质同载体上适当的酶切位点相连，实现基因的体外重组。外源 DNA 片段通过限制性核酸内切酶酶解后，其所产生的末端有三种可能：

① 产生带有非互补突出端的片段。用两种不同的限制性内切酶进行酶解后，分离出的外源基因片段，在其两端可以产生非互补突出端。当这个片段与特定载体上相匹配的切点相互补，经 DNA 连接酶连接后即产生定向重组体（图 1-25）。

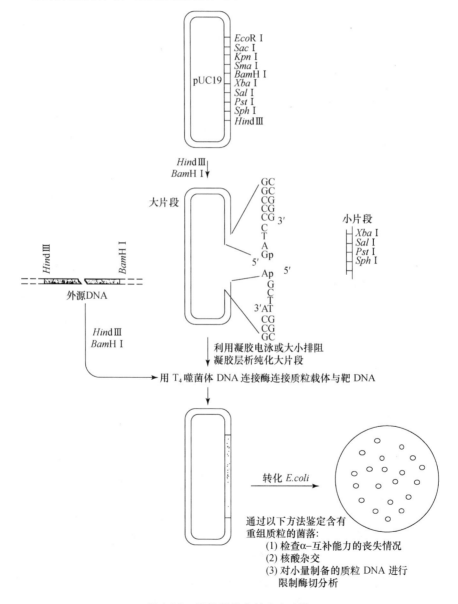

图 1-25 质粒载体中的定向克隆

（引自 Sambrook J, et al, 1989）

② 产生带有相同突出端的片段。当带有相同末端的外源 DNA 片段同与其相匹配的酶切载体相连接时,在连接反应中外源 DNA 片段和载体本身都可能产生自身环化或形成串联寡聚物。在这种情况下要想提高正确连接效率,一般要将酶切过的线性载体双链 DNA 的 5′ 端经碱性磷酸酶处理后去磷酸化,以防止载体 DNA 自身环化。同时要仔细调整连接反应混合物中两种 DNA 的浓度比例,以便使所需要的连接产物的数量达到最佳水平(图 1-26)。

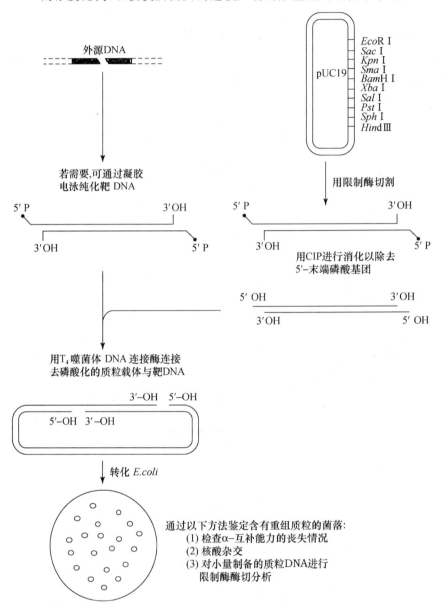

图 1-26　利用磷酸酶(CIP)防止载体 DNA 的重新环化

(引自 Sambrook J, et al, 1989)

③ 产生带有平端的片段。外源 DNA 片段带有平端时,其连接效率比带有突出互补末端的 DNA 要低得多,要得到有效连接,其所需的 DNA 连接酶及外源 DNA 和载体 DNA 的浓度要高得多。加入适当浓度的聚乙二醇或 RNA 连接酶可以提高平端的连接效率。

表 1-2 给出外源 DNA 片段与载体的连接反应中所遇到的问题和对策。

表 1-2　外源 DNA 片段与载体的连接 *

外源 DNA 片段所具末端	克隆所需条件	说　明
平端	需高浓度的 DNA 和连接酶	（1）非重组体克隆的背景可能较高 （2）外源 DNA 与载体 DNA 接合处的酶切位点可能消失 （3）重组质粒会带有外源 DNA 的串联拷贝
不同的突出端	用两种限制酶酶解后，需纯化载体去除小片段，以提高有效连接效率	（1）载体与外源 DNA 接合处的酶切位点常可保留 （2）非重组体克隆的背景较低 （3）外源 DNA 只以一个方向插入到重组质粒中
相同的突出端	酶切后的线状载体 DNA 常用磷酸酶处理去磷酸化	（1）载体与外源 DNA 接合处的酶切位点常可保留 （2）外源 DNA 会以两个方向插入 （3）重组质粒会带有外源 DNA 的串联拷贝

* 引自 Sambrook J，et al，1989。

（2）当在载体以及外源 DNA 片段两端的限制酶切位点之间，不可能找到恰当的匹配时，可采用下述方法加以解决：

① 在线状质粒的末端和（或）外源 DNA 片段的末端用 DNA 连接酶接上接头（linker）或衔接头（adaptor）。这种接头可以含单一的或多个限制性酶切位点，然后通过适当的限制酶解后进行重组。

② 使用 E.coli DNA 聚合酶Ⅰ Klenow 大片段部分补平 3′凹端。这一方法往往可将无法匹配的 3′凹端转变成黏端。如载体质粒 DNA 有一个 Xho Ⅰ克隆位点，Xho Ⅰ酶切后产生 $^{5'}\text{TCGA}\underline{}_{\text{AGCT}_{5'}}$ 黏端。外源基因可用 Sau3A Ⅰ酶切分离产生 $^{5'}\text{GATC}\underline{}_{\text{CTAG}_{5'}}$ 黏端。二者此时不能通过黏端互补进行重组。当分别有 dCTP、dTTP 和 dATP、dGTP 存在时，用 Klenow 大片段部分补平二者的 3′凹端，则二者之间可产生相互补的黏端 $^{5'}\text{TCGA}\underline{}\text{TC}\atop\text{CT}\underline{}\text{AGCT}_{5'}$ 和 $^{5'}\text{GATC}\underline{}\text{GA}\atop\text{AG}\underline{}\text{CTAG}_{5'}$。这样，就可以更有效地进行重组。

③ 使用 Klenow 大片段在 4 种 dNTP 存在下，将 3′凹端完全补平或用 S₁ 核酸酶、绿豆核酸酶、Klenow 大片段、T₄ DNA 聚合酶去除 3′突出端产生平端 DNA 分子，可与任何其他平端 DNA 分子相连。

（3）可以利用末端转移酶分别在载体酶切位点处和外源 DNA 片段的 3′端加上互补的同聚尾，这就是所谓的同聚物加尾法。此法常用于双链 cDNA 的分子克隆（图 1-27）。

（4）通过依次加入、连接合成的 DNA 接头进行 cDNA 克隆（图 1-28）。

（5）多聚酶链反应（PCR）为基因定向重组和构建外源基因高效表达质粒提供了一个通用方法。PCR 技术的出现使得基因的分离和克隆变得更有效。在进行 PCR 时，可根据载体上的克隆位点设计 PCR 引物，使引物上带有与载体克隆位点相匹配的限制性内切酶识别序列。通过 PCR 或 RT-PCR 直接产生可用于重组的外源基因片段。如何利用 PCR 分离基因、改造基因，将在有关 PCR 及其应用的章节介绍。

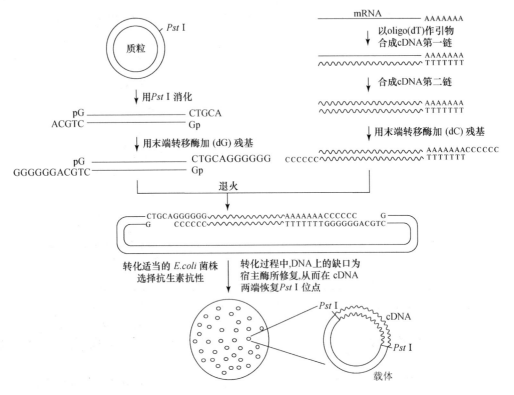

图 1-27 同聚物加尾法克隆双链 cDNA

(引自 Sambrook J, et al, 1989)

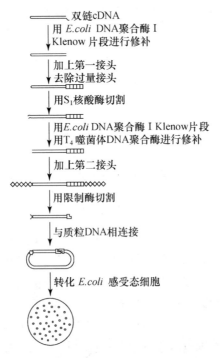

图 1-28 通过依次加入、连接合成的 DNA 接头进行 cDNA 克隆

(引自 Sambrook J, et al, 1989)

1.6 基因重组体的筛选

当一个基因重组的连接反应混合物或重组噬菌体包装混合物转化或感染受体菌后,可以产生千千万万个转化菌或噬菌斑,怎样从众多的转化体或噬菌斑中选出所要的重组体并确切地知道此选择是正确无疑的呢? 这是本节所要介绍的要点。

1. 重组质粒的快速鉴定

这是重组体的初步筛选方法,它根据有外源基因插入的重组质粒同载体 DNA 之间大小的差异来区分重组体。这种方法对于用双酶酶解后定向插入到载体中的重组体尤其方便。当转化体克隆在平板上长到直径为 2 mm 时,将菌落挑入 50 μL 的细菌裂解液(50 mmol/L Tris-HCl,pH6.8;1% SDS;2 mmol/L EDTA;400 mmol/L 蔗糖;0.01% 溴酚蓝)中悬浮,37℃下保温 15 min 后以 12 000 r/min 在 4℃离心,立即吸取 30～35 μL 的上清液,进行 1% 琼脂糖凝胶电泳,琼脂糖凝胶含 0.5～1 μg/mL 的溴化乙锭(EB)[①]。在短波紫外灯(254 nm)下观察质粒的迁移距离,选出重组体(图 1-29)。此方法直观快捷,对亚克隆的重组质粒的筛选更为有用。

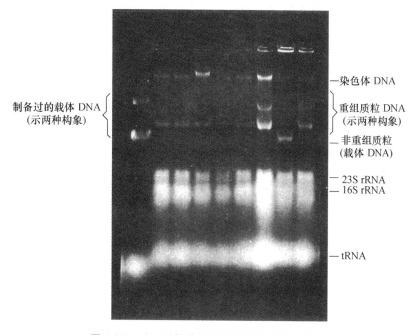

图 1-29 重组质粒快速筛选琼脂糖凝胶电泳图

2. 重组质粒的限制酶解分析

当载体和外源 DNA 片段连接后产生的转化菌落比任何一组对照连接反应(如只有酶切后的载体或只有外源 DNA 片段)都明显得多时,从转化菌落中随机挑选出少数菌落,快速提取质粒 DNA,然后用限制酶酶解,凝胶电泳分析来确定是否有外源基因插入。

3. 通过 α-互补使菌落产生的颜色反应来筛选重组体

当使用的载体(如 pUC 质粒等)含有 β-半乳糖苷酶基因(*lacZ*)的调控序列和 N 端 146 个

---

① 正式化学名称为溴化乙基吡啶鎓,为了便于大家使用,书中仍沿用旧名溴化乙锭。

氨基酸的编码序列时,这个编码区中插入了一个多克隆位点,它并不破坏读码框,但可使少数几个氨基酸插入到β-半乳糖苷酶的氨基端而不影响功能。当这种载体以含有可为β-半乳糖苷酶C端序列编码的细胞作为受体菌时,此酶的N端序列和C端序列通过α-互补产生具有酶学活性的蛋白,从而使宿主菌在含IPTG/X-gal的培养基上呈蓝色。当在多克隆位点有外源基因插入时,破坏此酶N端的读码框,产生无α-互补功能的N端片段,因此带重组质粒的细菌在上述培养基上形成白色菌落。这一方法大大简化了在这种质粒载体中鉴定重组体的工作。

还应指出的是,如果外源DNA插入片段相当短,不破坏β-半乳糖苷酶的氨基端氨基酸序列的读码框(如某些活性肽的编码序列),有时产生的重组体菌落不呈白色而呈浅蓝色。

4. 外源DNA片段插入失活

如果载体带有两个或多个抗生素抗性基因,并在其上分布适宜的可供外源DNA插入的限制性核酸内切酶位点,当外源DNA片段插入到一个抗性基因中时,可导致此抗性基因失活。这样,可通过含不同的抗生素的平板对重组体进行筛选。如pBR322质粒上有两个抗生素抗性基因:抗氨苄青霉素基因(Amp^r),其上有单一的Pst Ⅰ位点;抗四环素基因(Tet^r),其上有Sal Ⅰ、$BamH$ Ⅰ位点。当外源DNA片段插入到Sal Ⅰ/$BamH$ Ⅰ位点时,使抗四环素基因失活,这时含有重组体的菌株从$Amp^r Tet^r$变成为$Amp^r Tet^s$。这样,凡是在Amp^r平板上生长,而在$Amp^r Tet^r$平板上不能生长菌落,就有非常大的可能是所要的重组体。当然,值得注意的是,小片段DNA的插入有时不能使一些抗性基因失活,可能是这种插入不破坏此基因的读码框所致,但这类情况很少。

5. 分子杂交筛选法

利用碱基配对的原理进行分子杂交是核酸分析的重要手段,也是鉴定基因重组体的最通用方法。核酸分子杂交有多种方法:原位杂交、点杂交及Southern杂交等。关于这些方法的具体操作,在Sambrook等编著的 *Molecular Cloning* 一书已有详细介绍。

(1) 原位杂交(*in situ* hybridization)。原位杂交可分为克隆和噬菌斑原位杂交,二者的基本原理是相同的。将转化后得到的菌落或重组噬菌体感染菌体所得到的噬菌斑原位转移到硝酸纤维素滤膜或尼龙膜上,得到一个与平板菌落或噬菌斑分布完全一致的复制品。通过菌体或噬菌体裂解、碱变性后,用烘烤(≈80℃)将变性DNA不可逆地结合于滤膜上。这样固定在滤膜上的单链DNA就可与用各种方法标记的探针在杂交缓冲液中进行杂交。(作为杂交探针,可以用放射性同位素标记的特定序列的双链或单链DNA。如用双链DNA作为探针,在进行杂交反应前必须进行热变性;也可以用放射性标记的单链RNA作为探针。)通过洗涤除去多余的探针,将滤膜干燥后进行放射自显影。最后将胶片与原平板上菌落或噬菌斑的位置对比,就可以得到杂交阳性的菌落或噬菌斑。当然,通过原位杂交筛选阳性重组体是重组基因筛选的第一步,要确定正确的重组体,还必须对这些初选的阳性克隆做进一步的分析。在复杂的cDNA或基因组文库中,当带有目的基因序列的重组体比例很低时,采用此方法非常有效。需要指出的是,近几年来随着非放射性DNA标记技术(如用地高辛标记DNA,Labeling DNA with Digoxigenin Ⅱ-dUTP)的不断完善和商品化,使用杂交法筛选重组基因的工作变得更安全和方便(DNA和RNA分子探针的标记法,参阅Sambrook J等的 *Molecular Cloning* 和Boehringer Mannheim的 *DNA Labeling and Detection Non-radio-active*)。

(2) 点杂交(dot hybridization)和Southern杂交(Southern hybridization)。Southern杂交是进行基因组DNA特定序列定位的通用方法,经常用于对上述原位杂交所得到的阳性克隆的进一步分析。这方法包括两部分:

① DNA 的限制酶切片段从琼脂糖凝胶上向硝酸纤维素滤膜或尼龙膜的转移;

② 用各种标记的 DNA 或 RNA 探针同固定在膜上的 DNA 片段杂交,经放射自显影或其他显示方法(如上面所述的非放射性标记)确定出与探针互补的电泳带的位置。

值得指出的是,能产生可检出杂交信号所需要的 DNA 量取决于外源基因中与探针互补的部分所占比例、探针的大小和强度以及转移到滤膜上的 DNA 的量。在最佳条件下,经放射自显影曝光数天后,这一方法的灵敏度足以检测出不到 0.1 pg 的与高比活度的 ^{32}P 标记探针($>1.7\times10^7$ Bq/μg DNA 探针)杂交的 DNA 带。

点杂交同 Southern 杂交的不同之处只是在于,要被检测的 DNA 不经限制酶解、琼脂糖凝胶电泳分离,而是直接点于杂交膜上变性固定,然后进行杂交和信号显示。此方法常用于病毒核酸的定量、定性检测。

6. 表达文库的免疫学筛选

绝大多数构建于 λ 噬菌体的 cDNA 文库选用 λgt11、λZAP 或 λORE8 作为表达载体。这些噬菌体带有一拷贝的 *E. coli lac Z* 基因,克隆位点位于翻译终止密码子上游 53 bp 处。cDNA 插入方向和读码框正确时,可以表达氨基端为 β-半乳糖苷酶序列、羧基端是外源序列的融合蛋白,其中一些外源序列将暴露出可用特异抗体检测的抗原表位。表达文库的免疫学筛选就是基于上述情况而设计的。此处,我们以 λgt11 载体组建的 cDNA 文库为例说明如何用抗体作为探针来筛选表达文库。如图 1-30 所示,λgt11 重组文库感染适当的 *E. coli* 得到大量的噬菌斑。在 IPTG 存在下诱导融合蛋白表达并转移到滤膜上,然后用第一抗体同滤膜保温形成抗原-抗体复合物,最后用 ^{125}I 标记的蛋白 A 同抗原-抗体复合物结合形成抗原-抗体-^{125}I-蛋白 A 复合物,通过放射自显影筛出阳性噬菌斑。另一种显示办法是使用第二抗体/酶联免疫的方法筛选出所要的重组体。

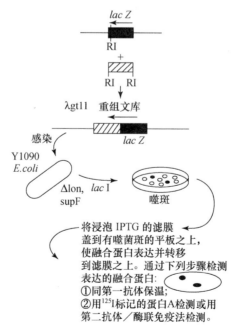

图 1-30　利用特异性抗体作为探针筛选 λgt11 表达文库

(引自 Wu R,et al)

上述方法也适用于对菌落进行免疫学筛选。对于此方法的具体操作,请参阅 Sambrook 等编著的 *Molecular Cloning* 一书的有关章节。

7. 利用 PCR 方法来确定基因重组体

利用合适的引物,以从初选出来的阳性克隆中提取的质粒为模板进行 PCR 反应,通过对 PCR 产物的电泳分析来确定目的基因是否重组入载体中。

8. DNA 的序列分析

这是最后确定分离的基因是否具有与天然基因相同序列的唯一方法,也是最确定的方法。随着 DNA 序列分析技术的商品化和自动化,使 DNA 序列分析变得越来越快速、简便和适用。

综上所述,我们介绍了几种基因重组体筛选及最后如何确证所克隆基因序列正确性的方法。在应用时要根据具体情况选择适当的方法,本着先粗后精的原则,对重组体进行逐步的分析。

2 外源基因在宿主细胞中的高效表达

利用基因工程技术高水平地表达各种外源蛋白质,无论在理论研究还是实际应用上都是十分重要的。因此,如何使外源基因在宿主细胞中高效表达,成为基因工程中的关键问题。应该指出,现在基因工程所涉及的受体细胞多种多样,从细菌到高等动、植物细胞,乃至到动、植物个体,所涉及的基因也是成千上万,各不相同。这种差别使得对特定基因的表达研究就有其特定的个性。本章将从共性出发,讨论影响外源基因高效表达的各种因素。

2.1 有效的转录起始与基因的高效表达

有效的转录起始是外源基因能否在宿主细胞中高效表达的关键步骤之一,也可以说,转录起始的速率是基因表达的主要限速步骤。因此,选择强的可调控启动子及相关的调控序列,是组建一个高效表达载体首先要考虑的问题。最理想的强的可调控启动子应该是:在发酵的早期阶段表达载体的启动子被紧紧地阻遏,这样可以避免出现表达载体不稳定,细胞生长缓慢或由于产物表达而引起细胞死亡等问题。当细胞数目达到一定的密度,通过多种诱导(如温度、药物等)使阻遏物失活,RNA 聚合酶快速起始转录。对于原核细胞而言,前面所介绍的 *lac*、*trp*、λP_L、λP_R、*tac*、*phoA* 等都属于这一类启动子。T_7 噬菌体启动子则是另一种类型的启动子,即组成型启动子。由于其只为 T_7 噬菌体的 RNA 聚合酶所识别,而被 T_7 RNA 聚合酶所起始的转录非常活跃,使得由宿主细胞的 RNA 聚合酶所进行的转录根本无法同其竞争,这样使细胞中几乎所有的转录都是由 T_7 RNA 聚合酶所操纵,在 1～3 h 之内,目标基因的 RNA 转录物可达 rRNA 水平。由于 T_7 RNA 聚合酶几乎能完整地转录在 T_7 启动子控制下的所有的DNA 序列,所以,近年来很多实验室开始选用 T_7 噬菌体启动子对外源基因进行高效表达。无论是可诱导型的(inducible promoter)还是组成型的(constitutive promoter)启动子,在适当的条件下都可以使外源基因高效表达。T_7 启动子调控下的表达载体已形成一个系列,根据外源基因插入的位点可以分别得到直接表达和融合表达。图 2-1 给出 pET-3a 质粒带有 T_7 噬菌体 $\varphi10$ 启动子($p_{\varphi10}$)和 φ 终止子(T_φ)。T_φ 终止子可使转录物对核酸外切酶降解的耐受能力更强(Studier FW,et al,1986)。pET-3a 中插入了噬菌体 $\varphi10$(T_7 噬菌体的主要衣壳蛋白)的翻译起始区(S10),其中在第 11 个密码子处有 *Bam*H Ⅰ 位点。外源基因可以在 *Bam*H Ⅰ 位点插入,与 $\varphi10$ 蛋白的 N 端形成融合蛋白;当外源基因按正确的读码框插入到 *Nde* Ⅰ 位点(CATATG)时,可以表达天然外源蛋白。

对于真核细胞的表达载体而言,启动子的概念要比原核扩展得多。正如在"分子生物学基础分册"所介绍的那样,真核基因表达调控要比原核复杂得多。然而,启动子和增强子作为两个重要的转录控制序列,应该是外源基因在真核细胞中高效表达所必需的。真核启动子也分组成型和诱导型两大类。如 SV40、腺病毒、人巨细胞病毒(CMV)和 Rous 肉瘤病毒(RSV)的启动子和增强子是常用的组成型的转录调控序列。干扰素 β 启动子则是一种可诱导启动子，在干扰素 β 基因的上游区－77～－36 序列是负责诱导的序列；在成纤维细胞中，干扰素 β 的表达被病毒的感染或 poly(rⅠ)-poly(rC)所诱导；在 CHO 细胞中，通过共诱导和二氢叶酸还原酶基因的共扩增，使干扰素 β 表达量提高近 200 倍。此外，近几年所用的热休克启动子(heat-shock promoter)以及激素诱导的启动子(glucocorticoid induction)都是诱导启动子。综上所述，无论是原核还是真核细胞，要达到外源基因的高水平表达，选择好的转录调控序列是组建高效表达载体所必需的。

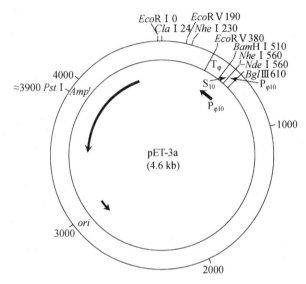

图 2-1　质粒 pET-3a 的限制性内切酶图谱

　　质粒 pET-3a 带有 T7 噬菌体 φ10 启动子($P_{\varphi10}$)和终止子(T_{φ})。T_{φ} 终止子可以使转录物对核酸外切降解的耐受能力更强(Studier,Moffatt,1986)。pET-3a 是 pET-3 的衍生质粒，它在 pET-3 中插入了 T7 噬菌体 φ10(T7 噬菌体的主要衣壳蛋白)的翻译起始区(S_{10})，其中在第 11 个密码子处有一个 *Bam*H Ⅰ 位点。*Nde* Ⅰ 位点(CATATG)位于翻译起始位点，可用于构建表达天然蛋白的质粒。(引自 Sambrook J,et al,1989)

2.2　mRNA 的有效延伸和转录终止与基因的高效表达

　　外源基因的转录一旦被起始，那么接下来的问题是如何保证 mRNA 有效的延伸、终止以及稳定的积累(尤其在真核细胞中)。然而，在转录物内的衰减(attenuation)和非特异性终止可诱发转录中的 mRNA 分子提前终止(premature termination)。衰减子位点(attenuator)具有简单终止子的特性，在原核细胞中其处于生物合成的操纵子的启动子和第一个结构基因之间。由于衰减子序列是负调控元件，为保证 mRNA 转录完全，在表达载体的组建中要尽量避免其存在。为了防止 mRNA 在转录过程中非特异性终止，抗终止序列元件(antitermination element)可加入到表达载体上。正常的转录终止子序列的存在也是外源基因高效表达的一个因素，其作用是防止不必要的转录，使 mRNA 的长度限制到最小，增加表达质粒的稳定性。所以,在设计表达载体时要考虑到上述因素。对于真核细胞而言,表达载体上含有转录终止序列和 poly(A)加入位点,是外源基因高水平表达的重要因素。当将转录终止信号置于两个转录单位之间,防止转录从前一个转录单位扩展到后面一个转录单位。如将组蛋白 H_{2A} 基因的终止序列加入到两个串联在一起的 α-珠蛋白转录单位之间,使第二个 α-珠蛋白的表达提高 7 倍左右。转录终止信号使 DNA 从反向链进行转录,产生反义 mRNA 的概率减小到最小限度,从而减少了这种反义 mRNA 通过分子杂交阻遏基因表达的概率。Poly(A)加入的信号序列 AAUAAA 对于 mRNA 3′ 端的正确加工和 poly(A)的加入至关重要,有实验指出,AAUAAA 位点的缺失,使一基因的表达减少 10 倍。值得指出的是,无论是转录的终止、衰减序列还是抗终止序列,都是通过宿主细胞内的反式作用因子来起作用的。从这个意义上讲,基因的高效表达是由载体、基因、受体细胞协同完成的。

2.3　mRNA 的稳定性与基因的高效表达

mRNA 的稳定性直接关系到翻译产物的多少。然而,在基因工程操作中如何提高 mRNA 的稳定性的设计的报道甚少。对于原核细胞来讲,利用 RNase 缺失的受体菌是一个可供选择的方案。而对于真核,可按基因表达调控中所介绍的原则,使 mRNA 5′ 端和 3′ 端正确加工,提高成熟 mRNA 的稳定性。

2.4　有效的翻译起始与基因的高效表达

2.4.1　有效的转录和翻译起始是外源基因高效表达的关键

目前公认有效的转录和翻译起始是外源基因高效表达的关键。如前面所述,翻译是 mRNA 指导的多肽链合成的过程,而翻译起始是多种成分协同作用的过程,这其中包括 mRNA、16S rRNA、fMet-tRNA 之间的碱基配对。与此同时,核糖体 S_1 蛋白和蛋白合成起始因子的相互作用促进蛋白合成的起始。在原核细胞中,影响翻译起始的因素有:起始密码子、核糖体结合位点(SD)、起始密码与 SD 序列之间的距离和核苷酸组成、mRNA 的二级结构以及 mRNA 上游的 5′ 端非翻译序列和蛋白编码区的 5′ 端序列等。

作为翻译起始,可达最大效率的一般原则是:

(1) AUG(ATG)是最首选的起始密码子。GUG、UUG、AUU 和 AUA 有时也用做起始密码子,但非最佳选择。

(2) SD 序列即核糖体结合位点(RBS)的序列,是指原核细胞 mRNA 5′ 端非翻译区同 16S rRNA 3′ 端的互补序列。按统计学的原则,一般的 SD 序列至少含 AGGAGG 序列中的 4 个碱基。SD 序列的存在对原核细胞 mRNA 转译起始至关重要。

(3) SD 与起始密码之间的距离以 9±3 为宜。也有报道,如果 SD 序列同 16S rRNA 3′ 端的互补碱基大于 8 时,上述二者之间的距离则不重要。

(4) 除 SD 序列外,处于起始密码 5′ 端的核苷酸应该是 As 和 Us(在 −3 位置应为 A)。

(5) 如果在起始密码 AUG 后的序列是 GCAU 或 AAAA 序列,能使翻译效率提高。

(6) 在翻译起始区周围的序列应不形成明显的二级结构,使翻译起始调控元件如 AUG、

SD 序列易被核糖体识别和结合。

上述这些原则可以选择性地用于表达载体的设计,从而使翻译起始更有效。实验指出,通过突变 mRNA 5′端非翻译区的核苷酸序列,以减少、去除某些茎-环结构(stem-loop structures),可以提高翻译的起始效率。

对于真核细胞基因而言,在 mRNA 的 5′非翻译区不存在 SD 序列,但对绝大多数有效的 mRNA 翻译起始而言,一个共有序列 5′-CC^A_GCCATGG-3′是必需的,而其中最重要的是在−3 位应是嘌呤碱基,而在+4 位是 G。实验指出,通过突变改变起始密码附近的这一共有序列,可使翻译起始效率下降 10 倍。此外,在起始密码的上游区如果存在另外一个起始密码,而特别是这个起始密码又不被其后的一个符合读码框(in frame)的终止密码所隔断,那么这个上游起始密码会损害翻译的起始。在表达载体和基因的设计中,应注意这些情况。

2.4.2　*E. coli* 中起始密码的"下游盒"元件能高度增强外源蛋白质的表达

如上所述,原核细胞(如 *E. coli*)mRNA 的翻译起始被位于起始密码上游的顺式元件 SD 序列所促进。这是因为 SD 序列与 16S rRNA 的 3′端序列互补,从而增强了 30S 核糖体亚基与 mRNA 之间翻译起始复合体的形成。后来,研究者发现原核细胞(包括噬菌体)中的一些 mRNA 的起始密码的下游存在着一个与 16S rRNA 的一段碱基序列(如在 *E. coli* 中是 16S rRNA 中的 1469~1483 序列)互补的序列,其作为一个独立的翻译增强子信号在改善蛋白质翻译效率中起着重要的作用。这个序列叫做"下游盒"(downstream box of the initiation codon, DB)(Faxen M, et al, 1991;Etchegaray JP, et al, 1999;Sanchez R, et al, 2000;Sprengart ML, et al, 1996)。16S rRNA 中与 DB 互补的序列叫做"反 DB 序列"(anti-DB sequence)。研究进一步表明,DB 和反 DB 序列之间完美的碱基配对对于 DB 增强蛋白质的合成效率是重要的(Etchegaray JP, et al, 1999)。基于 T7 启动子/RNA 聚合酶(T7 promoter/RNA polymerase)的 pET 表达载体系统是在 *E. coli* 中表达外源蛋白质最有效的载体系统(Studier FW, et al, 1991),以 pET-30a(t)为基础组建 pET-DB 表达载体,进一步确证 DB 序列是否能进一步增强外源蛋白质的表达(Zhang XL, et al, 2003)。图 2-2 给出 pET-DB 表达载体的图谱。pET-DB 表达载体有如下特点:

(1) 目标基因在强的 T7 噬菌体启动子调控下表达。

(2) *lac* 操作子序列紧接在 T7 启动子下游。此位点通过与 Lac 阻遏蛋白结合可有效地减少 T7 RNA 聚合酶的转录并抑制在非诱导情况下外源基因在宿主细胞 BL21(DE3)中的基础表达。

(3) 此载体含有自己的 *lac* Ⅰ 的拷贝,保证产生足够的阻遏蛋白,以便有效地与 *lac* 操作子位点结合。

(4) T7 转录终止子(T_{T_7},T7 terminator)位于插入的外源基因的下游,保证了外源基因的有效转录。

(5) 由 15 个碱基组成的 DB 序列位于起始密码的下游(包括起始密码 ATG),其与 16S rRNA 的反 DB 序列完全互补,而与上游的 SD 序列相隔 7 个碱基。

(6) His 标签(6×His tag)和凝血酶(thrombin)的酶切位点氨基酸序列按正确读码框与

DB 序列相融合,有利于目标蛋白质表达后的分离纯化。

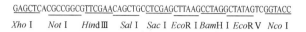

GAGCTCACGCCGGCGTTCGAACAGCTGCCTCGAGCTTAAGCCTAGGCTATAGTCGGTACC

Xho I　　*Not* I　　*Hind* III　　*Sal* I　*Sac* I　*Eco*R I *Bam*H I *Eco*R V　*Nco* I

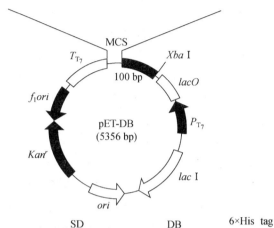

SD　　　　　　　　　　DB　　　　　　　6×His　tag
Xba I　　　　　　　　*Eco*R I　　　Met Asn His Lys Val　His His His His　His
5′ CTAGAAATAATTTTGTTTAACTTTAAGGAGGAATTCTTATGAATCACAAAGTCATCATCATCATCAT
3′　　　TTTATTAAAACAAATTGAAATTCCTCCTTAAGAATACTTAGTGTTTCAGTAGTAGTAGTAGTA

↓

His　Ser　Ser Gly Leu Val Pro　Arg Gly Ser
CACAGCAGCGGCCTGGTGCCGCGCGGCAGCTC
GTGTCGTCGCCGGACCACGGCGCGCCGTCGAGGTAC
酶切位点　　　　　　　　　　*Nco* I

图 2-2　表达载体 pET-DB 图谱

核苷酸序列指出 100 bp 的插入序列(*Xba* I-*Nco* I),其含有 SD、DB、6×Histag 及凝血酶
酶切位点(箭头)P_{T_7},T_{T_7} 分别为 T7 启动子及转录终止子。

(7) 任何目标基因都可用 *Nco* I 并与相应的多克隆位点(MCS)中的任一位点相配合,以正确读码框插入到载体中进行表达。

四个分别来自原核和真核的基因被重组入 pET-DB 进行表达测试,结果显示,与 pET-30a(t)起始载体相比,pET-DB 使目标基因表达量提高了 35%～70%。对来自真核的某些基因表达量可提高到 80%。

上述这些特点使 pET-DB 不仅改善了外源基因的表达效率,由于 6×His tag 及凝血酶酶切位点的存在,表达的蛋白可通过二次金属螯合亲和层析得以纯化(Zhang XL, et al, 2003)。

2.5　遗传密码应用的偏倚性与基因的高效表达

在"分子生物学基础分册"已经介绍了遗传密码偏倚性的概念。新生肽链在 mRNA 上并不是以恒速延伸的。这种翻译的不连续性,意味着对基因表达而言,在 mRNA 模板的各区段的翻译核糖体具调节作用。对遗传密码的应用并不是随机的,高表达的基因经常使用所谓的偏倚性密码。尤其是对于基因编码序列的 5′端,使用偏倚密码更能提高表达效率。Amgen 公司将乙肝表面抗原基因的 5′非翻译区及 N 端前 30 个氨基酸残基的核苷酸序列进行优化,选

用酵母菌常用的偏倚密码子,使乙肝病毒表面抗原基因在酵母中的表达效率比用原序列提高
10~15 倍,这可能是一个较为极端的例子。

在 *E.coli* 乃至所有的生物细胞的 mRNA 分子中,为氨基酸编码的密码子按照前面所介
绍的密码表共有 61 个密码子。那些发生在高效表达基因中的密码称为主密码(major
codon),与其相对的称为罕用密码(minor 或 rare codon),一般多存在于低水平表达的基因中。
关联 tRNA(由一种氨酰 tRNA 合成酶识别的 tRNA,称为该酶的关联 tRNA)的水平同相应的
密码子使用频率成正比。上述这些现象从生物进化的角度看是很有意义的。但如果在基因工
程操作中外源的基因(mRNA 分子)中含有过多的罕用密码子,则在受体细胞中高效表达时就
要出现问题。表 2-1 和表 2-2 分别给出了 *E.coli* 细胞所用的罕用密码子的频率及典型的
E.coli 蛋白的氨基酸组成。如果外源基因 mRNA 中所含的密码子的分布情况或外源蛋白质
中所含有的氨基酸组成的分布情况同在 *E.coli* 细胞中正常情况一致,那么,*E.coli* 细胞能够
使相适应的 tRNA 氨酰化,保持翻译正常进行和减少错译事件;然而,如果从克隆基因来的
mRNA 含有罕用密码子(表 2-1)或其氨基酸组成的分布不正常地偏离典型 *E.coli* 蛋白质的
氨基酸组成分布(表 2-2),那么外源基因在 *E.coli* 细胞内表达过程中,其蛋白质合成的质和量
都受到影响。虽然 *E.coli* 细胞有能力高效表达外源基因,在诱导条件下可使外源蛋白质的组
成占细胞总蛋白量的 60%~70%,但当外源基因所编码的 mRNA 和蛋白质的密码或氨基酸
组成与 *E.coli* 细胞中的正常值偏离过大时,其表达就会出现问题。为说明此点,现举几个
例子。

表 2-1 *E.coli* 所用的罕用密码子(Kane JF, 1995)

罕用密码子	所编码的氨基酸	使用频率/(%)
AGG/AGA	精氨酸	0.14/0.21
CGA	精氨酸	0.31
GUA	亮氨酸	0.32
AUA	异亮氨酸	0.41
CCC	脯氨酸	0.43
CGG	精氨酸	0.46
UGU	半胱氨酸	0.47
UGC	半胱氨酸	0.61
ACA	苏氨酸	0.65
CCU	脯氨酸	0.66
UCA	丝氨酸	0.68
GGA	甘氨酸	0.70
AGU	丝氨酸	0.72
UCG	丝氨酸	0.80
CCA	脯氨酸	0.82
UCC	丝氨酸	0.94
GGG	甘氨酸	0.97
CUC	亮氨酸	0.99

密码使用频率<1%者定义为罕用密码子。

表 2-2 典型 *E. coli* 蛋白质中的氨基酸组成（Wada K，et al，1992）

氨基酸	在蛋白质中出现的频率/(%)	氨基酸	在蛋白质中出现的频率/(%)
半胱氨酸	1.08	苏氨酸	5.37
色氨酸	1.28	天冬氨酸	5.41
组氨酸	2.23	丝氨酸	5.70
甲硫氨酸	2.65	精氨酸	5.74
酪氨酸	2.88	异亮氨酸	5.78
苯丙氨酸	3.74	谷氨酸	6.26
天冬酰胺	4.02	缬氨酸	7.12
脯氨酸	4.29	甘氨酸	7.45
谷氨酰胺	4.33	丙氨酸	9.46
赖氨酸	4.85	亮氨酸	10.03

1. 罕用精氨酸密码子 AGG/AGA 簇在 mRNA 分子中的存在所引起的问题

在 *E. coli* 中，特异性的罕用精氨酸密码子 AGG 和 AGA 发生的频率分别为大约 0.14% 和 0.21%。它们是第一个被证明对蛋白质表达产生有害作用的罕用密码（Spanjaard RA，et al，1988；Brinkman U，et al，1989；Spanjaard RA，et al，1990）。当在一个为 312 个氨基酸编码的蛋白质 mRNA 中，引入 2～5 个 AGG 密码子组成的密码簇时，发现它们对蛋白质合成的影响与 AGG 的数目及其在 mRNA 分子中的位置有关（Rosenberg AH，et al，1993）：当将 2～5 个 AGG 簇放到这个蛋白基因所编码的 mRNA 的第 13 个密码子后时，对蛋白质表达的影响最大；当插入到第 223 个密码子后面时，蛋白表达则有轻微增加；当 AGG 簇接近于 mRNA 的 3′端即蛋白质 C 端时，其对蛋白表达的影响就减少；当 AGG 簇数目增加时，蛋白表达则减少。

不但成串的 AGG 簇引起翻译问题，就是单一的 AGG/AGA 也可引起翻译障碍。如牛的胎盘催乳素（bovine placental lactogen，BPL）蛋白，在其 200 个氨基酸中有 9 个精氨酸是由 AGG/AGA 罕用密码子编码，其在 mRNA 中出现的频率为 4.5%，大大超过 *E. coli* 细胞中罕用密码子出现的频率水平。当 BPL 在 *E. coli* K12 品系中表达时，其产率低于全细胞蛋白的 10%。此外还出现一种特殊的现象，从纯化的蛋白中得到一种与正常 BPL 不同的蛋白质。在这个蛋白质分子中丢失了两个胰蛋白酶酶解片段，出现一个新的肽段。在正常情况下，BPL 的 86 位是一个精氨酸，当用胰蛋白酶酶解时，氨基酸残基 74～109 片段会产生 2 个肽段，即 74～86 和 87～109。然而当用胰蛋白酶水解不正常的 BPL 时，并不产生 74～86 和 87～109 两个肽段，而出现一个 74～85 与 88～109 残基相连的新肽段。这也就是说，86 位的精氨酸和 87 位的亮氨酸从正常的 BPL 分子中缺失。这种符合读码框缺失 2 个氨基酸是如何产生的呢？当对 BPL mRNA 的序列进行分析后，人们提出一种假设来解释这一现象：密码子 85～87 是 UUG-AGG-UUG，为 Leu-Arg-Leu 编码。由于在 BPL mRNA 中存在过多的 AGG/AGA 密码子，使细胞内的相应的氨酰 tRNA 库用完，这样核糖体必须在 86 位密码子处暂停下来等待精氨酰 tRNA$_{ucu}^{ocu}$，过长的暂停时间使得在 P 位（UUG）上的肽基-tRNA 跳过密码子 86，落到 87 位上相同的 UUG 密码上，而继续按符合读码框方式完成蛋白的合成，其结果使合成的 BPL 少了 2 个氨基酸（86Arg 和 87Leu）。据统计，此类事件以非常惊人的频率发生，可达 2%，比正常情况下蛋白质合成中所产生错误的频率要高出近 100 倍。

2. 其他罕用密码子簇对蛋白表达的影响

当外源基因所编码的 mRNA 中含有 E.coli CUA、AUA、CGA 或 CCC 罕用密码子簇时,会影响这些基因在 E.coli 中表达的质和量。同上述的 AGG/AGA 罕用密码一样,这些稀有密码子即使不成簇,只要其含量过多,也对外源基因的翻译过程带来问题。当这些罕用密码子位于 mRNA 的 5′端时,其对蛋白质的翻译影响更大,也许这是一个规律。

3. "饥饿密码子"对蛋白表达的影响

当外源蛋白质中某些或某种氨基酸的组成远远超过典型的 E.coli 蛋白质氨基酸的组成水平时,由于 E.coli 细胞内相应的氨酰 tRNA 相对供应不足而造成所谓的"饥饿密码子",最终影响到外源基因在 E.coli 中的表达。上述的这种情况,即使在外源 mRNA 所用的密码子是主密码子(major codon)时也会出现;当然,如果"饥饿密码子"与罕用密码子共存时,对翻译的影响就会更大。如鸡接头组蛋白 H5(chicken linker histone H5)中赖氨酸含量为 23%、精氨酸为 12%、丙氨酸为 15%、丝氨酸为 14%、脯氨酸为 7%,5 种氨基酸占整个蛋白氨基酸的 71%。如果看其 C 末端,情况更甚,赖氨酸、精氨酸、丙氨酸、丝氨酸及脯氨酸的含量分别为 37%、14%、18%、12% 及 10%,这个蛋白质中的氨基酸组成远远超过典型 E.coli 细胞中蛋白质氨基酸组成水平(表 2-2),且其中为脯氨酸编码的是 CCC 罕用密码。这样使得鸡接头组蛋白 H5 在 E.coli 细胞中表达时,不可避免地遇到问题。当我们对某个基因的表达情况进行分析时,要考虑到上述情况,这也为外源基因的设计、优化提供了可供参考的理论。

4. 罕用密码子和核糖体突变共同作用于外源基因在 E.coli 细胞中的表达

研究发现,50% 的读码框移位(frameshift)是发生在有 AGG-AGG 串联密码处,特别是受体菌中为 30S 核糖体亚基的 S12 蛋白编码的基因 rpsL 位点有一个突变时,读码框移位的发生频率会更大(Brinkman U, et al, 1989)。这说明罕用密码子对外源基因翻译效率(质量)的影响与受体细胞的遗传背景相关。核糖体在读码框移位位点的暂停时间决定了移位的频率;这个暂停时间的长短与关联 tRNA 的可得性程度有关,暂停的时间越长,发生移位的频率就越高。因而,为了更好地说明罕用密码对外源基因表达的影响,很全面地了解受体细胞的背景是非常必要的。换句话说,某些罕用密码子可能只有当它们在含有 rpsL 突变的受体细胞中才能影响蛋白质的翻译表达。值得指出的是,关于这方面的研究所积累的材料尚不充分,仍需进一步深入。

综上所述,为了要使外源基因在受体细胞中高效、忠实地表达,要充分注意外源基因的密码子的组成、氨基酸的组成以及受体菌本身的遗传背景等多方面的问题。在此基础上,对工程菌的培养生长条件进行优化。如果外源基因的表达出现问题,要从各个方面来分析,才能最终找到解决问题的办法。上述问题多是以 E.coli 为基础进行讨论的,对于其他受体细胞体系至少提供了合理的思路。

在此还需指出,外源基因的高效表达是由多方因素决定的,利用密码子的偏倚性只是一方面。某些研究结果也指出,在某些表达体系中密码子的偏倚性并非高效表达所必需。

5. 如何在 E.coli 细胞中有效表达含有其罕用密码子的外源基因

由于 E.coli 的遗传背景清楚,且很多高效表达载体(如 T7 系统)被构建和应用,E.coli 细胞一直作为一个原核细胞表达体系被广泛应用在外源基因表达的工作中。然而,当一个目标基因含有多个 E.coli 细胞罕用密码子时,这类基因在 E.coli 细胞中的有效表达就会出现问题,例如,在腾冲嗜热菌(T. tengcongensis)中的蛋白合成延伸因子 EF-G 在 E.coli 中表达时就遇到困难。这个 EF-G 蛋白基因由 691 个密码子组成,其中有 87 个密码子为 E.coli 中的罕用密码子,即使用 T₇ 表达体系也不能使其有效表达。解决这一问题的唯一办法是构建一个携有与这些罕用密码子相对应的 tRNA 基因的表达载体,将这样的载体与表达目标基因的载体在 *E. coli* 中共表达。

这些表达罕用密码子相对应的 tRNA 的载体至少要具有如下特点:

(1) 表达 tRNA 的载体的复制起始点 *ori* 一定要与表达目标基因载体的 *ori* 来源不同。这一点必须要记住! 当用两个载体在 *E. coli* 中共表达不同的基因时,两个载体的复制起始点 *ori* 的来源不同才能相容,否则就相互排斥最后丢失一种载体。*E. coli* 中所用的绝大部分载体的复制起始点 *ori* 都位于 Col E1,所以表达 tRNA 载体的 *ori* 应来源于其他系统。

(2) 共表达所用的两种载体要具有不同的筛选标记,如不同的抗生素抗性,以便于重组体的筛选。

RIG 质粒是华盛顿大学 WGJ Hol 教授实验室所构建的表达三种 *E. coli* 罕用密码子相对应的 tRNA 的载体,其具有如下特点:

(1) 携带着编码三种 tRNA 的基因。这些基因指导组成性表达识别 AGA/AGG(Arg-R)、ATA(Ile-I)和 GGA(Gly-G)等密码子的 tRNA。如上所述,AGA/AGG、ATA 和 GGA 都是 *E. coli* 中的罕用密码子,通过组建表达上述 tRNA 的载体,增加这类 tRNA 在细胞中的水平,可使 *E. coli* 有效表达含有 AGA/AGG(Arg-R)、ATA(Ile-I)和 GGA(Gly-G)罕用密码子的目标基因。

(2) RIG 质粒是 pACYC184 的衍生质粒,其复制起始点 *ori* 来自于质粒 p15A;其与绝大多数来自于 pBR322 的衍生质粒不同,它们的复制起始点来自于 Col E1 不同,所以 RIG 质粒可与 pBR322 的衍生质粒(如 T₇ 表达系统)共存于 *E. coli* 受体菌中。

(3) RIG 质粒含有氯霉素抗性基因,便于重组体的筛选。

图 2-3 给出了 RIG 质粒的图谱。正是利用 RIG 与携有嗜热菌 *EF-G* 基因的 T₇ 表达载体共表达,才有效地表达了 *EF-G* 基因。这是因为腾冲嗜热菌含有 32 个 AGA/AGG,30 个 ATA 和 25 个 GGA 罕用密码子。

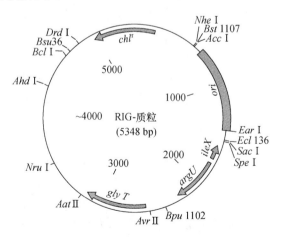

图 2-3 RIG 质粒的图解

示其含有 *argU*、*ileX* 和 *glyT* 基因,并标明单一的限制性酶切位点。

(来自 WGJ Hol,2004)

RIG 质粒可向 WGJ Hol 教授索取,地址:Biomolecular Structure Center,Health Science Building. Room K-428,Box 357742。

2.6 mRNA 的二级结构与基因的高效表达

无论原核还是真核基因的表达,翻译的起始常被 mRNA 不适当的二级结构所影响。如上述所用突变的方法,破坏 mRNA 的 5′非翻译区的茎-环二级结构,增强翻译起始效率。在起始密码周围存在明显的二级结构($-200\,\mathrm{kJ/mol}$),将对翻译效率产生不利影响。应该指出,转录及翻译起始区的二级结构,对转录和翻译有决定性的影响。我们知道,翻译起始的速率决定于翻译起始复合物能否有效地形成,而这种复合物的有效形成,在一定程度上取决于翻译起始区的二级结构。若其二级结构比较松散,无明显的茎-环结构,即二级结构生成时释放自由能 ΔG_{f298} 较小(最小生成自由能较高),故此处的二级结构不够稳定,有利于复合物的形成,从而使翻译起始得以有效进行(Spanjaard RA,et al,1989;Kornitzer D,et al,1989;de Smit MH,et al,1990;Liebhaber SA,et al,1992)。对于二级结构的分析已有现成的软件,可以将要分析的序列输入计算机,计算出序列各部分的二级结构及自由能大小(Wang Ge,et al,1995)。

2.7 RNA 的加工与基因的高效表达

如在"分子生物学基础分册"所述,绝大多数较高等的真核基因含有内含子。这些内含子在 mRNA 成熟过程中,在细胞核中被加工去除而产生成熟的 mRNA。在哺乳类细胞中进行外源基因的表达时,虽然很多基因的成熟 mRNA 的形成并不需要内含子的存在,然而一些基因的 mRNA 的形成非常需要内含子的存在。如人们发现,内含子对提高转基因动物基因表达效率有促进作用。至于内含子通过什么机制来影响基因表达,目前并不十分清楚。可能是某些内含子包含有增强子或其他顺式调控元件,它们同某些蛋白质(类似反式作用因子)相互作用影响基因的转录起始和延伸;也可能是内含子的剪接增加了 mRNA 在核内的稳定性,导致在细胞质中积累更多成熟的 mRNA;再一种可能性是内含子中含有一些使染色体功能域开放的序列,可能通过影响核质成分、位置等来提高基因的表达。在组建哺乳类细胞表达载体时,最好包含内含子区,如哺乳类细胞表达载体 pMT2 就含有由腺病毒三重前导序列(TPL)的第一个外显子的 5′剪接点和小鼠免疫球蛋白的基因 3′剪接点共同组成的杂合内含子序列(IVS)。

2.8 mRNA 序列上终止密码的选择

在 *E. coli* 中合成完了的多肽链的释放由两个释放因子所调控,RF-1 识别 UAA 和 UAG,而 RF-2 识别 UAA 和 UGA。而在真核细胞中也有两个释放因子 eRF。三个终止密码在它们翻译终止效率上是不同的,其中 UAA 在基因高水平表达中终止效率最好。特别是在原核细胞中,由于 UAA 为两个释放因子所识别,因此在基因合成中,一般采用 UAA 作为终止密码。在实际操作中,为了保证翻译有效终止,万全之策是用一串联的终止密码,而不止用一个密码子。近年来的研究结果表明,终止密码是四核苷酸组成的顺式序列,而不是由 3 个核苷酸组成的序列,如对 *E. coli* 常用 UAAU 作为有效终止密码(参看"分子生物学基础分册")。

2.9　表达质粒(或载体)的拷贝数及稳定性与基因的高效表达

多数情况下,目标基因的扩增程度同基因表达成正比,所以基因扩增为提高外源基因的表达水平提供了一个方便的方法。对于原核和酵母表达体系而言,选择高拷贝数的质粒,以其为基础组建外源基因的表达载体。如在 *E. coli* 中常常以 pUC 质粒(拷贝数 500~700)及其衍生质粒为基础,组建表达载体。在 1.3.1 节我们介绍了质粒载体及其拷贝数控制机理。对于其他表达系统,如哺乳类细胞表达体系,可以通过反式作用因子(如大 T 抗原)同复制起始点相互作用,或通过对标记基因(如 *DHFR* 基因)加选择压力,使目标基因得到扩增,从而提高基因的表达水平。

表达载体的稳定性是维持基因表达的必需条件,而表达载体的稳定性不但同表达载体自身特性有关,也与受体细胞的特性密切相关。所以在实际运用时,要充分考虑两方面的因素以确定好的表达系统。而这没有固定的模式,要通过实验来确定。利用选择性压力、尽量减少表达载体的大小、通过建立可整合到染色体中的载体等方式,可以增加表达质粒的稳定性。

2.10　外源蛋白的稳定性与基因的高效表达

外源蛋白质表达后是否能在宿主细胞中稳定积累,不被内源蛋白水解酶所降解,这是基因高效表达的一个重要参数。蛋白质水解是一个非常有选择性、仔细控制的过程。这些过程影响到蛋白质在细胞中的积累。很多克隆的蛋白质分子被宿主细胞中的蛋白水解体系视为"非正常"蛋白而加以水解。这种选择性降解意味着,受体细胞中的自身蛋白所具有的确定的构象特性,使其不受蛋白水解酶的降解。如果外源蛋白的构象同天然产物相似,遭到降解的可能性就低。如何避免克隆的蛋白质被选择性地降解?

(1)通过组建融合基因的方法,产生融合蛋白。融合蛋白的载体部分通过构象的改变,使外源蛋白不被选择性降解。这种通过产生融合蛋白表达外源基因,特别是为相对分子质量较小的多肽或蛋白编码的基因,尤为合适。对于如何构建融合蛋白,将在专门章节介绍。

(2)产生可分泌的蛋白,如外源基因表达产物可以分泌到 *E. coli* 细胞的周质或直接分泌到培养基中。应该指出,并不是所有外源蛋白都可以通过基因操作成为可分泌蛋白。关于重组蛋白的分泌表达,也将在专门章节介绍。

(3)外源蛋白可以在宿主细胞中以包涵体的形式表达,这种不溶性的沉淀复合物可以抵抗宿主细胞中蛋白水解酶的降解,也便于纯化。然而,包涵体的形成给如何获得具天然构象和活性的蛋白质提出挑战。经过包涵体纯化的重组蛋白必须要经过变性—复性的处理,此过程到目前也没有统一的工艺过程。因此,目前虽然还利用包涵体来高效表达外源基因,然而人们正在努力寻求出一种稳定、可溶(或分泌)的高效表达的途径。

(4)选择合适的受体表达系统,如选择蛋白水解酶基因缺陷型的受体细胞(如 *E. coli*)品系,然而这种蛋白水解酶缺陷的细胞,往往生长不正常且不稳定。应该指出的是,受体细胞的选择是保证外源基因有效表达的最重要的因素之一。要根据所用载体的特点,从多个基因型不同的细胞中选择合适的受体细胞。

以上概括地介绍了影响外源基因高效表达的各种可能的因素。外源基因的高效表达自然重要,然而表达产物具有完全生物活性,具有特定的天然构象更为重要。二者是质和量的统一,不可偏废其一。

上面只就基因表达载体的构建、受体细胞的特性等,讨论了与外源基因高效表达的有关因素。而从工业生产的角度考虑,要最终得到大量的基因工程产品,工程菌或工程细胞的高密度发酵和有效的制备、纯化工艺是不可缺少的。

3 基因的融合和融合蛋白的表达

3.1 利用基因融合技术表达外源基因的缘由

重组 DNA 技术允许在体外产生不同基因或基因片段之间的融合,并通过融合基因产生融合蛋白。用基因融合表达外源蛋白的缘由是:

(1)外源蛋白通常易被宿主的蛋白水解酶降解,有时可以通过产生融合蛋白避免目标基因产物被快速降解,从而稳定表达产物的产率。特别在表达一些小肽基因时,这是一种好的策略。

(2)通过与一特异性的蛋白质或其特异的结构域形成融合蛋白,可使表达产物得到快速、有效的回收、纯化。如将外源蛋白基因同金黄色葡萄球菌蛋白 A 的 IgG 结合结构域形成融合蛋白,可利用免疫亲和层析的办法,对融合蛋白进行纯化。

(3)通过与特定的肽段进行融合表达,可以将表达的外源蛋白质定向地定位在宿主细胞的不同区位。如通过和信号肽相融合,使外源蛋白分泌到细胞周质或培养基中。

(4)通过同特定蛋白先形成融合蛋白,然后再通过体外切割去除融合部分,是获得天然蛋白的一种更可靠和可重复性的方法。如在 *E. coli* 中表达的真核蛋白,往往带有甲酰甲硫氨酸的 N 末端,如果与特定蛋白序列形成融合蛋白,通过其后的特异性切割,可以获得具有完全天然序列的外源蛋白质分子。

(5)通过与特定的蛋白质(如硫氧还蛋白)形成融合蛋白,使外源蛋白在细胞内进行可溶性表达,防止包涵体的形成。

本节以 *E. coli* 细胞中的基因融合设计为主进行介绍,所述的一些原则也适用于其他的原核细胞乃至真核细胞。

3.2 基因融合的策略

如何进行基因融合?可根据需要采取如下方式:

(1)最简单的融合方式是将重组基因直接剪接于适当的信号肽序列之后。这种设计的优点在于,如果在转运过程中信号肽被正确地加工,那么产生的重组蛋白就可具备天然的 N 末端。如用 *E. coli* 生产人生长激素和人的表皮生长因子时,就是将外源基因接到 phoA 信号肽的后面进行分泌表达的。应该指出,并非任何外源基因加上信号肽序列后都可以分泌表达。

(2)将外源基因本身按读码框自我融合。这种方式对一些小肽的稳定表达尤其重要。如将由 DSDGK 五肽组成的抗 IgE 形成的活性肽基因,首尾相连成二十八聚体,再同二氢叶酸还原酶基因融合,可以得到高效表达的五肽产物。也有报道,胰岛素原的双体在 *E. coli* 细胞中比单体更稳定。这种设计方式,融合蛋白往往以包涵体的形式存在,但也有可溶性表达。

(3) 目标蛋白在与其融合的蛋白伙伴(fusion partner)序列的 C 端或 N 端融合。C 端融合的优点是,启动子和翻译起始信号都处于基因的 5′端,因此在 3′端所进行的不同基因片段的融合,并不改变原启动子和翻译起始信号的原设计,因而目标基因的表达水平相对来说可预测。N 端融合的缺点是,目标基因产物特异性的转录和翻译起始元件必须在目标基因的 5′端设计好。此外,在以后的分离纯化过程中,当用化学方法去释放目标蛋白时,切割后残留的氨基酸残基(cleavage rest)通常保留在 C 末端,这样使目标蛋白序列成为非天然蛋白序列。其优点是,基因融合产物的直接 N 末端序列易于操作和进行各种可能的生物活性表达测试,像对 HIV 基因读码框移码研究中,就采用 N 端融合。

(4) 分泌-亲和融合。此种设计是将分泌和亲和纯化的优点结合起来,即 N 端为信号肽,然后是融合蛋白伙伴,再接目标基因。产物能分泌到培养基中,为以后的纯化、连续发酵和收集表达产物提供方便。

(5) 双亲和融合。此方法是将目标基因 X 同两个分别对两个不同配基有特异性亲和的异源结构域 A、B,以 A-X-B 的形式进行融合。显而易见,这样的设计为以后选择性利用亲和层析树脂进行纯化提供方便。这一设计适用于表达对蛋白水解高度敏感的蛋白,通过两次连续的亲和层析,对即使表达量不高的蛋白也可以相当好地回收。应该指出的是,在设计双亲和融合体系时,要对于两个亲和结构域的可溶性、大小、稳定性、与配基的结合常数、亚基结构等进行充分的研究;而表达结果是使目标基因可以折叠成为有生物活性的结构,而不受位于其两侧的序列所影响。然而这一方法的麻烦之处是在融合设计时,要在目标蛋白 X 的 N 端和 C 端设计两个合适的切割位点,以使目标基因的表达产物能从两侧结构域中分离出来。

(6) 分泌-插入融合。此方法是将目标基因插入到信号肽序列和一插入序列之间,此插入序列是为一种可插入到细胞膜或细胞壁的蛋白编码的。这种设计的目的是用以将受体或抗原定位于细菌的外表面或装配成融合蛋白进入类病毒颗粒。这样的系统对于开发疫苗或产生具免疫原性的复合物是有意义的。

图 3-1 给出六种融合蛋白的示意图。

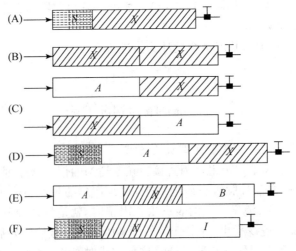

图 3-1　基因融合的几种方式

(A) 分泌;(B) 自我融合或多聚化;(C) C 端及 N 端融合;(D) 分泌-亲和融合;(E) 双亲和融合;(F) 分泌-插入融合。其中,X:目标基因;➡:启动子;▬Ⲧ:转录终止信号;S:信号肽;A 和 B:不同的亲和柄;I:插入膜或细胞壁的结构域。

3.3 基因融合和重组蛋白的产生

通用的 *E.coli* 基因融合表达体系如表 3-1 所示。表中的前四个体系分别是基于将外源基因融合到金黄色葡萄球菌蛋白 A、*Schistosoma japonicum* 谷胱甘肽-S-转移酶、*E.coli* 麦芽糖结合蛋白和硫氧还蛋白。这四个体系已经成功地用于在细菌细胞质中产生正确的折叠和可溶性外源蛋白。为什么会产生可溶性的正确折叠的蛋白质,其原因尚不清楚,推测可能同这些融合蛋白伙伴分子的物理性质有很大关系;它们的高稳定性、可溶性以及很强的折叠特性使它们在功能上像是共价相连的"分子伴侣"。这样,在细胞内它们可能使与其融合的外源蛋白有机会正确折叠而不形成包涵体;有时融合蛋白可促进外源蛋白在离体条件下的重折叠,例如,人的干扰素 γ 受体 α 链的 N 末端结构域,只有当与硫氧还蛋白融合时才能成功地进行重折叠。

表 3-1　*E.coli* 中几种通用融合表达体系(引自 La Vallie,McCoy,1995)

融合伙伴	特异性的纯化方法	文献
蛋白 A(proteinA)	IgG 结合	Nilsson B, et al, 1990
谷胱甘肽-S-转移酶(GST)	谷胱甘肽结合	Smith DB, et al, 1988
麦芽糖结合蛋白(MBP)	直链淀粉结合	Guana CD, et al, 1988
硫氧还蛋白(thioredoxin)	选择释放、热稳定	La Vallie ER, et al, 1993
	固定化金属螯合亲和层析	Lu Z, et al, 1995
β-半乳糖苷酶	对氨基苯-β-D-硫代半乳糖苷	Ruther U, et al, 1983
	或抗-β-半乳糖苷酶结合	
氯霉素乙酰转移酶(CAT)	氯霉素结合	Knott JA, et al, 1988
乳糖阻遏蛋白(Lac repressor)	乳糖操纵者结合	Lundeberg J, et al, 1990
半乳糖结合蛋白	半乳糖结合	Taylor ME, et al, 1991
环麦芽糖糊精葡聚糖转移酶	环葡聚糖结合	Hellman J, et al, 1992
λC Ⅱ蛋白	尚无	Nagai K, et al, 1984
TrpE 蛋白	尚无	Yansura DG, 1990

好的融合蛋白表达载体通常允许可控转录,可控转录的意义在于紧密的转录调控机制保证外源基因稳定高效表达。紧密的转录调控防止选择宿主细胞转录/翻译机器表达降低的突变体、减少质粒的丢失以及避免重组蛋白产物本身,特别是对 *E.coli* 宿主细胞有毒性的产物积累。为了保证好的翻译起始,与外源基因融合的伙伴基因要放在目的基因的 5′端。有时目的基因可以放在融合伙伴基因的 5′端,这种融合方式有时使表达产率具有不确定性。从蛋白质的折叠及生物活性的保持来考虑,往往只有一种融合的方式是可取的。

为了防止短肽在表达过程中被蛋白水解酶降解或形成不溶性包涵体,可以将短肽基因插入某些融合伙伴基因的内部,形成所谓内部融合(internal fusion)。*E.coli* 硫氧还蛋白 TrxA 分子上的活性位点环区可插入长度达 22 个氨基酸残基的各种短肽序列。由于短肽基因插入到伙伴分子的环区(loop),肽段可暴露于分子表面,故这种处在环区的肽段(又称环肽,loop peptide)可作为抗原或亲和标记物(affinity tag)来应用。

3.4　基因融合和展示筛选

外源蛋白质基因通过与融合伙伴蛋白融合表达并展示在噬菌体或细胞的表面的技术,近几年得到广泛的应用。表 3-2 给出几种用于蛋白质或肽展示的通用融合伙伴。

表 3-2　用于蛋白或肽展示的通用融合伙伴

融合伙伴	融合位点	细胞定位	文献
M13 基因Ⅲ	氨基末端	噬菌体表面	Scott JK, et al, 1990
M13 基因Ⅷ	氨基末端	噬菌体表面	Greenanod J, et al, 1991
M13 基因Ⅵ	羧基末端	噬菌体表面	Jespers LS, et al, 1995
E. coli LamB	蛋白分子内部	细菌细胞外被	Charbit A, et al, 1988
E. coli LacI	羧基末端	细菌细胞质	Cull MG, et al, 1992
E. coli Ipp-ompA 杂交体	羧基末端	细菌细胞外被	Francisco JA, et al, 1992
E. coli fliC-trxA 杂交体	蛋白分子内部	细菌鞭毛	Lu ZJ, et al, 1995

M13 基因Ⅲ和基因Ⅷ编码的蛋白是常用的噬菌体展示(phage display)的融合伙伴,利用这些体系可组建肽文库(关于噬菌体展示技术将在专门章节介绍)。后来发现,融合到 M13 噬菌体基因Ⅵ所编码的蛋白的 C 末端的外源蛋白质也可以展示在噬菌体的表面,这为将来用噬菌体展示技术建立 cDNA 文库并通过带有目的基因的融合噬菌体能同相应的筛选目的物(如抗体、配基等)相结合的特性,从 cDNA 文库中筛选出有用的基因创造了条件。

外源蛋白或肽通过融合蛋白的方式除了可展示在噬菌体表面外,也可展示在细菌细胞表面。例如融合到融合伙伴 Ipp-ompA 上的单链抗体基因所编码的抗体分子可展示在 *E. coli* 的外表面,并通过荧光激活细胞分选法(Francisco JA, et al, 1993)来进行筛选和富集。这一技术如果证明可被广泛应用,可能大大促进从细菌单链抗体文库中筛选出具高亲和性的抗体。此外,完整的硫氧还蛋白序列可以取代细菌鞭毛蛋白分子中的一个可替代部分,形成杂种鞭毛(hybrid flagella)。如前所述,外源肽段可以插入到硫氧还蛋白的活性位点环区(active-site loop),并展示在细菌的表面。这样,所产生的杂种鞭毛蛋白基因可以被用于组建肽文库(Lu Z, et al, 1995)。

3.5　基因融合和蛋白分泌

当将外源蛋白质与可分泌到细胞外(或周质)的蛋白相融合,可以使外源蛋白随同其融合伙伴分泌到细胞外或周质中。由于在 *E. coli* 周质中是一个氧化环境,这样有利于外源蛋白中二硫键的形成。常用的融合伙伴有金黄色葡萄球菌蛋白 A 以及 *E. coli* 的麦芽糖结合蛋白,而利用金黄色葡萄球菌蛋白 A 作为融合伙伴,也可以使目的蛋白表达后分泌到培养基中(Abrahmsen L, et al, 1986)。

近年来 *E. coli* 的硫氧还蛋白同源物 DsbA 也被用做分泌融合伙伴,表达重组的肠激酶(Collins-Racie LA, 1985)。利用分泌融合伙伴 MBP 和 DsbA 所产生的融合蛋白,可成功地产生有活性的酶;而当用细胞质的 GST、硫氧还蛋白、MBP 融合时,则不能。因为 *E. coli* 的 DsbA 是周质蛋白,在离体或活体条件下,DsbA 都能促进二硫键的形成,所以 DsbA 特别适合于作为有二硫键的外源蛋白的融合伙伴。

3.6 融合蛋白的纯化

好的融合伙伴蛋白除了上述的优点外，它们还应该有利于重组蛋白的纯化。如 SPA 融合能与 IgG 柱结合后可在 pH 3 的条件下洗脱下来（Nilsson B，et al，1990）；GST 融合能同谷胱甘肽-琼脂糖亲和层析柱结合，用含谷胱甘肽的溶液洗脱（Smith DB，et al，1988）；MBP 融合能结合到交联的直链淀粉树脂上，用麦芽糖洗脱（Guana CD，et al，1988）；硫氧还蛋白融合，可利用渗透压休克法或它的热稳定性的特点进行纯化（Lavallie ER，et al，1993）。

如果融合伙伴蛋白不能与特定的亲和物结合的话，可以将一个肽或多肽尾（tag）接到融合蛋白的 N 末端或 C 末端。最常用的是多聚组氨酸和 FLAG（Asp-Tyr-Lys-Asp-Lys），具有上述多肽尾的融合蛋白可分别用金属螯合层析树脂或 FLAG 特异性抗体进行纯化。

无论是上述哪种情况，在细胞内表达的或分泌表达的融合蛋白，都可通过两步亲和层析来进行纯化：

（1）将含有融合蛋白的粗制样品，通过特定的亲和层析柱，使融合蛋白同亲和柱上的配基进行亲和作用，吸附到层析柱上，将杂蛋白洗净后，再将融合蛋白洗脱下来。

（2）将纯化后的融合蛋白进行化学或酶法裂解后，再上同样的亲和层析柱，此时融合伙伴蛋白或亲和柄（affinity handles）吸附到柱上，而流出液则含有纯化的目标蛋白。

表 3-3 给出用于蛋白纯化和检测的融合尾（fusion tags）。应该指出，亲和层析并不是纯化融合蛋白的唯一方法，如目标蛋白与 poly（精氨酸）、poly（谷氨酸）相融合时，就根据融合分子荷电情况的改变，用离子交换树脂进行纯化。

表 3-3　用于蛋白纯化和检测的融合尾

融合尾	配基	应用	文献
poly（组氨酸）	镍离子	纯化	Growe J，et al，1994
FLAG 肽	抗 FLAG 抗体	纯化/检测	Hopp TP，et al，1988
strep-尾	链霉亲和素	纯化/检测	Schmidt TGM，et al，1993
in vivo 生物素化的肽	亲和素/链霉亲和素	纯化/检测	Schatz PJ，1993
poly（门冬氨酸）	阴离子树脂	纯化	Dalbφge H，et al，1987
poly（精氨酸）	阳离子树脂	纯化	Brewer SJ，et al，1985
poly（苯丙氨酸）	疏水相互作用树脂	纯化	Persson M，et al，1988
poly（半胱氨酸）	巯基	纯化	Blanar MA，et al，1992
调钙素结合肽	调钙素	纯化/检测	Neri D，et al，1995
绿色荧光蛋白	无	检测	Chalfie M，et al，1994

3.7 融合蛋白的位点特异性切割

当要从融合蛋白中分离天然基因产物时，必须对融合蛋白进行特异性位点切割。有两种方法——化学法和酶法可以获得特定切割的蛋白。

表 3-4 给出化学法和酶法切割时所用的试剂及这些试剂的识别序列和切割位点。

表 3-4　用以对融合蛋白进行位点特异性切割所用的试剂及其识别序列(Uhlén M，et al，1990)

切割方法	识别序列
化学法	
溴化氰	-Met-
甲酸	-Asp-Pro-
羟胺	-Asn-Gly-
酶法	
胶原酶	-Pro-Val-Gly-Pro-
肠激酶	-Asp-Asp-Asp-Lys-
因子 Xa	-Ile-Glu-Gly-Arg-
凝血酶	-Gly-Pro-Arg-
胰蛋白酶	-Arg- or-lys-，not before Pro
梭菌蛋白酶	-Arg-
Ala⁶⁴-枯草蛋白酶	-Gly-Ala-His-Arg-
IgA 蛋白酶	-Pro-pro-Xxx-Pro(Xxx：Thr,Ser or Ala)

根据表 3-4 所提供的切割试剂和特异性切割位点,就可以设计融合蛋白的接点(linker),在表达纯化后,通过切割,获得目标蛋白。

附录　重组蛋白表达和纯化中常用的融合标签

为读者查找的方便,将在重组蛋白表达和纯化中常用的融合标签(fusion tags)的特性表,以英文原文附于此章之后,相关文献也一同列出:

Fusion tags used in recombinant protein expression and purification. *Published in reference R. C. Stevens.* "*Design of high-throughput methods of protein production for structural biology*" *Structure*, 8, R177-185(2000).

Tag	Size	Fusion tag location	Tag type	Comments
His-tag	6,8,or 10aa	N-, C-,internal	Purification	Most common purification tag used for immobilized metal affinity chromatography (IMAC) one-step purification [81]. Purification possible even under denaturing conditions [82]. Tag possibly influences crystallization
T₇-tag	11 or 16aa	N-,internal	Purification, enhanced expression	Monoclonal antibody-based purification (denaturing low pH elution needed). Leaves unnatural N-terminal amino acids on the recombinant protein. Possibly enhanced expression levels since the T₇-tag is derived from the T₇ gene 10 which is the naturally most abundant phage T₇ gene product

Tag	Size	Fusion tag location	Tag type	Comments
S-tag	15aa	N-, C-, internal	Purification and detection	S-protein (104aa, Ribonuclease A minus S-tag peptide sequence) modified resin affinity purification. RNase S assay possible for quantitative assay of expression levels
FLAG™ peptide (DYKDDDDK)	8aa	N-, C-	Purification	Ca^{2+}-dependent monoclonal antibody affinity purification with EDTA elution. Tag cleavable with enterokinase [83]
thioredoxin	109aa (11.7 kDa)	N-, C-	Purification and enhanced expression	Affinity purification with phenylarsine oxidemodified (ThioBond) resin
His-patch thioredoxin	109aa (11.7 kDa)	N-, C-	Purification and enhanced expression	Use of His-patch modified thioredoxin for IMAC affinity purification [84]
lacZ (β-Galactosidase)	116 kDa	N-, C-	Purification	Purification using p-amino-phenyl-b-D-thiogal-actoside-modified sepharose. Classical tag used for protecting peptides from proteolytic degradation. However, fusion proteins with this tag have a high tendency to be insoluble. Active enzyme is a tetramer
chloramphenicol acetyltransferase	24 kDa	N-	Secretion, purification and detection	Chloramphenicol-sepharose purification. Enzymatic assay possible for quantitation
trpE	27 kDa	N-	Purification	Often form insoluble precipitates. Hydrophobic interaction chromatographic purification
avidin/strepta-vidin/ Strep-tag			Purification and secretion	Biotin affinity purification and streptavidin affinity purification (Strep-tag) [85]
T7 gene10	260aa	N-	Purification and enhanced expression	Produces insoluble fusion protein (potential enhanced expression for toxic clones)
staphylococcal protein A	14 kDa (or 31 kDa)	N-	Purification and secretion	IgG antibody affinity purification possible (denaturing low pH elution needed). Fusion protein secretion due to protein A signal sequence [86]

续表

Tag	Size	Fusion tag location	Tag type	Comments
streptococcal protein G	28 kDa	N-,C-	Purification and secretion	Albumin affinity purification,low pH elution needed. Fusion protein secretion due to protein G signal sequence
glutathione-S-transferase (GST)	26 kDa	N-	Purification	Glutathione affinity or GST antibody purification. Enzymatic activity assay possible for quantitative analysis. Fusion proteins form dimers
dihydrofolate reductase (DHFR)	25 kDa	N-	Purification	Methotrexate-linked agarose used for purification
cellulose binding domains (CBD's)	156aa/ 114aa/ 107aa	N-/ N-/ C-	Purification and secretion	Cellulose-based resins used for affinity purification with water elution [87,88]. Different constructs available for cytoplasmic or periplasmic expression. Fusion proteins susceptible to proteolysis between the fusion partners [89]
maltose binding protein (MBP)	40 kDa	N-,C-	Purification and secretion	Amylose affinity purification with maltose elution
galactose-binding protein			Purification	Galactose-sepharose purification
calmodulin binding protein (CBP)	4 kDa	N-,C-	Purification and detection	Calmodulin/Ca^{2+}-affinity purification with EDTA elution. Can potentially assay expression levels with ^{32}P-cAMP kinase
hemagglutinin influenza virus (HAI)			Purification	
green fluorescent protein (GFP)	220aa	N-,C-	Detection	Used as reporter gene fusion for detection purposes [90]. Used at one time for possible refolding tag
HSB-tag	11aa	C-	Purification	Monoclonal antibody-based purification (denaturing low pH elution needed)
B-tag (VP7 protein region of bluetongue virus)			Purification	Anti-B-tag antibody purification
polyarginine	5~15aa	C-	Purification	S-sepharose (cationic resin) purification. Fusion proteins potentially insoluble
polycysteine	4aa	N-	Purification	Thiopropyl-sepharose purification
polyphenylalanine	11aa	N-	Purification	Phenyl-superose (hydrophobic interaction chromatography) purification

续表

Tag	Size	Fusion tag location	Tag type	Comments
(Ala-Trp-Trp-Pro) n			Purification	
polyaspartic acid	5～16aa	C-	Purification	Anionic resin purification
KSI	125aa	N-	Enhanced expression	High-level inclusion body production
c-myc			Purification	Anti-myc antibody purification
ompT/ ompA/ pelB/ DsbA/ DsbC	22aa/ 21aa/ 20aa/ 208aa (21.8 kDa)/ 236aa	N-	Secretion	Periplasmic leader sequences for potential protein export and folding [91], as well as potential disulfide bond formation and isomerization
chitin binding domain		N-,C-	Expression	Used in the Impact™ system, with intein-based expression constructs
NusA	495aa (54.8 kDa)	N-	Possible enhanced solubility	Potentially improve solubility for proteins that are overexpressed
ubiquitin	76aa	N-	Possible enhanced solubility	*lac* operator affinity purification
T4 gp55				
Growth hormone, N-terminus				

References:

81. Crowe J, Döbeli H, Gentz R, Hochuli E, Stüber D &. Henco K. (1994). 6 × His-Ni-NTA chromatography as a superior technique in recombinant protein expression/purification. In Methods in Molecular Biology. (Harwood AJ, ed.). Vol.31, pp.371—387, Humana Press, Inc, Totawa.

82. Sherwood R. (1991). Protein fusions: bioseparations and application. Trends Biotechnol.9, 1—3.

83. Hopp TP, et al, &. Conlon PJ. (1988). A short polypeptide marker sequence useful for recombinant protein identification and purification. Bio/Technology, 6, 1204—1210.

84. Lu Z, et al, &. McCoy JM. (1996). Histidine patch thioredoxins. J Biol Chem, 271, 5059—5065.

85. Schmidt TGM, Skerra A. (1993). The random peptide library-assisted engineering of a C-terminal affinity peptide, useful for the detection and purification of a functional Ig Fv fragment. Protein Eng, 6, 109—122.

86. Nilsson B, Abrahmsen L, Uhlen M. (1985). Immobilization and purification of enzymes with staphylococcal protein A gene fusion vectors. EMBO J,4,1075—1080.

87. Greenwood JM, Gilkes NR, Kilburn DG, Miller RC, Jr. & Warren RAJ. (1989). Fusion to an endoglucanase allows alkaline phosphatase to bind to cellulose. FEBS Lett,244,127—131.

88. Ong E, Gilkes NR, Warren RAJ, Miller RC, Jr. & Kilburn DG. (1989). Enzyme immobilization using the cellulose-binding domain of a Cellulomonas fimi exoglucanase. BioTechnol,7,604—607.

89. Greenwood JM, Ong E, Gilkes NR, Warren RAJ, Miller RC, Jr. & Kilburn DG. (1992). Cellulosebinding domains: potential for purification of complex proteins. Protein Eng,5,361—365.

90. Chalfie M, Tu Y, Euskirchen G, Ward WW & Prasher DC. (1994). Green fluorescent protein as a marker for gene expression. Science,263,802—805.

91. Ghrayeb J, Kimura H, Takahara M, Hsiung H, Masui Y & Inouye M. (1984). Secretion cloning vectors in Escherichia coli. EMBO J,3,2437—2442.

Last updated December 19,2003-send corrections and comments to Angela Walker (alwalker@scripps. edu)

4 外源基因的分泌表达

蛋白质的分泌是蛋白质表达过程中所发生的最重要事件之一。蛋白质的成功分泌需要蛋白质穿越内质网或质膜实现有效的转位(translocation)。分泌的蛋白质借助它们各自的、通常位于新生多肽链 N 末端的分泌信号(即信号肽),通过一系列蛋白质间的相互作用进入内质网或质膜,此时信号肽被信号肽酶(signal peptidase)切除。虽然不同信号肽间的氨基酸序列保守性不强,然而,一个典型的信号肽在结构上有如下三个特征:① 虽然信号肽 N 末端区的氨基酸残基的数目因蛋白质而异,但其氨基酸组成使 N 末端区荷正电;② 信号肽的中心区由 7~16 个疏水残基组成;③ C 末端区含有信号肽酶的切割位点。通过对原核和真核细胞中分泌蛋白质的信号肽结构分析,发现有效的信号肽序列。将为信号肽编码的基因与重组蛋白质基因按正确读码框及信号肽酶切割位点序列相融合,使重组蛋白质得以分泌表达。本章将以 *E. coli*、枯草杆菌、酵母以及动物细胞为例,梗概地介绍重组蛋白质的分泌表达。

4.1 外源基因在 *E. coli* 细胞中的分泌表达

E. coli 作为革兰氏阴性菌,其重组蛋白表达后的积累有三种方式,即出现于细胞质、周质及细胞外培养基中。*E. coli* K12 和 *E. coli* B 品系在自然状态下不能将蛋白质分泌到培养基中。外源基因在细胞质中表达积累的蛋白质以可溶性和包涵体等两种形式存在,而相当多的蛋白常以不溶的包涵体形式在宿主细胞中积累,处于包涵体状态的蛋白质是一种无活性的蛋白。后面我们将介绍,包涵体虽然使重组蛋白易于纯化,然而要得到具活性的重组蛋白必须进行有效的变性和复性。在生理条件下,*E. coli* 细胞质保持在还原状态,非常不利于蛋白质分子中正确二硫键的形成。为了克服这些不足,人们正在寻求提高重组蛋白在细胞质中可溶性表达的办法,或使表达的重组蛋白转运到周质或直接分泌到培养基中去。外源基因在 *E. coli* 中的分泌表达至少有四大好处:

(1) 便于简化发酵后处理的纯化工艺。

(2) 使表达的外源蛋白质具有正确的天然一级结构。因为在 *E. coli* 中表达的重组蛋白很多还保留有甲硫氨酸的 N 末端,其可能影响蛋白的生物活性或免疫学性质。通过将外源蛋白质的编码序列按正确读码框融合在信号肽基因的下游,当重组蛋白从细胞质向周质转运时,信号肽被信号肽酶从重组蛋白中切除,保证了重组蛋白具有天然的 N 末端氨基酸残基。

(3) 由于细胞周质(periplasm)提供一个更加氧化的环境,有利于重组蛋白分子中正确二硫键的形成,从而有利于重组蛋白正确折叠和具有高的生物活性。

(4) 分泌蛋白减少了重组蛋白受到蛋白水解酶降解的机会,提高了蛋白质的回收率。

当然,分泌表达也存在着不足之处:与胞内表达相比,其表达量较低,仍不能进行有效的翻译后修饰(post-translational modifications)。

下面概括地介绍促进外源基因分泌表达的方法。

(1) 信号肽介导的分泌表达(Goloubinoff P, et al, 1989)

大量的重组蛋白质已经被成功地从 E. coli 细胞的周质中纯化。外源蛋白是在 E. coli 细胞周质蛋白(如 MalE、phoA)或外膜蛋白(如 OmpA、LamB)的信号肽介导下转运到 E. coli 细胞周质中。经常用的分泌表达载体是由 E. coli 的碱性磷酸酶 phoA 启动子及其信号肽基因序列组装而成的载体,如在第 1 章所介绍的 pTA1529 质粒(图 1-14)。phoA 信号肽的基因由 63 个碱基编码,信号肽由 21 个氨基酸残基组成:

$$\text{MKQST} \quad \textbf{IALALLPLLF} \quad \text{TPVTKA} \downarrow \text{XY} \cdots\cdots$$

式中下划线的粗体残基示信号肽中的疏水区段;箭头表示信号肽酶切割位点;XY 表示外源基因所编码的蛋白质 N 末端的第一、二氨基酸残基,不包括起始密码子编码的甲硫氨酸残基。

利用信号肽介导方式分泌表达重组蛋白质的产率变化很大,可为占细胞总蛋白量的 0.3%~10%,甚至更高。一般而言,分泌到周质中的重组蛋白都是可溶的,但也有形成包涵体的报道,如 R_{TEM} β-内酰胺酶在周质中就是以包涵体形式存在。对于利用什么样的信号肽介导哪类蛋白分泌到周质中,其规律性尚不清楚。正如在"分子生物学基础分册"中所讲的那样,信号肽的存在并不是决定融合在下游的多肽链能转运到细胞周质中的唯一因素。

从周质中回收重组蛋白的方法虽然已确定,如用常规的渗透压法,将周质中的蛋白释放出来。但这方法的缺点是在大量分离纯化过程中很难防止细胞的裂解,以致将存在于细胞质中信号肽尚未加工掉的融合蛋白释放出来,增加以后纯化工作的难度。此外,在利用这一技术时要注意表达产物渗漏到培养基中,特别是对于一些相对分子质量较小的蛋白或多肽更要注意。然而,有时这种渗漏会将大部分表达产物释放到培养基中,反而使产物回收更方便。外源基因的高表达可能同内源的周质蛋白或外膜蛋白竞争转运通道,以致影响外膜的完整性,这也是应注意的问题。然而这又提示我们,在选择受体菌时,如果使一些非必需的外膜蛋白或周质蛋白基因缺失,也许可以提高外源基因的表达效率。

(2) Kil 基因促进周质蛋白高表达并分泌到培养基中(Blanchin-Roland S, et al, 1989)

Kil 基因是 E. coli Col E1 质粒编码的一个裂解肽(lysis peptide)基因,这个裂解肽由 45 个氨基酸残基组成,其在 E. coli 细胞中能促进大肠杆菌素 colicin E1 分泌。由此想到,它可能促进其他重组蛋白分泌。当将 Kil 基因同信号肽介导的、分泌到周质中去的 β-内酰胺酶基因在同一个细胞表达时,可使 β-内酰胺酶分泌到培养基中。Kil 肽诱导内源或外源蛋白的分泌可能分两步进行:首先作用于细胞质膜,然后使外膜成为可通透性。

(3) E. coli 溶血素(haemolysin)介导的分泌(Holland IB, et al, 1986;Blight MA, et al, 1994)

① E. coli 溶血素 HlyA 分泌机制。HlyA 通过什么途径分泌到培养基中? 研究指出,其有效分泌需要内膜蛋白 HlyB、HlyD,以及内源的外膜蛋白 TolC。HlyB 和 HlyD 是 hly 操纵子基因的表达产物。HlyA 的分泌同 SecA 及分子伴侣 SecB 及 GroES 无关。它从细胞质中分泌到培养基中不需经过周质中间体(periplasmic intermediate)和去除信号肽。HlyA 的分泌与经典的 N 末端分泌信号无关,而是同处于 C 端的分泌信号肽相关。由图 4-1 可以看出,HlyA 分泌中,关键的成分是 HlyB 和 HlyD。HlyB 是依赖于 ATP 的膜转运蛋白超家族中的一员,而 HlyD 则是一个辅助蛋白。α-溶血素这种分泌机制,有可能将使人们发展出一种使多

种外源融合蛋白分泌到培养基中的技术。

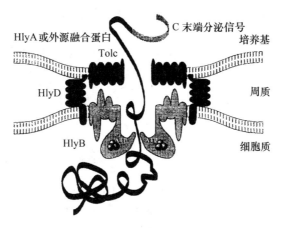

图 4-1　*E. coli* α-溶血素转运蛋白复合体模型

(引自 Blight MA, et al, 1994)

② 利用溶血素 C 末端信号序列介导外源蛋白的分泌。HlyA C 末端的 218 个氨基酸残基(AS-Ⅰ)含所有使 HlyA 有效分泌的信息,再小一点的片段 AS-Ⅱ(113 个残基)和 AS-Ⅲ(38 个残基)也能指导外源融合蛋白的分泌,只是效率低些。一个最重要的特性是,HlyA 的 C 末端结构域无毒性。这个信号序列结构域已被用于分泌若干个外源重组融合蛋白,包括一些在正常情况下的细胞质蛋白,其分泌表达量可占细胞总蛋白量的 3%~5%,其分泌表达效率与野生体系相比提高 50~100 倍。HlyA 介导的分泌系统同信号肽介导的向周质转运的分泌系统相比,其不足之处是来源于 HlyA C 末端的信号不能在转运过程中同时去除。要得到具天然序列的外源蛋白,需在融合处设计合适的"切割位点",如在 3.7 节所述的那样。总之,根据 HlyA 的分泌机制,*E. coli* HlyA 分泌系统可望发展成一种将重组的外源蛋白分泌到胞外培养基中的新的技术方法。

4.2　外源基因在枯草杆菌中的分泌表达

外源蛋白从枯草杆菌(*Bacillus subtilis*)分泌表达有几个具吸引力的特性:

(1) 分泌的蛋白通常是可溶的,有生物活性;

(2) 最重要的是分泌蛋白被转运到培养基中,而不是像 *E. coli* 那样,大多数分泌蛋白处于周质中。

这样将 *B. subtilis* 作为一个外源基因分泌表达系统,将大大减化外源蛋白分离纯化的工艺。

现在已经设计出以 α-淀粉酶、碱性蛋白酶(subtilisin)、中性蛋白酶以及果聚糖-蔗糖酶(levansucrase)的信号肽介导的外源基因分泌表达系统。为了便于基因操作,通常将 *B. subtilis* 分泌表达载体构建成 *E. coli-B. subtilis* 穿梭载体。图 4-2 给出由 *B. amyloliquefaciens* 的碱性蛋白酶基因(*apr*[*BamP*])构建的分泌表达质粒 pGX2134。在这个穿梭质粒上,启动子、翻译起始和信号肽序列都是来自于 *apr*[*BamP*]基因。虽然此碱性蛋白酶是作为前碱性蛋白酶原的形式被合成的,但它的前 30 个氨基酸足以完成信号肽的功能。此外,这个穿梭质粒还含有

来自 *E. coli* 和 *B. subtilis* 的复制起始点和抗性选择基因，*E. coli* 的复制起始点和 *Amp*^r 基因来自 pBR322，而 *B. subtilis* 的复制起始点和 *Cm*^r（氯霉素抗性基因）来自于 *B. subtilis* 细胞中的质粒 pC194。

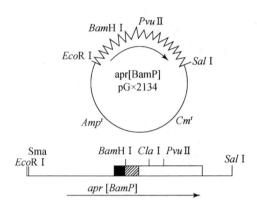

图 4-2   *E. coli-B. subtilis* 穿梭载体 pGX2134

示 *EcoR* I-*Sal* I 片段的线性图谱。■、▨、□分别代表碱性蛋白酶 apr[BamP]的 pre、pro 及成熟酶蛋白的编码序列。(引自 Nagarajan V，1991)

值得指出的是，枯草杆菌内源的蛋白酶也分泌到培养基中，可引起重组蛋白的降解。如果将受体菌蛋白酶基因缺失，将可使 *B. subtilis* 分泌表达系统更实用、更有效。

4.3   α-因子前导序列介导的酵母细胞分泌系统

酵母表达体系是真核细胞中应用最广的外源基因表达体系。作为一种单细胞的低等真核生物，酵母细胞具有对外源蛋白进行翻译后修饰的能力；由于其对营养要求低、生长快，可通过大规模高密度发酵产业化。利用酵母表达系统最成功的例子之一是利用酵母表达系统表达乙肝病毒表面抗原，制造乙肝疫苗，惠及亿万民众，特别是儿童。酵母表达体系有两种：细胞内表达和分泌表达。胞内表达的长处是重组蛋白的产率较高；其不足之外是细胞难破碎，给重组蛋白的抽提、纯化带来困难。此外，胞内表达还面临三方面的问题：① 重组蛋白质翻译中和翻译后的修饰与哺乳动物细胞不同，酵母蛋白的糖基化仅仅是甘露糖基化(manno-sylation)；② 易受蛋白水解酶降解；③ 为表达和纯化而加到重组蛋白 N 或 C 端的标签可能使重组蛋白变得不可溶并在细胞中聚集。

分泌表达是酵母表达体系中另一种外源基因的表达形式。翻译共转移(co-translated transition)是目前研究得较为清楚的分泌途径。当外源蛋白的 N 端信号肽刚从核糖体合成出来，信号识别蛋白(signal recognized protein，SRP)就立即与之结合，核糖体的翻译过程暂停；随后，SRP 引导着新生肽链及核糖体与内质网上的 SRP 受体相结合，再由信号识别蛋白受体引导至内质网上的跨膜通道 sec61 复合体，翻译过程重新被启动。新生肽链由此通道进入内质网，在此，信号肽被信号肽酶切除；进而在分子伴侣 Bip 和 PDI(二硫键异构酶)的辅助下，肽链形成正确的构象，最后经高尔基体(Golgi)的进一步修饰，转运到特定位置。

翻译后转移途径(post-translated transition)是另一条分泌表达途径。蛋白质在核糖体上合成后,在其 N 端的信号肽的引导下直接与内质网上的识别受体相结合进入内质网,然后在分子伴侣的协助下进行折叠。由此可见,N 端信号肽对于两种分泌表达途径都是必需的。根据上述原理人们设计了有效的酵母分泌表达载体。下面我们以 α-因子前导序列介导的分泌表达载体为例介绍酵母分泌表达系统。此信号肽倾向于利用翻译后转移途径。

以酵母细胞(S. cerevisiae)为受体细胞,通过 α-因子前导序列介导的外源基因分泌表达系统是最常用的系统之一(Goeddel DV, 1991)。α-因子是由 13 个氨基酸残基组成的肽激素,是不同交配型(mating type) S. cerevisiae 的单倍体细胞"交配"所必需的激素。研究发现,Pre Pro-α-因子的前导序列具有足够的序列信息介导 α-因子的分泌和加工,后来又发现这段前导序列本身可以介导外源蛋白的分泌表达。由此,人们将编码 α-因子前导序列的 DNA 片段插入一个适当的酵母启动子的下游,构建酵母细胞分泌表达系统。图 4-3 给出 pAB126 质粒的图谱和构建策略图。

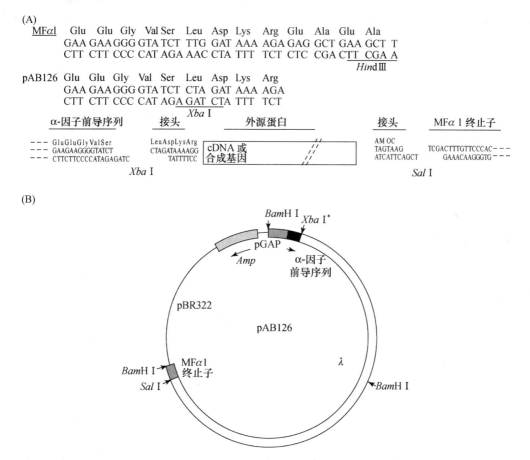

图 4-3 pAB126 质粒的图谱和酵母细胞分泌表达质粒的构建策略

(A) MFα1(α-因子前导序列)基因以及在 pAB126 质粒中发现的修饰 DNA 序列及其编码的氨基酸序列(上);克隆目标外源基因的策略(下),具体见正文。(B) pAB126 限制图谱:含 MFα1 基因序列,其上有 Xba I 位点,Xba I* 表示在 dam⁺ 的 E. coli 细胞中,此位点被甲基化,使对 Xba I 酶解产生抗性,GAP(甘油醛-3-磷酸脱氢酶)基因启动子以及可用外源目标基因取代的来自于 λ 噬菌体的 Xba I-Sal I DNA 片段。(引自 Brake AJ, 1991)

为构建 α-因子前导序列融合体,pAB126 用 *Xba* Ⅰ 和 *Sal* Ⅰ 酶解,用制备琼脂糖凝胶电泳将 4.7 kb 的载体片段分离出来。目标基因(cDNA 或合成的基因)通过适当的化学合成的寡核苷酸接头(adaptors),被连接到上面所制备的 4.7 kb 的 pAB126 载体片段上(见图 4-3(A))。这样,5′ *Xba* Ⅰ 接头被设计成包含 KEX2(蛋白水解酶)加工位点(Lys-Arg 序列)并同目标基因的平端或适当的限制性内切酶识别位点的突出端相匹配,从而产生读码框融合。而 3′ 端的 *Sal* Ⅰ 接头可根据目标基因 3′ 末端的具体情况设计,如目标基因不含翻译终止密码子,这个 3′ 端接头要含有读码框的终止密码。一旦上述组装完全无误,则将重组后的质粒转入 *E. coli* 细胞中扩增。然后将分离出来的 pAB126 重组质粒用 *Bam*H Ⅰ 酶解来分离表达序列组件(expression cassette),此组件包括 pGAP 启动子、α-因子前导序列、目标基因、MFα1 转录终止序列。最后将这个组建的可分泌表达目标基因的序列组件,插入到有单一的 *Bam*H Ⅰ 插入位点的适当的酵母质粒载体中去,组装成分泌表达目标基因的酵母分泌表达质粒。通常用 pAB24 质粒(图 4-4)作为组建分泌表达质粒的酵母质粒载体,由于 pAB24 有一单一的 *Bam*H Ⅰ 插入位点,可以很方便地将前面组建的含目标基因的表达序列组件重组到 pAB24 质粒载体中。外源目标基因组件的插入,可破坏载体的四环素抗性,有利于重组体的筛选。

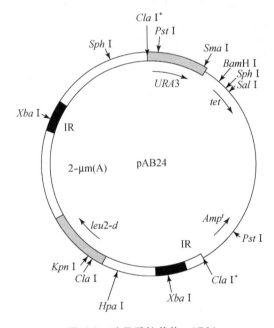

图 4-4　酵母质粒载体 pAB24

此质粒含有克隆入 pBR322 的 *Cla* Ⅰ 位点的 2 μm 质粒的序列,以及酵母
(*S. cerevisiae*)的 LEU2 和 URA3 基因。*Cla* Ⅰ* 表示在 dam+ 品系的 *E. coli*
细胞中,*Cla* Ⅰ 位点可被甲基化。(引自 Brake AJ,1991)

通过 pAB24 质粒载体的重组而得到的分泌表达的重组体,可以通过转化携带有 *ura*3 或 *Leu*2 突变的酵母细胞。由于存在于 pAB24 上的 *Leu*2-*d* 等位基因有部分缺损,*Leu*+ 的转化体不能通过锂离子转化的方法获得,但可以通过原生质体转化,或通过尿嘧啶筛选后再用亮氨酸筛选。因为 *Leu*2-*d* 等位基因缺损,亮氨酸筛选可以得到非常高的质粒拷贝数。受体酵母菌最好是主要蛋白水解酶(PRA1,PRB1,PRC1)的缺失品系,这样可以最大限度地避免表达产物的降解。

图 4-5 给出一个酵母-*E. coli* 穿梭载体 pαADH2，此载体利用醇脱氢酶启动子，通过 α-因子前导序列分泌表达外源基因。载体上既有来自酵母的复制区（2 μm），又有来自 *E. coli* 的复制区（*ori*），这样便于基因组装后在 *E. coli* 中扩增，然后在酵母中表达。

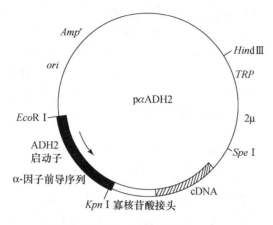

图 4-5　酵母-*E. coli* 穿梭载体 pαADH2

在酵母分泌表达体系中常用的信号肽除了上述的 α-因子外，还有 pho5，Suc2。某些外源的信号肽序列，如来自白蛋白（albumin）和表皮生长因子（EFG）的信号肽序列，也可用作元件构建分泌表达载体。

过度糖基化（hyperglycosylation）是外源蛋白质在酵母分泌表达体系中所碰到的特有问题。过度糖基化能抑制同抗体的反应性或导致出现免疫原性等问题。三种方法可改善过度糖基化的问题：① 当用 *S. cerevisiae* 作宿主菌时可通过产生 mnn1、mnn9 突变体，改善过度糖基化问题。这是因为从 mnn1、mnn9 突变体品系所得到的分泌蛋白具有均一的 Man10Glc-NAc2 寡聚糖，其缺少引起免疫原性的 α-1,3-甘露糖连接；② 去除潜在的糖基化位点；③ 用毕赤酵母品系的 *Pichia pastoris* 作为宿主菌。这是因为与 *S. cerevisiae* 相比，*P. pastoris* 产生糖基化的程度低，其糖基化的链长为 8～14 个甘露糖，而 *S. cerevisiae* 所产生的糖基化中的糖链长多达 50～150 个甘露糖，且具有如上所说的 α-1,3-甘露糖苷链连接。而 *P. pastoris* 中的糖基化位点（Asn-X-Ser/Thr）与哺乳动物细胞的糖基化位点相同。在此应该指出的是，某些外源蛋白质，如 HIV 病毒的 gp120，在毕赤酵母中也产生过度糖基化的问题。

由于酵母具有很坚硬的细胞壁，所以细胞壁的通透性也是外源蛋白分泌的限制因素，一些细胞壁突变体具有较大的多孔性，可以更有利于外源蛋白的分泌。

此外，分泌蛋白质在内质网中折叠所需的分子伴侣，如 Bip 和二硫键异构酶（PDI）基因与目标蛋白基因在细胞中的共表达（高表达）有时也有助于蛋白质的分泌。

4.4　外源基因在哺乳动物细胞中的分泌表达

哺乳动物细胞表达系统也主要是由宿主细胞和表达载体两部分组成；而表达方式则分为瞬时表达（transient expression）和稳定表达（stable expression）。

人胚肾细胞（HEK）、幼仓鼠肾细胞（BHK）以及源于非洲绿猴细胞系 CV-1 的 COS 等细胞系通常用作瞬时表达宿主，而中华仓鼠卵巢细胞系（CHO）则用作稳定表达宿主。

哺乳动物细胞表达系统所用的载体中，DNA 复制起始点（*ori*）常来自于动物病毒，如猴病毒 40(SV40);转录启动子序列通常也来自于动物病毒,如 CMV、SV40 和 HSV 等,也有来自于哺乳动物基因,如牛生长激素、胸腺嘧啶激酶(TK)等基因中的启动子序列。

在第 6 章将有专门章节较详细地介绍哺乳动物细胞表达系统。外源基因在哺乳类细胞中的分泌表达载体的构成与胞内表达载体所用元件基本相同,所不同的是分泌表达载体含有有效的分泌信号(secretion signal)元件,即信号肽基因。用于分泌表达的信号肽基因多来自于哺乳动物高分泌表达蛋白基因,如生长激素和白蛋白基因的信号肽基因。将成熟的外源蛋白质编码序列按正确的读码框插入信号肽基因的下游,使外源蛋白质在信号肽的介导下分泌表达。一个好的分泌表达系统至少具有如下的特点:① 使外源基因有效地进行分泌表达;② 能将信号肽和目标蛋白质进行正确、有效的切割;③ 使重组蛋白质分子得到正确的修饰,包括所必需的所有翻译后修饰。

需要指出的是,来自于不同物种的信号肽在不同宿主细胞中介导蛋白质分泌的能力是不同的。表 4-1 给出不同来源信号肽在不同宿主细胞中介导蛋白质分泌的能力。

表 4-1　不同来源信号肽在不同宿主细胞中分泌能力的比较

分泌信号(来源)	细菌[a]	酵母[b]	昆虫[c]	哺乳类细胞
SS	+		+	+
生长激素	+		+	+
白蛋白		+	+	+
人胚盘碱性磷酸酶			+	+
金黄色葡萄球菌蛋白 A	+		+	
蜜蜂蜂毒素			+	
蜕皮甾体 UDP 糖苷转移酶			+	
组织溶纤激活因子(tPA)			+	
α-因子		+		
PHO1		+		
K. Lactis 杀伤毒素		+		
OmpA/T	+			
E. coli 溶血素	+			
噬菌体 fd 基因Ⅲ	+			

＋:示信号肽介导的重组蛋白的分泌能力;

a:包括革兰氏阳性和阴性菌;

b:包括 S. cerevisiae, S. pombe 和 P. pastoris 酵母品系;

c:包括杆状病毒(baculovirus 系统)和果蝇。

从表 4-1 可见,很多信号肽可用于昆虫细胞分泌表达系统;而只有 SS 信号肽可用于细菌、酵母、昆虫和哺乳类细胞的分泌表达(Tan NS, et al, 2002)。

外源基因的分泌表达是基因工程技术的一个重要方面。重组蛋白分泌表达,特别是直接大量地分泌到培养基中,可以大大简化分离纯化工艺、降低生产成本及提高经济效益。

近来研究指出,改变发酵条件也可以提高外源基因分泌表达的效率。如在培养基中加入终浓度为 1% 的甘氨酸,可以明显地使在 E. coli 细胞周质中的重组蛋白分泌到培养基中。

5 重组蛋白的正确折叠及修饰

在"分子生物学基础分册"中,我们介绍了蛋白质的折叠途径及与蛋白质折叠相关的因子,如折叠酶和分子伴侣等,在细胞内错误的折叠可导致蛋白质聚集(aggregation)。重组蛋白也同样面临着正确折叠及翻译后修饰的问题。

E.coli 表达系统由于其遗传背景清楚以及表达效率高、容易高密度发酵等特点,仍然是广泛应用的原核细胞表达系统。由于 E.coli 细胞内的非氧化(即还原)的条件,不利于重组蛋白分子内的二硫键形成。一般而言,E.coli 表达系统对表达分子内不多于 2~3 对二硫键、结构相对简单的中等大小的外源蛋白质是一个较好的体系,但对表达结构较复杂的蛋白质,特别是其生物活性的表达需要翻译后修饰的蛋白质,E.coli 就不能很好地胜任。很多真核细胞的蛋白质在 E.coli 细胞内表达后,以无生物活性的包涵体(inclusion bodies)的形式存在。要得到有生物活性的重组蛋白,必须对这些失活蛋白进行变性和重折叠。E.coli 系统的这一缺点,促使人们开发动物细胞等表达系统,使产生具完全生物活性的重组蛋白。但这个系统对于产生大量的外源重组蛋白,又远不如 E.coli 系统那样简单、有效和低消耗。为了得到大量的、构象完整、具有高活性及廉价的重组蛋白质,重组蛋白的折叠研究具有重要的理论和应用价值。

5.1 重组蛋白的可溶性表达和折叠

外源基因在 E.coli 细胞中表达有三种形式:① 在细胞质中可溶性表达和积累;② 分泌表达,重组蛋白分泌到细胞周质或培养基中;③ 重组蛋白在细胞内产生聚集,形成不溶性的包涵体。一般而言,前两种形式重组蛋白可具有天然构象及高生物活性,而包涵体则是无生物活性的聚集体。包涵体的形成可能是由于在新生肽链折叠过程中所形成的折叠中间体分子,在细胞质内拥挤环境中发生不正确相互作用而产生的。一些研究表明,新生肽链合成过程中,由于各种原因所引起的肽链中氨基酸残基疏水侧链的不正常暴露,促使高效表达的重组蛋白分子间相互作用产生聚集而形成包涵体。包涵体的形成虽然给重组蛋白的纯化带来方便,但要获得具天然构象及活性的重组蛋白,必须对包涵体进行增溶变性和复性(重折叠)。因此,尽可能地增加重组蛋白在细胞内可溶性表达的程度,减少包涵体的形成是人们所追寻的目标。随着对蛋白质折叠机制认识的深入,很多可行的方法被提出。

5.1.1 外源基因(目标基因)与分子伴侣、分泌蛋白因子及折叠酶基因共表达

(1)外源基因(或目标基因)与分子伴侣在宿主细胞中共表达,可提高外源基因可溶性表达。如将 GroE 与外源的核酮糖二磷酸羧化酶基因在 E.coli 中共表达,可促进其在 E.coli 中可溶性表达及寡聚体组装的过程(Goloubinoff P, et al, 1989)。另一个例子是将金黄色葡萄

球菌的二氢叶酸还原酶与 GroES/GroEL 共表达时,也增加了此酶的可溶性(Dale GE, et al, 1994)。自从分子伴侣在蛋白质折叠中的作用被认识后,利用与分子伴侣基因共表达来改善和提高重组蛋白可溶性表达的报道越来越多,如将分子伴侣 DnaK、DnaJ 和 GrpE 与蛋白酪氨酶激酶(Gaspers P, et al, 1984),人生长激素基因(Blum P, et al, 1992)在 E. coli 中共表达时,也收到很好的效果。

然而,外源蛋白基因与分子伴侣基因共表达并不总是能够提高外源蛋白的可溶性与回收率。也不是所有蛋白质在细胞内的折叠都需要一种分子伴侣,如 GroEL/GroES,琥珀酰-辅酶 A 合成酶在与 GroES/GroEL 共表达时就观察不到可溶性有任何改变(Fong G, et al, 1992)。

利用与分子伴侣共表达的方法提高外源蛋白可溶性表达仍处于实验阶段,并没有确定规律可循。在细胞内多种折叠因子可能是通过协同作用对外源蛋白的折叠发生影响,仅超高表达一个或少数几个分子伴侣,对外源蛋白可溶性表达的作用可能并不很大。不同的外源蛋白在折叠时所需的折叠因子可能也不相同。因此,分子伴侣与外源蛋白共表达的实验设计,还需要进一步研究。

(2) 外源基因与分泌蛋白因子(Sec protein)基因共表达,可以改善外源蛋白质的分泌和可溶性表达。大多数 E. coli 的蛋白质从细胞质到周质的转运依赖于被 Sec 基因编码的一系列蛋白质如 Sec 蛋白(见分子生物学基础分册)。E. coli 的分泌系统是由几种蛋白质组成,其中绝大多数位于膜上,主要功能是促进新生多肽链的过膜转运。实验指出,增加细胞中 SecB 蛋白的含量可改善青霉素结合蛋白-3 的过膜转运,在 E. coli 细胞周质中的高表达(Fraipont C, et al, 1994)。在枯草杆菌细胞中共表达 SecB,可以促进依赖于 SecB 的 E. coli 麦芽糖结合蛋白的分泌(Collier DN, 1994)。另一个例子是,共表达 SecD 和 SecF 蛋白可以提高具有突变的信号序列的蛋白过膜转运和加快野生型蛋白的分泌;而当缺失 SecD 和 SecF 时,则致使过膜转运水平大大下降(Pogliano JA, et al, 1994)。SecD 和 SecF 可能参与过膜转运过程中的蛋白质释放。虽然 SecD 和 SecF 是膜结合蛋白,由于其具有一个大的周质结构域,其可能具有周质分子伴侣(periplasmic chaperones)的功能(Arkowitz RA, et al, 1994; Matsuyama S, et al, 1993)。

需要指出的是,同共表达分子伴侣的情况相一致、高表达 Sec 蛋白对于改善外源蛋白质的过膜转运也并非是一种通用的方法,其有效性也因蛋白质特性的不同而不同。

(3) 外源蛋白质基因与折叠酶基因的共表达对外源蛋白质折叠的影响。如前所述折叠酶有两种类型,即二硫键异构酶(PDI)和肽基脯氨酰顺反异构酶(PPIase)。在 E. coli 中 PDI 如 DsbA、DsbB、DsbC 和 DsbD,它们是处于 E. coli 周质或膜上的与二硫键形成和催化异构化的蛋白因子;E. coli 中至少有 8 种 PPIase 或功能相关的蛋白因子:PPIase、P20752、P23869、P39159、P21202、P22563、P39311、P30856 和 P22257 等。它们属于三种不同的蛋白质家族,2 个为周质蛋白,6 个为细胞质蛋白。最有意义的报道是,人的组织纤溶原激活因子(tPA)基因与 E. coli PDI 中的 DsbC 基因共表达时,可以得到高活性的、全长的重组 tPA。tPA 全长有 527 个残基,35 个半胱氨酸残基形成 17 个二硫键,其在 E. coli 中的高表达为利用 E. coli 系统表达复杂结构的蛋白开辟了一条新路(Qiu J, et al, 1998)。

综上所述可以看到,高效共表达分子伴侣、分泌蛋白因子以及折叠酶对外源蛋白的可溶性表达和正确折叠的影响,既有正结果,也有负结果。这说明蛋白质折叠问题是一个很复杂的问题,受各种已知和未知因素的影响。深入研究这些与折叠有关的蛋白质的作用机制,对重组蛋白的正确折叠问题的解决是很有意义的。

5.1.2　优化培养条件提高蛋白表达产物的可溶性

为了使外源蛋白在 *E. coli* 细胞中可溶性表达,人们在培养条件的优化方面进行了多方面的探索。

(1) 降低培养温度,可以使人-干扰素 α_2 和干扰素 γ 的可溶性组分提高(Dailey F,et al,1993)。这些蛋白因子在 37 ℃ 表达时以包涵体形式存在;当将培养温度降至 23～30 ℃ 时,其可溶性组分可达 30%～90%。降低培养温度固然是一种简便可行的方法,但不是一种通用方法。

(2) 利用丰富培养基,可使 T_4 噬菌体的脱氧胞苷酸脱氨酶的基因可溶性表达,表达量可占细胞可溶性蛋白总量的 20%。而在最低培养基培养的条件下,此酶以包涵体形式表达(Moore JT,et al,1993)。

(3) 改变培养基的渗透压、降低 pH 等方法也可达到减少包涵体形成的目的(Blackwell JR,et al,1991)。

通过改变、优化培养条件提高外源蛋白可溶性组分的方法,对于需要少量蛋白质即可进行研究工作的人来说应是可选择的方法。

5.1.3　同其他的蛋白、蛋白片段或短肽形成融合蛋白

通过形成融合蛋白改善重组蛋白产物的可溶性(Lavallie ER,et al,1993),也是一个可供选择的方法。对于融合蛋白的表达我们在第 4 章已作了介绍。利用这种方法增加重组蛋白可溶性的报告中最突出的例子是将 11 种不同的淋巴因子同硫氧还蛋白(thioredoxin)形成融合蛋白,使这些蛋白在较低温度条件下以可溶性形式、高水平表达,并具有天然活性。通过与分泌信号肽序列融合,使蛋白质能分泌到周质中,也是一个常采用的方法。利用分泌表达方法时要注意的是,不是所有融合了信号肽的蛋白质或多肽链都能够分泌表达,也不是一种信号肽可介导任何一种蛋白质的分泌表达,其结果需要通过实验来确定。

5.1.4　*E. coli* 突变株 FA113 可使具多个二硫键的蛋白质在细胞质中有效折叠

在生理条件下,*E. coli* 细胞质是处于还原状态,不利于在蛋白质中形成稳定的二硫键。在 *E. coli* 细胞中存在着两个主要的硫代还原系统(thiol reduction systems):硫氧还蛋白和谷胱甘肽二硫键氧还蛋白途径;*E. coli* 的有氧生长至少要依赖于上述一个途径的存在。当上述两条途径通过突变都被去除时,如在一个 trxBgor 或 trxBgshA 的双突变体中,*E. coli* 细胞生长极其缓慢(倍增时间≈300 min)。当在培养基中加入还原剂 DDT 时,细胞的生长可得以改善。进一步的实验指出,当 trxBgor 或 trxBgshA 菌株先在含 DDT 的培养基中生长,然后将其转入不含 DDT 的培养基中培养时,这种菌株细胞质中氧化程度比 trxB 菌株要高,且细胞质中积累了高水平的具有二硫键的碱性磷酸酶和小鼠尿激酶的活性(Prinz NA,et al,1997)。即使生长在含有 DDT 的条件下,trxBgshA 和 trxBgor 两个菌株都以高频率产生快速生长的衍生物。因为在 trxBgshA 和 trxBgor 菌株中 *trxB*、*gshA* 和 *gor* 的等位基因的突变都是不可回复的丧失功能的突变(nonreverting null mutations),所以引起快速生长的衍生物应该来自基因外抑制突变(extragenic suppressor mutations)。

通过对 trxBgshA 和 trxBgor 突变体细胞质中氧化电势(oxidizing potential)以及突变体可合成有活性的、含二硫键蛋白能力的测试,发现只有 FA113 菌株(trxBgor supp)细胞质具氧

化环境,且产生有活性的、含二硫键的蛋白质。为了进一步确证 FA113(DHB4 gor522···mini-Tn10 Tc trxB∷km supp)是否能使多二硫键的蛋白质在 E. coli 细胞质中有效地折叠,以下述四种蛋白质为模型进行测定:E. coli 碱性磷酸酶(含两对二硫键,在其一级结构中,形成二硫键的半胱氨酸是依次连续的,也称为具线性连接)、小鼠尿激酶(含六对二硫键,只有一个是线性的)、人的组织纤溶酶原激活因子的截断形式(Vt-PA)(含 9 个二硫键,只有一个线性二硫键)、全长的 t-PA(含 17 对二硫键及一个游离半胱氨酸)。实验指出,即使具有 17 对二硫键全长的 t-PA 在 FA113 品系细胞质中都能形成具可观产率的活性 t-PA 蛋白。这说明通过改变细胞质中的氧化还原条件,可使具多个二硫键的重组蛋白在 E. coli 细胞质中有效折叠(Bessette PH,et al,1999)。很有趣的是,当二硫键异构酶基因(如不含信号肽的 DsbC 基因)在此菌株中与 t-PA 共表达时,也提高 t-PA 的相对活力。

5.1.5 化学分子伴侣与蛋白质折叠

研究发现,一些可渗透的小分子物质(osmolytes),如甘油(glycerol)、海藻糖(trehalose)和三甲胺-N-氧化物(trimethylamine-N-oxide,TMAO)能稳定蛋白质(Aiba H,et al,1995;Wang A,et al,1997;Kandror D,et al,2004;Phadtare S,et al,2004)。细菌和酵母通过急剧地增加这些小分子物质在细胞内的浓度,对高温、低温或环境中离子浓度的改变做出应答反应(Aiba H,et al,1995;Wang A,et al,1997;Kandror D,et al,2004;Phadtare S,et al,2004)。除了保护细胞免受冰冻或破裂外,甘油和其他可渗透小分子物质可稳定蛋白质,使其免去因冻、热作用而产生变性。这就是为什么很多蛋白质纯化的缓冲液中含 10%~20%的甘油(Dignam JD,et al,1990;Hjelmeland LM,et al,1990)。甘油增加蛋白质的水合性。因为在天然状态蛋白质的疏水基团埋于蛋白质内部核心,而极性残基多位于分子表面。在蛋白质分子外周包上一层水分子,使蛋白质具有并保持其天然结构(Gekko K,et al,1981)。海藻糖和 TMAO 等也有相似的作用(Wang A,et al,1997;Shimizu S,et al,2004)。除了上述水合作用的机制外,也有人认为,海藻糖使细胞内黏度增加,从而使每个蛋白质结构域活动性减小,进而使蛋白质得以稳定(Sampedro JG,et al,2004)。这些小分子化合物又称化学伴侣(chemical chaperones)或小分子伴侣(small molecular chaperones)。无论精确的作用机制如何,这些小分子伴侣确实对在内质网中蛋白质的有效折叠起促进作用,为改善蛋白折叠提供了新途径。

5.2 重组蛋白的重折叠

尽管重组蛋白以包涵体形式表达有不足之处,但相当多的在 E. coli 细胞中表达的重组蛋白还是以包涵体的形式存在。因此,寻找有效的方法从包涵体获得具天然构象和生物活性的重组蛋白,已成为重组蛋白分离纯化的关键问题。

5.2.1 确定重组蛋白中可溶性和不溶性组分所占的比率

当用原核细胞(如 E. coli)表达系统表达外源基因时,首先要对表达产物中可溶性和不溶性(包涵体)组分所占的比率进行分析。这一步是决定采用何种方法对重组蛋白进行分离纯化的关键一步。如果实验工作并不需要大量的重组蛋白,而表达产物中即使含 5%~10%的组分是可溶性的,也许就能满足需要,从而可避开繁杂、不确定的重组蛋白变性、复性的工作。

如何对可溶和不可溶组分进行分析的方法很简单,即将培养好的细菌悬液离心后取菌体,菌体经破碎后通过离心将沉淀和上清液分开,取等量按常规进行 SDS-聚丙烯酰胺凝胶电泳,电泳后经考马斯亮蓝染色,光密度扫描来确定各组分的相对含量。对于不同培养批次宿主菌表达产物量的比较也是用 SDS-聚丙烯酰胺凝胶来测定;所不同的是,为了保证所取培养液中菌数相同,可按 $4.8/A_{600}$ 的经验公式来取菌液量,如一种培养液的 A_{600} 为 1.6,而另一种培养液的 A_{600} 为 2.0,那么前者取 $4.8/1.6＝3\,mL$ 菌液,而后者取 $4.8/2＝2.4\,mL$ 菌液(Jing GZ, et al, 1992)。

5.2.2　溶液中变性-复性的方法

这是一种较通用的方法。将通过细胞破碎,离心分离,多步清洗,得到的"纯净"包涵体;在强变性剂(6～8 mol/L 的胍或 8～10 mol/L 的脲)中变性增溶,再将变性蛋白稀释到适当的折叠(复性)缓冲液中,或通过对折叠缓冲液透析、浓缩,最终得到重折叠的重组蛋白(Maeda Y, et al, 1996a; Maeda Y, et al, 1996b)。在溶液中变性—复性方法的关键是优化折叠缓冲液和操作步骤,特别是对分子内含多个二硫键的蛋白质更是如此。下面以一种免疫毒素(immunotoxins)作为复性模型,介绍溶液中变性—复性方法。

假单胞杆菌内毒素 A(PE38KDEL)同单抗 B_3(FV)结构域组成的重组免疫毒素 B_3(FV)-PE38KDEL,相对分子质量为 67 000,分子内含三对二硫键,此融合蛋白在 $E.\,coli$ 细胞中表达时,以包涵体形式存在。为了得到"纯净"包涵体,首先将细胞悬浮在 50 mol/L Tris-HCl,20 mol/L EDTA pH 8.0 缓冲液中,加入 $200\,\mu g/mL$ 的溶菌酶后在 20 ℃保温 60 min,然后加入 Triton X-100 和 NaCl,使其终浓度分别为 2%和 0.5 mol/L。25 000 g 离心 60 min,沉淀经 50 mol/L Tris-HCl,20 mol/L EDTA,pH 8.0 的缓冲液洗 2～3 次,得"纯净"包涵体。蛋白变性在 0.1 mol/L Tris-HCl(pH 8.0),0.6 mol/L 胍,2 mmol/L EDTA,0.3 mol/L DTT 溶液中进行,在室温保温 2 h 以上。然后 30 000 g 离心 30 min,去除不溶物。蛋白复性是在如下复性缓冲液中进行:0.1 mol/L Tris-HCl(pH 8.0),0.5 mol/L L-精氨酸,8 mmol/L 氧化型谷胱甘肽(GSSG),2 mmol/L EDTA。将变性蛋白用复性缓冲液稀释 100 倍,使蛋白终浓度为 $30\,\mu g/mL$,在 10 ℃复性。这个实验指出,下列因素影响复性蛋白的产率:

(1) 复性蛋白的浓度。为防止蛋白质分子间发生聚集,复性蛋白的浓度要尽量稀,但如过稀释会使复性溶液体积过大,很难实施,一般控制在 $25～75\,\mu g/mL$ 为好。

(2) 复性缓冲液要保持适当的氧化还原条件。在复性缓冲液中,高浓度的 GSSG 会使复性蛋白产率下降,且由于过强氧化条件造成不正确二硫键形成,影响蛋白质复性。一般,GSSG 和 GSH(还原型谷胱甘肽)的比例为 1∶1 为好。

(3) 通过实验确定复性溶液的最适 pH。

(4) 复性溶液中加入适当的 labilizing 试剂,如 L-精氨酸,可提高复性率。

(5) 复性温度也是一个影响因素,一般要在低温下(4～10 ℃)进行。

(6) 为防止聚集发生,复性时,可采取分步加入变性蛋白的操作方法。

在溶液中变性-复性方法受各种因素的影响,且对不同的蛋白质所需要的最适条件可能又不相同,因此对于一个特定重组蛋白的复性要通过实验找出最适条件。也应该记住,小样品的复性同大量样品的复性条件也不尽相同。

对于不含二硫键或半胱氨酸残基的重组蛋白质的复性相对简单些,可以不加氧化还原剂。

但有时为防止分子间通过半胱氨酸残基氧化形成二硫键，需加入适当浓度的 DTT。

5.2.3 重组蛋白在层析柱（固相介质）上的重折叠

（1）在金属螯合柱（Ni^{2+} Chelating Sepharose Fast Flow Column）上的重折叠（Feng YM, et al, 2004）。对于在 N 或 C 端融合了 6×His 标签（6×His Tag）以包涵体形式存在的重组蛋白，经变性后在金属螯合柱上进行重折叠，是一个很有效的方法。具体的操作如下：

① 表达重组蛋白的菌体（约 500 mL 培养液）离心收集后，直接悬浮于裂解缓冲液（20 mmol/L Tris-HCl，pH8.0，0.5 mol/L NaCl，5 mmol/L 咪唑，8 mol/L 脲）。悬浮物被超声处理（1 min× 5，在冰浴上），使细菌细胞彻底被裂解，包涵体被增溶。然后在室温下（25 ℃）离心（27 000 g） 30 min，收集上清液。

② 用上述裂解缓冲液平衡好的 5 cm×1 cm^2 的 Ni^{2+} 螯合的 Sepharose Fast Flow 柱后，将上清液直接上柱，流速为 1.0 mL/min。然后，用 50 mL 的冲洗缓冲液（20 mmol/L Tris-HCl，pH 8.0，0.5 mol/L NaCl，60 mmol/L 咪唑，8 mol/L 脲）冲洗，流速 1.0 mL/min。

③ 重折叠是在柱上进行的，脲梯度是 8～0 mol/L 的线性递减梯度。起始缓冲液为冲洗液（20 mmol/L Tris-HCl，pH 8.0，0.5 mol/L NaCl，60 mmol/L 咪唑，8 mol/L 脲），终止缓冲液为重折叠缓冲液（20 mmol/L Tris-HCl，pH 8.0，0.5 mol/L NaCl，60 mmol/L 咪唑）。总体积为 200 mL，流速 0.3 mL/min。

④ 最后，重组蛋白用洗脱缓冲液洗脱（20 mmol/L Tris-HCl，pH 8.0，0.5 mol/L NaCl，200 mmol/L 咪唑）。收集所得蛋白主峰。蛋白组分对适当缓冲液或蒸馏水透析后，冰冻干燥后保存于 −20℃。

层析过程用 A_{280} 监测，蛋白组分也可对 10～20 mmol/L NH_4HCO_3 透析；这样，样品中的 NH_4HCO_3 在冻干过程中被去除。

（2）利用凝胶过滤层析，对重组蛋白进行重折叠。一般的做法是将 1～10 mg 的蛋白溶于 1～2 mL 的变性缓冲液中（50 mmol/L Tris-HCl，50 mmol/L DTT，200～500 mmol/L NaCl，6～8 mol/L 胍，pH 8.5），使蛋白充分变性（一般在室温下放置数小时或过夜）；然后，在 Superdex 75 HR 10/30 或 Sephacyl S 系列柱上进行蛋白质分子重折叠。从凝胶过滤柱上洗脱下来的样品经超滤浓缩回收。利用此法成功地使分子内有 9 个半胱氨酸，相对分子质量为 50 000 的重组人 ETS-1 蛋白有效地复性，其构象与天然构象相同。此方法的另一特点是，由多亚基组成的蛋白，变性的各亚基可以在凝胶柱上缔合，正确重折叠。对于在凝胶柱上进行重折叠的机理，尚不十分清楚。一种可能的解释是在凝胶过滤柱上所进行的重折叠或分子亚基之间的缔合，是在不可逆条件下进行的，因而克服了在溶液中常规重折叠实验中所遇到的主要问题——分子折叠和分子间聚集之间的动力学竞争。由于在层析柱上重折叠成天然构象的蛋白分子的不同流速特性，它们不断地从平衡中被移走，因此有利于变性蛋白分子的重折叠。当然，作为一种方法也绝不是万能的，变性蛋白分子的重折叠效率也因蛋白而异。

（3）利用疏水柱层析，对重组蛋白进行重折叠。此方法同（2）相似，所不同的是利用疏水介质（hydrophobic matrix）同变性蛋白相互作用，使之在疏水柱层析的过程中复性。

5.2.4 改善重组蛋白重折叠效率的其他方法

（1）利用分子伴侣或化学分子伴侣（小分子伴侣）改善复性产率。固化的分子伴侣可用作固相折叠试剂。因为分子伴侣 Dnak 是在折叠过程的后期起作用,固定化的 Dnak 能复活已经错折叠的重组蛋白。通过固定化的分子伴侣对去折叠蛋白的识别,可以从重折叠混合物中去除那些不正确折叠的蛋白分子。

在复性缓冲液中加入化学分子伴侣,如 TMAO,可以有利于蛋白的重折叠。对于冰冻干燥后不稳定的酶蛋白,如腺苷酸激酶(AK),可加入 20% 甘油在低温下保存。

(2) 利用分子伴侣,提高重折叠的速率和程度。这其中包括在复性缓冲液中加入分子伴侣蛋白以及一些折叠酶。固定化的分子伴侣可用于提供固相折叠试剂。因为 Dnak 是在折叠过程的后期起作用,固定化的 Dnak 能复活已经错折叠的蛋白。通过固定化的分子伴侣对去折叠蛋白的识别,可以从重折叠混合物中去除那些不正确折叠的蛋白分子。

(3) 通常,不是分子伴侣的蛋白也能表现出类分子伴侣的活性。在某些条件下,可用其增加重折叠的效率。如血清白蛋白的加入,模拟在 *in vivo* 折叠时非常高的蛋白浓度的内环境,可以减少新生外源蛋白分子之间的相互作用。血纤蛋白原(fibrinogen)能提高重组 t-PA 的重折叠,其原因可能是作为 t-PA 特异性配基,其使 t-PA 稳定在正确折叠的构象状态。今后如能利用从外源蛋白原来的宿主细胞中提取分子伴侣来帮助外源蛋白重折叠,可能更有效。

(4) 优化复性条件。如在复性缓冲液中加入低相对分子质量的聚乙二醇(PEG),如 PEG1000、PEG4000、PEG8000。研究指出,PEG 增加蛋白复性的作用与其本身的浓度无关,而与它和蛋白的摩尔比有关。因此,在蛋白复性时,用低相对分子质量的 PEG 是有利的(Shak S, et al, 1990)。近来的研究指出,利用缓慢地从透析袋中去除变性剂(脲)的方法比快速稀释的方法,可使还原的溶菌酶的复性效率提高 16 倍以上(Maeda Y, et al, 1996a, 1996b)。

5.3　外源蛋白在翻译后的修饰

真核蛋白质在原核宿主细胞中表达具有高效、廉价的优点。然而,不少在细菌中表达的真核蛋白由于细菌细胞缺少翻译后加工的机制以及细胞的还原内环境等因素所限,往往影响真核蛋白质分子的二硫键精确形成、糖基化、磷酸化、寡聚体的组装以及其他翻译后的加工过程,其结果使得表达的真核蛋白不能正确折叠,生物活性丧失或降低。特别是近年发现,相当数量用于人类疾病防治的蛋白质是糖基化的蛋白,因此在进行外源基因表达时,要根据具体情况充分注意到蛋白质的翻译后加工的问题,选择好受体细胞和表达体系。比如,人们发现当重组蛋白的糖基化程度同天然人源蛋白质相差较大时,在使用过程中对人体可能有潜在的免疫反应。在 *E. coli* 或酵母中表达的缺少糖基化或糖基化程度过度的重组蛋白,可能由于肽抗原决定子序列的暴露而使人体产生与其相对应的抗体,进而影响临床应用。翻译后加工的问题将在基因工程产品的生产中越来越受到人们的重视,而随着这一问题的解决,基因工程产品的效力和安全性将不断提高。

6 几种真核细胞表达系统

6.1 哺乳动物细胞表达系统

哺乳动物细胞表达系统的最大优点是,具有对重组蛋白质进行所有类型的翻译后修饰的能力,所表达的重组蛋白以与天然宿主中相同的形式存在,故具有天然的活性;其不足之处是,培养液中细胞密度较低,生长速度较慢。对工程细胞的保存的培养所用的成本高,基因工程操作困难。另一个问题是,哺乳动物细胞含有癌基因或病毒DNA。因此,对重组蛋白产物的测试要繁杂和费时,通过哺乳动物生产的重组药物价格也就昂贵得多。

哺乳动物细胞表达系统有两种类型,即瞬时(transient)表达系统和稳定表达系统。我们将以COS细胞和CHO细胞为例,分别介绍这两种类型的表达系统(在了解此章节内容前请参阅本书的4.4节)。

6.1.1 COS细胞瞬时表达系统及其应用

本节是以COS细胞瞬时表达系统为代表,介绍哺乳类细胞表达系统。近年来哺乳类细胞表达系统的数量虽然不断增加,然而COS细胞瞬时表达系统(cos cell based transient expression systems)仍然是应用最普遍的多功用的瞬时表达系统(Sambrook J, et al, 1989)。

COS细胞瞬时表达系统是由COS细胞系及带有SV40复制起始点(SV40 *ori*)的表达质粒相匹配而构成的。此系统建立的依据源于如下的事实:在SV40病毒感染猴细胞后,SV40病毒的早期基因产物——大T抗原作为反式作用因子与SV40 DNA的SV40 *ori*相结合,使宿主细胞的DNA聚合酶周而复始地复制病毒DNA,其结果是在细胞感染后48 h,病毒基因组可扩增1000倍。鉴于此,人们从病毒基因组DNA中分离出由100 bp组成的SV40 *ori*,并以其为基础组建了表达质粒。COS细胞源于非洲绿猴细胞系(CV-1)。CV-1细胞经复制起始区缺陷的SV40病毒基因组转化后,产生能组成性表达SV40的大T抗原的COS细胞株。此细胞株除了能组成性地持续合成野生型SV40的大T抗原外,还含有启动带有SV40 *ori*的质粒进行复制所必需的所有细胞内因子。这样,这个细胞株不需要SV40辅助病毒超转染,就能使转染到COS细胞中的带有SV40 *ori*的质粒进行快速扩增。在转染实验过程中,每个COS细胞将积累$>10^5$个带有SV40 *ori*的重组表达质粒,并高效表达外源DNA基因。由于转染质粒的复制毫无节制地不断进行,直至细胞可能由于无法忍受在它的染色体外复制如此大量的DNA而最终死亡,因此这一系统的表达是瞬时性的。

作为用在COS细胞瞬时表达系统中的表达质粒,在表达外源基因时所用的启动子、增强子等序列,可以来源于别的基因组序列,如小鼠乳腺瘤病毒(MMTV)LTR(long terminal repeats)启动子、腺病毒主要晚期启动子(Ad-MLP)以及巨细胞病毒(CMV)的增强子和启动子序列等。

一个好的在 COS 细胞中的瞬时表达载体,除含有 SV40 *ori* 序列外,应该含有如下的成分:

(1) 原核 DNA 复制起始点(*ori*)及原核可选择性标记。这些成分便于质粒在细菌中构建、增殖与扩增重组载体。

(2) 表达外源 DNA 序列所必需的所有元件组成的真核表达组件,包括可转录外源 DNA 序列的启动子、增强子元件,使转录产物有效地加上 poly(A)所必需的信号序列,带有剪接供体和剪接受体功能位点的内含子(在转染时,当存在含一个内含子的基因时,某些启动子能更有效行使功能)以及转录终止信号序列等。这些序列保证了真核基因的有效表达。

(3) 特定的限制性内切酶位点,用以插入有用的目标基因。

图 6-1 给出一个带有 SV40 *ori* 的瞬时表达载体 pMT2。pMT2 既可以在 COS 细胞中进行高水平瞬时表达,又可以建立有效表达外源基因的 CHO 细胞系(在 6.1.2 节介绍)。这一载体中含有几种不同来源的真核调控序列元件:SV40 *ori* 及早期基因增强子;与腺病毒三重前导序列(*TPL*)的 cDNA 相连的腺病毒主要晚期启动子(*Ad MLP*);由 TPL 序列第一个外显子的 5′剪接点和小鼠免疫球蛋白的基因 3′剪接点共同组成的杂合内含子(*IVS*);SV40 加入 poly(A)的信号序列;腺病毒 VA1 RNA 基因区段。这个载体中,在剪接受体位点下游还有鼠二氢叶酸还原酶(DHFR)的编码序列。插入剪接受体位点和 DHFR 序列之间的 cDNA,可以在 COS 细胞中得到高水平的瞬时表达。插入的 cDNA 转录后,产生一个杂合的多顺反子 mRNA,其中为外源蛋白编码的序列两侧分别是腺病毒 *TPL* 序列和 *DHFR* 基因。由于 *DHFR* 位于转录单位的 3′末端,因此其翻译效率不高,但仍可以作为可扩增的选择标记基因,且可提高多顺反子的稳定性。*TPL* 和 VA1 RNA 序列可阻断对真核翻译起始因子 2(eIF-2)

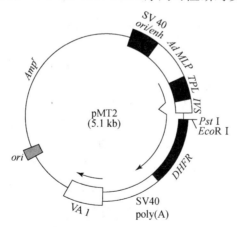

图 6-1　pMT2 表达载体

此载体由 3 个节段的 DNA 序列组成。节段Ⅰ包含 SV40 的复制起始点和一个转录的增强子(SV40,*ori/enh*)、腺病毒主要晚期启动子(*Ad MLP*)、腺病毒三重前导序列(*TPL*)、一个插入序列(*IVS*,此序列为一杂交内含子,由从腺病毒三重前导序列的第一个外显子来源的 5′剪接位点和从鼠免疫球蛋白基因来源的 3′剪接位点组成)。节段Ⅱ包含二氢叶酸还原酶(DHFR)的编码序列和 SV40 加 poly(A)的序列[SV40 poly(A)],以及编码腺病毒 VA1 的序列(VA1)。节段Ⅲ含有细菌复制起始位点(*ori*)和 *Amp*r 抗性基因(来源于质粒 pUC18)。*Eco*R Ⅰ作为 cDNA 的插入位点。(引自 Kriegler M,1990)

α 亚基进行磷酸化的、依赖于双链 RNA 的蛋白激酶(Kitajewski J，et al，1986)的作用，从而提高外源基因的翻译效率。腺病毒 VA 基因对翻译效率发生影响的作用机制可能是：在 COS 细胞中存在一种蛋白激酶(DAI kinase)，这种激酶可被一双链 RNA 所激活(dsRNA-activation)，在不存在 VA 基因所编码的 VA RNA 时，被 dsRNA 激活的 DAI 激酶使有活性的真核起始因子 2(eIF-2)磷酸化而导致 eIF-2 失活，从而抑制了翻译的起始。当存在 VA RNA 时，VA RNA 首先同 DAI 激酶相结合而防止 DAI 激酶被 dsRNA 所激活，这样 eIF-2 就不会由于因被 DAI 激酶磷酸化而失活，使转染细胞中的 eIF-2 水平得以提高。因此，VA RNA 通过调节活性 eIF-2 的水平，提高了基因的翻译效率。在瞬时表达的实验中人们发现，VA RNA 对翻译效率的提高局限于被转染的质粒 DNA；而内源的染色体基因的翻译效率并不受其影响。因此，在 COS 类型的瞬时转染、表达的实验中，在转染的混合物中存在 VA 基因(无论以顺式还是反式方式都可)，可能会使大多数的外源基因的表达效率提高。这就是为什么在 pMT2 载体中加入 VA RNA 编码序列(VA1)的原因所在。

COS 细胞瞬时表达系统有着广泛的应用前景：

1. 提供一个研究哺乳类细胞基因表达调控的简便方法

某些原核或真核基因可以用做测定哺乳类基因启动子转录活性的基因，这些基因称为报道基因(reporter gene)，如来自于原核的氯霉素乙酰转移酶(CAT)基因和真核的荧光素酶(Luc)基因。将要测定的真核基因表达的调控区克隆于这些基因之前，通过研究在不同情况下这些基因的表达水平，来分析基因的表达调控机理。还应指出，测定启动子和增强子对基因表达的影响，必须设定内对照，以便区分转录水平的差异和转染效率或者细胞提取物制备过程的差异。最好的办法是用两个质粒共转染细胞，其中一个带有待观察基因；而另一个可以对某种蛋白进行组成性表达，并且该蛋白的活性可以在准备测定报道基因活性的同一细胞提取物中进行检测。通常，用于这一用途的酶是 E. coli β-半乳糖苷酶。当然，也可以用其他一些可进行灵敏测定，在 COS 细胞中本底表达很低的基因。

2. 分离编码有用蛋白质的 cDNA

COS 瞬时表达系统最明显的用处是从 cDNA 文库中分离为分泌蛋白质编码的 cDNA，而这个 cDNA 文库是用哺乳类细胞表达载体为基础制备的。如图 6-2 所示，首先从已知表达目标蛋白质的细胞中分离 mRNA，进而制备 cDNA 文库，然后将此文库分为由 $10^2 \sim 10^4$ 克隆组成的亚库，再分别用各个亚库去转染 COS 细胞。转染 4～5 天后，测定在培养感染细胞的条件培养基中，有无所要的分泌蛋白质活性的存在。通过测定活性，来确定哪个亚库中含有为此蛋白质(目标蛋白)编码的 cDNA 序列；然后再将阳性亚库分成更小的库，通过活性筛选找出阳性库。这样，最终得到为目标基因编码的单一克隆，从而完成对特定 cDNA 的分离和鉴定。

用 cDNA 文库转染 COS 细胞
↓
检测条件培养基中的生物活性
↓
取得阳性亚库
↓
用阳性亚库转染 COS 细胞，通过活性测定反复筛选，取得最小的阳性库
↓
从单一的克隆分离 DNA，测定正确的 cDNA 克隆

图 6-2　分离编码有用蛋白质的 cDNA 克隆

从图 6-2 可见,建立灵敏高效的生物活性检测技术是快速筛选出正确 cDNA 序列的关键。目前有两种方法用以筛选细胞表面蛋白:

(1) 抗体或配体淘选技术。这一技术实施要点是,首先用目标蛋白质的单抗或配体处理用 cDNA 文库转染两天的 COS 细胞,然后将上述的与抗体和配体反应的 COS 细胞同已铺在塑料膜上的抗上述单抗或配体的多克隆抗体共同温育;通过淘洗去除非特异吸附的 COS 细胞,从吸附在塑料膜上的 COS 细胞中提取质粒,并使质粒在 *E. coli* 细胞中扩增,将扩增的质粒再转染 COS 细胞。重复上述筛选过程,一般经 3~4 次淘洗,可以得到为特定目标蛋白编码的 cDNA 序列。T 细胞表面蛋白 CD2,CD28 cDNA 序列就是用此法分离得到的。

(2) 抗体、配体放射标记自显影筛选技术。此方法是用放射标记的单抗或配体去检测表达细胞表面目标蛋白的 COS 细胞,通过 X 光片放射自显影选出能表达目标蛋白的 COS 细胞。通过重复的转染、筛选,得到为特定目标蛋白质编码的 cDNA 序列。如 GM-CSF 的受体蛋白基因就是通过这种方法筛选出的。图 6-3 给出(A)、(B)筛选法的示意过程。如果将(A)和(B)两种方法结合起来,就会使从 cDNA 文库中筛选特定蛋白质 cDNA 序列的技术变得更为灵敏及高效。此方法的关键是目标蛋白质要表达在 COS 细胞的表面,这对分离为细胞表面受体蛋白编码的 cDNA 序列特别有效。

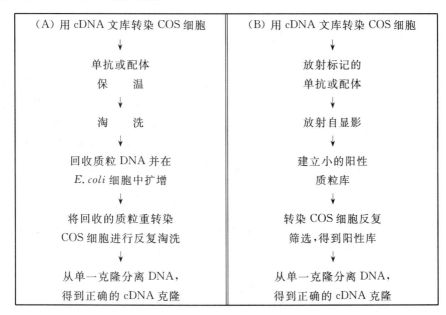

图 6-3　cDNA 克隆的筛选

3. 生产一定量的重组蛋白,用以进行结构功能的研究

如前所述,由于带有 SV40 *ori* 的质粒在 COS 细胞中的高拷贝数,可以从用这些表达载体转染的 COS 细胞中得到高水平表达的蛋白。对于细胞内和细胞表面蛋白,其表达量可达 10^5 个拷贝/细胞,而对于分泌蛋白而言,每毫升培养基可以回收 1 μg 的蛋白质。如利用 COS 细胞体系表达水泡性口炎病毒(VSV)糖蛋白、白细胞表面蛋白 4-1BB 等。

4. 作为对组建的真核基因表达载体的快速评估系统

由于 COS 细胞瞬时表达系统的多方面功能(图 6-4),使它成为对新组建的真核基因表达载体的性能进行检测、优化的首选体系,为组建长期、高效表达重组蛋白质的稳定细胞系提供可靠的数据。

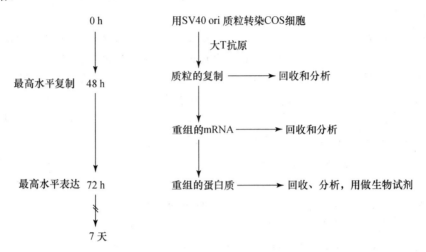

图 6-4　COS 细胞瞬时表达系统的多种功用

示质粒在感染后 48 h 达最高值;蛋白表达在感染后 72 h 达最高值,但可持续 7～10 天。

6.1.2　哺乳动物细胞稳定表达系统

上节介绍了动物细胞瞬时表达系统,在此系统中外源基因没有稳定地整合到宿主细胞染色体中,而是以染色体外的 DNA 形式存在,故外源基因只能得到瞬时表达。要使外源基因在受体细胞中高效、稳定表达,必须建立起一个稳定表达系统。这其中包括表达载体的组建、基因的有效转染、标记基因和目标基因的选择和共扩增、受体细胞的选择及培养条件的优化等等。现以 pMT2(前面已介绍)为表达载体,以二氢叶酸还原酶(DHFR)为标记基因,CHO 细胞(chinese hamster ovary cell)为受体细胞,介绍哺乳动物细胞稳定表达系统。

1. 表达载体

前面介绍了 pMT2 表达载体。同一般的瞬时表达载体不同,此载体含有鼠 DHFR 基因的编码序列,作为可扩增的选择标记基因。这样,利用这个载体可以使外源基因既可在 COS 细胞中瞬时表达,又可以用来建立有效、稳定表达外源基因的 CHO 细胞系。

2. 可扩增的选择标记基因

因为在多数情况下,目标基因的扩增程度同基因表达成正比,所以基因扩增为提高任何特定基因的表达水平提供了一个方便的方法。虽然多种基因拷贝数的扩增是通过利用适当的选择压力实现的,但对很多基因而言,还尚未有直接选择方法。在这种情况下,将目标基因同一个可扩增的选择标记基因一起转化细胞,接着就可以通过选择扩增的标记基因去获得含有与标记基因共扩增的目标基因的细胞。DHFR 则是最广泛应用的可扩增的选择标记基因。DHFR 在细胞中的功能是催化二氢叶酸或叶酸到四氢叶酸。四氢叶酸是某些氨基酸、核苷酸生物合成的前体。当叶酸的一种类似物氨甲喋呤(MTX)存在时,其同 DHFR 结合抑制 DHFR 活性,使细胞致死。研究指出,当在培养基中逐步增加 MTX 的浓度时,某些细胞可以产生对 MTX 抗性而存活,其原因是由于 DHFR 基因扩增使 DHFR 高表达。对 MTX 具高抗性的细胞内可有数千个 DHFR 基因拷贝,从而表达出上千倍高水平的 DHFR。因此,用对 MTX 抗性来筛选 DHFR 基因扩增,是目前最广泛应用的使外源基因高效表达的方法。

3. 受体细胞——CHO 细胞

一般用的 CHO 细胞必须是 $dhfr$ 基因缺陷型的细胞,这使其不能生长在含氨甲喋呤(MTX)培养液中。这种细胞的优点是:

(1) 当扩增的基因整合到宿主染色体上时,即使无选择压力时,也能稳定保持。

(2) 适用于多种蛋白质的分泌表达和胞内表达。

(3) 对培养基的适应性强,可以用无血清培养基培养,从而降低生产成本。

(4) CHO 细胞可进行贴壁培养,也可进行悬液培养。

(5) 可大量培养,进行规模生产,培养量可放大到 5000 L。如人的 tPA,干扰素 γ、β,Ⅸ 因子、Ⅷ 因子等都用 CHO 细胞进行稳定表达。

4. 外源基因的转染、扩增及整合

外源基因的转染与上述瞬时表达系统所用的方法相同,如用磷酸钙共沉淀法,PEG 介导的细胞融合法以及电穿孔导入法等。DNA 只能进入培养的很少部分的哺乳动物细胞中,而进入细胞的 DNA 中能够稳定维持下去的,又更加微乎其微。在绝大多数情况下,表达转染基因的细胞系(如 CHO 细胞)要通过在同一细胞中引入另一种可扩增的选择标记基因(如 $dhfr$ 基因),才能得到分离。早期实验研究中,编码目标蛋白和编码选择标记的蛋白的基因都放在同一载体上,如上述 pMT2 表达载体那样,插入的目标基因同选择标记基因 $dhfr$ 重组于同一载体。这样,当在选择压力下可扩增的选择标记基因扩增时,同其相连的目标基因也同时扩增,通过扩增使目标基因的表达量提高。后来发现,将目标基因和选择基因重组入不同的载体,通过共转染,可以相当高的频率将它们转入受体细胞。同 COS 细胞瞬时表达系统不同的地方是,要想得到长久稳定表达的细胞系,必须对转入目标基因及可扩增的选择标记基因通过施加选择压力(如对于 $dhfr$ 基因而言,用 MTX 加压),使外源基因进行扩增,并稳定地整合入宿主细胞的染色体上。这样,在细胞失去选择压力的情况下,得到的扩增基因可以稳定存在下去。在能够稳定存在的细胞系中,扩增的基因整合于染色体,并与膨胀的染色体区域相连,此区域被称为均匀着色区(homogenously staining region,HSRs)。应该指出,扩增的基因在无选择压力的情况下,也可能不能稳定地存在于细胞系中,而最终丢失。如当 $dhfr$ 基因以"双微染色体"(double-minute chromosomes,DMS)的形式存在于染色体外的自我复制元件上,其上不含着丝粒,因此在有丝分裂时它可随机分离,一旦无选择压力,它们即会迅速消失。

一般地,有两种实验流程可以获得带有得到扩增的外源 DNA 序列的细胞系:第一种流程,首先通过检测外源基因的表达逐一筛选标记基因(如 $dhfr^+$)阳性的转化体,然后再一一转到浓度不断升高的 MTX 之中生长,分别进行增殖。第二种流程,则是把所有分离得到的 $dhfr^+$ 的转化体合并,先通过检测目标基因的表达进行粗筛,然后再一同置于浓度不断升高的 MTX 之中生长。实验证明,后一种方法更有利于得到表达外源蛋白质的细胞系。还需指出,加压过程要逐级进行,切不可急于求成。用动物细胞表达外源基因同原核相比有很多长处,关于这一点,已在第 5 章给予讨论。

从众多的非转染细胞中可鉴定出很少的稳定转染的细胞,通过观察受体细胞表型的变化(如形态转化)或通过利用在重组的顺反子上或在共转染的 DNA 分子上的药物筛选标志来完成。实施药物筛选来分离鉴定阳性转染细胞克隆是一项很费时的工作,需要几周的组织培养过程。如果转染的基因是通过药物筛选共扩增,要得到稳定的转染细胞,往往需要几个月乃至更长的时间,这是稳定转染的主要障碍。然而当通过可感染的反转病毒作为载体进行转移基因时,可不必用药物筛选。用高效价(high-titer)的重组反转录病毒(recombinant retroviruses)感染培养的细胞,事实上所有的受体细胞都可以被感染。如果想对被表达的产物进行更长期、更充分的分析,建立稳定的表达系统,从长远来讲还是可取的。

动物细胞的表达载体除以 SV40 病毒为基础组建的载体外,还有各种其他类型的表达载体,如基于多瘤病毒(polyoma-virus)的表达载体、基于腺病毒(adenovirus)的表达载体、基于EB 病毒(epstein-barr-virus)的表达载体、基于单纯疱疹病毒(herpes-simplex-virus)的表达载体、基于痘病毒(vaccinia-virus)的表达载体(此表达载体的组建与上述载体不同,带有外源基因的重组痘病毒是通过同源重组而取得的,请参看介绍核型多角病毒为载体的昆虫细胞表达系统的相关章节)、基于乳头瘤病毒(papiloma-virus,BPV)的表达载体以及基于反转录病毒(retrovirus)的表达载体等。反转录病毒是一种很有应用潜力的基因转移载体,其具有如下的特点:

(1) 反转录病毒基因组可稳定地整合入其所感染的细胞染色体中,可在受体细胞中一代一代地传下去。

(2) 对于病毒基因组而言,整合是具位点特异性的,处于原病毒的 LTRs 序列(long terminal repeats)的末端。这样,整合后处于 LTR 里面的基因可被完整地保存下来。

(3) 作为 RNA 到 DNA 反转录的结果,反转录病毒可以被开发成为克隆 cDNA 的机器。

(4) 反转录病毒基因组具有很大的可塑性,其天然大小具有高度的可变性,故可容纳各种不同大小的外源 DNA。

除此之外,反转录病毒载体可承受各种遗传操作。因此以反转录病毒为基础组建的表达载体具有广泛的潜在用处。要想详细地了解这些载体的组建和应用,请参阅 Kriegler M 编著的 *Gene Transfer and Expression*,*A Laboratory Manual*(Stockton Press,1990)。表 6-1 给出各种哺乳动物细胞基因转移和表达系统的表达水平和应用。

表 6-1　各种哺乳动物细胞基因转移和表达系统

细胞系	DNA 转移的方式	最适表达水平 (μg/mL)	最初的应用
猴细胞/人细胞			
CV-1	SV40 病毒感染	1~10	表达野生型、突变蛋白
CV-1/293	腺病毒感染	1~10	
COS	瞬时 DEAE-葡聚糖法	1	在哺乳类细胞中表达,快速鉴定 cDNA 克隆,表达突变蛋白
CV-1	瞬时 DEAE-葡聚糖法	0.05	
鼠成纤维细胞 MOP	瞬时 DEAE-葡聚糖法	未测	快速鉴定 cDNA 克隆表达突变蛋白
C12η	BPV 稳定转化	1~5	高水平组成型表达
3T3	反转录病毒感染	0.1~0.5	转基因动物,在不同类型细胞中表达
CHO-DHFR	目的基因＋DHFR 基因共转染	0.01~0.05	
	用 MTX 扩增	10	高水平组成型表达
灵长/啮齿类	痘病毒	1	疫苗
神经元细胞	EB 病毒载体	未测	克隆表达
	HSV 载体	未测	基因转移

还要提及作为可扩增的选择标记(selectable markers)基因。除了 DHFR 外还有好多种，现将它们的来源和选择原理列于表 6-2。

表 6-2 可选择标记基因及作用原理[a]

基　　因	来　　源	受体细胞及作用原理
胸腺嘧啶激酶(TK)	细胞、HSV、痘病毒 *tk* 基因	TK⁻ 细胞系。当转入 TK⁻ 细胞后受体细胞对 HAT 培养基产生抗性(HAT 由次黄嘌呤、氨基喋呤、胸腺嘧啶组成)。在 HAT 中选择到 TK⁺ 细胞后，在改用无选择培养基前，细胞用含 HT 培养基培养，此过程有助于 TK⁺ 细胞逐渐从 HAT 选择培养中恢复过来
腺嘌呤磷酸核糖转移酶(APRT)	被 *APRT* 基因编码	APRT⁻ 细胞(CHO aa^{r}7,Ltk⁻ aprt⁻ 和 Ls-24-b)，使受体细胞变为 APRT⁺，获得抗重氮丝氨酸、腺苷和 alanosine 的能力
次黄嘌呤-鸟苷磷酸核糖转移酶(HGPRT)	被 *HGPRT* 基因编码	LAg 细胞(hgprt⁻,aprt⁻)，此基因使受体细胞对 HAT 培养基产生抗性
天冬氨酸转氨甲酰酶(aspartate transcarbarnylase)	被 *pyrB* 基因编码	CHO D20 细胞(缺少尿苷生物合成酶系中的前三个酶基因：即氨甲酰磷酸合成酶、天冬氨酸转氨甲酰酶以及二氢乳清酸酶)，用 HamF-12 培养基筛选
鸟氨酸脱羧酶(ornithine decarboxylase)	被 *odc* 基因编码	CHO C55.7 细胞(ODC⁻)，用 DMEM 培养基筛选
氨基糖苷磷酸转移酶(APH)	被 *aph* 基因编码	所有细胞类型，使受体细胞对 G418 产生抗性
潮霉素-B-磷酸转移酶(HPH)	被 *hph* 基因编码	所有细胞类型，使受体细胞抵抗浓度为 10~400 μg/mL 的潮霉素 B
黄嘌呤-鸟苷磷酸核糖转移酶(GPT)	被 *gpt* 基因编码	所有细胞类型，使受体细胞抗 XMAT 培养基(含黄嘌呤、次黄嘌呤、胸腺嘧啶、氨基喋呤、霉酚酸)
色氨酸合成酶(tryptophan synthetase)	被 *trpB* 基因编码	所有细胞类型，使受体细胞对不含色氨酸的培养基产生抗性
组氨醇脱氢酶(histidinol dehydrogenase)	被 *hisD* 基因编码	所有细胞类型，使受体细胞对含 2.5 mmol/L 的组氨醇培养基产生抗性
多种药物抗性	被 *mdr*1 基因编码	所有细胞类型，使受体细胞对含 0.06 μg/mL 的秋水仙素培养基产生抗性
CAD 基因[b]	被 *cad* 基因编码	CHO D20 细胞，使受体细胞对 HamF-2 培养基产生抗性
腺苷脱氨酶(adenosine deaminase)	被 *ada* 基因编码	CHO DUKX B11 细胞，使受体细胞对 α-MEM 产生抗性
天冬酰胺合成酶(asparagine synthetase)	被 *as* 基因编码	CHO N3(AS⁻)细胞，使受体细胞对 α-MEM(无天冬酰胺)产生抗性
谷氨酰胺合成酶(glutamine synthetase)	被 *gs* 基因编码	CHO K-1 细胞，使受体细胞对 GMEM-S 产生抗性
二氢叶酸还原酶(DHFR)	被 *dhfr* 基因编码	DHFR⁻ 细胞(见正文)

a. 详细操作请参看 Kriegler M. Gene Transfer and Expression,1990。

b. CAD 是一个单链蛋白，具有尿苷生物合成酶系中前三个酶的活性(见天冬氨酸转氨甲酰酶一栏)。

6.2 外源基因在哺乳动物细胞中的组成性表达和诱导性表达

同原核细胞表达载体一样,真核细胞表达载体也有组成性表达和诱导性表达。上面介绍的表达载体属于组成性表达载体。下面介绍两个常用的诱导性表达系统,这类表达载体是由可诱导的启动子和增强子构建而成的。

1. 金属硫蛋白表达元件(metallothionein expression elements)

重金属诱导的金属硫蛋白启动子业已被用在培养的哺乳动物细胞中和在转基因动物中控制外源基因的表达。人、鼠和其他真核细胞来源的某些金属硫蛋白启动子,当加入重金属诱导物时,其调控下的基因的表达可以达到中等程度的增加。但在无重金属存在的条件下,基因也表现出相当高水平的基础表达(basal expression)。

通过对人的金属硫蛋白 II A(hMT II A)启动子的分析,其至少有 9 个序列元件与基因表达调控有关。除了 TATA 盒以外,这些序列元件包括 4 个金属效应元件(MREs),所有都含150 bp 以内的转录起始位点以及与基础表达有关的序列元件。

金属效应元件(MREs)能把金属效应带给异源启动子,其诱导的程度随着这些序列元件的增加而增加。但是这些由异源启动子组装而成的组件,其最大诱导程度要低于天然的金属硫蛋白的启动子。也有的实验指出,含有从 hMT II A 来源的 BLE(基础表达序列元件)和MRE 串联重复序列的启动子的可诱导性增加。遗憾的是,这种可诱导性的增加同基础表达的增加相平行。

为了提高金属硫蛋白启动子的可诱导性,人们使位于 −129～−70 的含 BLE 的区段发生缺失,并将多个 MREs 序列插入到 BLE 缺失的位置上,使得用这种改造的 hMT II A 启动子构建的载体表现出低水平的基础表达。而在有重金属的诱导下,外源基因的表达水平可以有200 倍以上的增加。

2. 鼠乳腺瘤病毒(MMTV)表达元件

MMTV 基因的表达在转录水平上是被糖皮质激素所调控的。由此,人们利用 MMTV 的LTR 序列使外源基因在可控条件下进行表达。糖皮质激素-效应元件(GREs)以及基础表达序列元件(BLEs)都存在于 MMTV 表达元件中,且已被鉴别出来。研究指出,对野生型MMTV 启动子行使其功能所必需的序列处于 −64 位的下游,在 −220～−140 区含有激素调控所必需的序列。对 MMTV 增强子-HSVTK 启动子所组成的嵌合调控元件的缺失分析表明,MMTV 的 LTR 序列中 −236～−52 区段足以将糖皮质激素效应性赋予外源启动子。

上述介绍的金属硫蛋白表达元件和鼠乳腺瘤病毒表达元件,属于正调控元件。近几年来也发现负的可诱导调控元件,如从牛促乳素基因(bovine prolactin gene)上游区发现的负糖皮质激素效应元件(negative glucocorticoid-responsive element,nGRE)。这个元件可使牛促乳素启动子以及与其相连的外源基因的启动子沉默(silence)。牛促乳素基因的 −562～−51 区段含有多个对糖皮质激素受体的结合位点,而含有单一的受体结合位点的由 34 bp 组成的亚片段足以表现出负糖皮质激素-效应元件(nGRE)的活性。

6.3 核型多角体病毒为载体的昆虫(细胞)表达系统

利用核型多角体病毒(nuclear polyhedrosis virus)为载体的昆虫表达系统表达外源基因的工作,近年来发展很快。外源基因通常在一个强的多角体蛋白启动子的控制下表达。目前所用的病毒载体,主要由苜蓿银纹夜蛾核型多角体病毒(AcMNPV)和家蚕核型多角体病毒(BmNPV)分离组建。在许多情况下,此表达系统可对外源基因的表达产物进行加工、修饰和定位转运(Luckao VA, 1991; O'reilly DR, et al, 1992; King LA, et al 1992; Luckow VA, et al; Miller LK, 1988; Maeda S, 1989)。

核型多角体病毒是昆虫病毒的一大类,称为杆状病毒(baculoviruses)。其基因组为一双链环状 DNA,长度是 80～220 kb。每种杆状病毒的宿主范围很窄,对脊椎动物和植物细胞无感染性。AcMNPV 可感染 39 种蛾子,对草地夜蛾(*Spodoptera frugiperda*, Sf)或粉纹夜蛾(*Trichoplusia ni*, TN)细胞系均产生感染。然而,BmNPV 只感染从家蚕来的细胞系。家蚕幼虫作为蚕丝工业的生产本源,已被人类培养数千年,现在又可以利用重组的 BmNPV 感染家蚕来生产有用的蛋白质。由于家蚕幼虫体积硕大,对 BmNPV 感染的敏感性强,所以是一种很有吸引力的受体。后来人们组建了既含 AcMNPV、又含 BmNPV 相关序列的杂种病毒,可望扩展其宿主范围(Kondo A, et al, 1991)。

6.3.1 构建核型多角体病毒载体的原理

AcMNPV 和 BmNPV 基因组为一约 130 kb 的双链环状 DNA。由于基因组太大,不适合使用常规质粒克隆技术,重组病毒的组建通常分两步走:

(1) 构建转移载体(small baculovirus transfer vector)。通常是将含有强启动子的基因及其旁侧序列(如 NPV 多角体蛋白基因)克隆入一个质粒载体,然后通过修饰以便能使要克隆的外源目标基因在启动子的控制下表达融合或非融合蛋白。

(2) 将携带有外源基因的转移载体及野生型 NPV DNA 共转染昆虫培养细胞,在转染细胞内自发进行 DNA 同源重组,野生型病毒的相关序列(如多角体蛋白基因)被重组 DNA 替代。最后利用重组病毒感染细胞噬菌斑与野生病毒感染噬菌斑的形态差异,进行空斑分析、镜检筛选纯化出重组病毒。以纯化的重组病毒感染宿主细胞或幼虫,可获得大量的外源基因表达产物(图 6-5)。

应予指出,用以构建转移载体所用的基因对病毒的感染和复制应是非必需的,且具有高水平的表达。经常选用的多角体蛋白基因就是这样的基因,该基因的删除或突变导致产生包涵体阴性(OCC⁻)的病毒,其感染培养细胞产生的病毒斑与野生型包涵体阳性的病毒所产生的病毒斑形态不同。在这一体系建立的初期,主要利用病毒斑形态上的差异来筛选重组病毒。

6.3.2 转移载体质粒的构建

1. 利用多角体蛋白基因启动子构建的转移载体

昆虫细胞/NPV 表达系统的经典操作方法多是利用多角体蛋白启动子,通过各种修饰(如引入合适的克隆位点等),组建表达非融合蛋白或融合蛋白的转移载体(transfer vector)。图 6-6 给出我国科学家以家蚕多角体蛋白强启动子 *ph. p* 为基础,构建的重组家蚕病毒表达系统

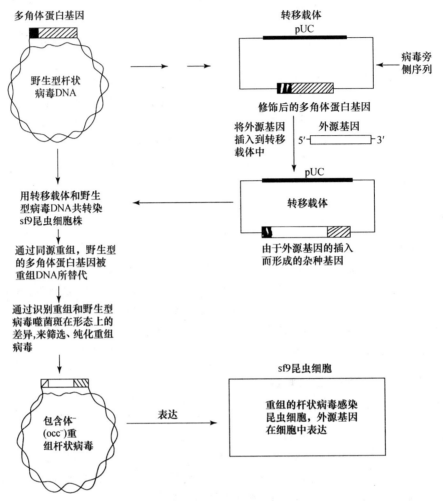

图6-5 重组杆状病毒的组建及在多角体蛋白基因启动子调控下外源基因在昆虫细胞中表达的示意图

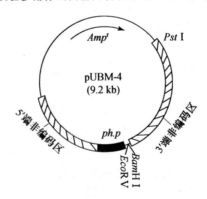

图 6-6 家蚕病毒表达系统转移载体 pUBM-4 的图谱

(此图由吴祥甫教授提供)

转移载体 pUBM-4(张颖,等,1994)。在此转移载体中,多角体蛋白(ph)基因的 5′端、3′端非编码序列作为体内重组的同源序列。在 *EcoR* V、*BamH* I 位点均可插入外源基因,使之在 *ph.p* 启动子控制下,在家蚕细胞和家蚕虫体中表达重组蛋白(可以是非融合蛋白)。

　　从表达外源基因的数目看，可以将转移载体分为两大类：表达单一的外源基因和表达两个以上的外源基因的多功用载体（multiple-expression vectors）。目前，多功用的转移载体，例如 pBacPAK8 或 pBacPAK9 已商品化（clontech），其在单一的多角体蛋白启动子下游有 18 个单一的克隆位点，pBacⅢ（invitrogen）在多角体蛋白启动子下游有 11 个单一的克隆位点。pBlue-BacHls 转移载体系列（invitrogen）在多角体蛋白起始密码 ATG 下游有为 6 个组氨酸编码的序列和一个肠激酶（enterokinase）切割位点。利用这种转移载体组建的重组病毒表达的外源蛋白，可以通过镍螯合的亲和层析柱一步纯化；再用肠激酶处理，切去在融合蛋白 N 端的金属结合结构域（或氨基酸片段）。也可以上述同样的方式，表达与谷胱甘肽-S-转移酶（GST）形成融合蛋白的外源基因蛋白，通过谷胱甘肽-琼脂糖亲和层析柱来进行纯化。

　　一般认为转移载体中多角体蛋白基因启动子 14 bp 保守序列下游插入外源基因都能得到表达；保留 5′ 前导序列 −70～−1 bp，外源基因能获得较高水平的表达（Possee RD, et al, 1987）；若保留多角体蛋白基因原有 ATG（起始密码子），在 +4 bp 位点连接外源基因编码序列，表达水平更高；如保留多角体蛋白基因部分编码序列，将外源蛋白与其融合来表达融合蛋白，则可以接近天然多角体蛋白的表达水平（Luckow VA, 1988）。值得指出的是，外源基因插入片段中 ATG 上游的非翻译序列应尽可能缩短，否则不利于外源基因的高效表达。

　　2. 其他类型的转移载体

　　（1）利用 P10 基因启动子组建的转移载体。P10 基因是除多角体蛋白基因外已知的另一高表达的极晚期基因，其基因产物对于子代病毒颗粒和多角体的形成是非必需的，只是在缺少该蛋白时合成的多角体不及正常结构稳定。利用 P10 基因启动子及其旁侧序列构建的转移载体来克隆外源基因，通过共转染与野生 NPV 同源重组，外源基因替代野生型病毒 P10 基因，在 P10 启动子控制下进行表达。该类载体目前用得不多，其原因是对于病毒感染细胞中 P10 蛋白合成与否，缺少可识别的表型差异，不便于筛选重组病毒。由于 BmNPV（家蚕核型多角体病毒）的 P10 基因与 AcMNPV P10 基因具有相当高的同源性（张耀洲，等，1992），构建了 BmNPV P10 和 AcMNPV P10 的联合载体 pBmAcPV-1（张耀洲，等，1994）。这个载体的 *Bgl* Ⅱ 限制性内切酶位点是用于外源基因的插入，其上游为 BmNPV P10 基因启动子部分及其 5′端，而 *Bgl* Ⅱ 的下游为 AcMNPV 的 P10 基因的 3′端部分。由于 AcMNPV 和 BmNPV 的 P10 的结构基因及两端序列的同源性高达 90% 以上，所以同一个载体不仅可以和野生型的 AcMNPV DNA 重组表达外源基因，而且可以和野生型的 BmNPV DNA 重组表达外源基因。这将为进一步研究 BmNPV 和 AcMNPV 之间的关系提供一个有力的方法和材料，同时也为载体的构建提供一个新的方法和途径（张耀洲，等，1994）。图 6-7 给出 pBmAcPV-1 转移载体图谱。

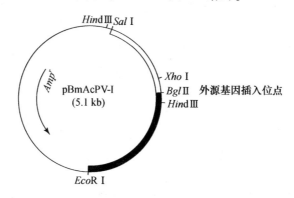

图 6-7　由 BmNPV P10 启动子及 AcMNPV P10 3′端组成的联合表达载体 pBmAcPV-1

（此图由吴祥甫教授提供）

(2)双重表达载体。所谓双重表达载体,是指在常规多角体蛋白基因启动子为基础的转移载体中,另加入一个拷贝多角体蛋白基因启动子和一段转录终止序列,构成含两个多角体蛋白基因启动子的转移载体,用于同时表达两种基因。这类载体的缺陷是多角体蛋白基因启动子序列重复不利于重组病毒的稳定。后来将 P10 基因上游 230 bp 区段(包含完整启动子)反方向插入常规转移载体多角体蛋白启动子的上游,另加 SV40 转录终止信号,构成新型的双重表达载体。以多角体蛋白基因的两侧序列与野生型 NPV DNA 同源重组,产生可同时表达两种外源基因的双重表达载体。这种设计较好地克服了第一种设计的不足之处。

(3)利用其他基因启动子构建转移载体。不同于 NPV 极晚期基因的高表达,早期及晚期基因的表达量较低,但其启动子也可用于构建表达载体。由于 NPV 早期基因产物一般都是 NPV 的调控或结构蛋白,因此构建重组病毒不能删除或失活原有基因,而是在病毒基因组的某一非必需位点增加一个上述基因启动子拷贝,以驱动外源基因表达。AcMNPV 的碱性蛋白基因启动子替换常规载体中的多角体蛋白基因启动子,并仍然使用多角体蛋白基因的两侧序列,与野生型 NPV DNA 同源重组,使外源基因在此碱性蛋白基因启动子控制下在感染晚期进行表达。

6.3.3 重组病毒的组建和筛选

1. 重组病毒的组建

重组病毒的组建过程,实际上是野生型病毒 DNA 与携带外源目标基因的转移载体 DNA 之间的同源重组过程。将二者共转染培养昆虫细胞系后,通过同源重组完成重组病毒的组建(图 6-5)。

目前使用的转染方法主要有两种,$Ca_3(PO_4)_2$ 共沉淀法和阳离子脂介导法。$Ca_3(PO_4)_2$ 共沉淀法是将 DNA 混合物(用磷酸缓冲液配制)同 $CaCl_2$ 混合形成大小合适的 DNA-$Ca_3(PO_4)_2$ 共沉淀颗粒。将这些 DNA 共沉淀物加入培养细胞后被细胞摄取,并在细胞内产生同源重组(Gorman C,1982)。阳离子脂介导法采用商品名为 lipofectin 的试剂进行,该试剂能自发地与 DNA 作用形成脂-DNA 混合物,完全包裹 DNA,将该混合物滴加入不含血清的培养细胞上层生长培养基中,脂质体能与细胞膜融合,使得 DNA 有效地进入细胞。该方法的转染效率比 $Ca_3(PO_4)_2$ 共沉淀法高 5～100 倍之多(Groebe F,et al,1990)。

2. 重组病毒的分离纯化

重组病毒的分离纯化是得到高纯度、高质量重组病毒的关键技术。只有得到纯净的重组病毒,才能得到目标基因高效表达产物。近年来有关重组病毒的分离纯化技术取得很大发展,更加有效,便于操作和掌握。

(1)筛选多角体阴性的重组病毒。这是最初使用的方法。利用野生型病毒感染斑多角体在显微镜下清晰可见这一特点,当野生型病毒多角体蛋白基因通过与转移载体同源重组而被外源目标基因替代。形成的感染斑不形成多角体,可以通过显微镜直接观察将重组病毒分离出来。此方法需要足够的经验,初学者难于掌握。

(2)筛选 β-半乳糖苷酶阴性的病毒。含 β-半乳糖苷酶基因(lac Z)的重组病毒,在 X-gal 存在下,该基因表达呈现蓝色表型,抽提该病毒 DNA 取代野生型 NPV DNA 与转移载体 DNA 共转染宿主细胞,lac Z 基因被外源基因取代,呈无色表型。此方法的不足之处是,少量的重组病毒斑常被大量的 NPV·lac Z 蓝色病毒斑所掩盖,不易区分。

(3)点杂交筛选。利用外源 DNA 片段标记探针,对按(1)法初选的可能性的空斑病毒所感染的细胞提出的 DNA，通过分子杂交进行筛选。此方法效果很好，但费时费力。

（4）筛选阳性表型。最早报道的筛选阳性表型方法是用含双启动子的转移载体，多角体蛋白基因启动子驱动外源基因的表达，其上游反向的 P10 启动子驱动 *lac Z* 基因表达，该转移载体 DNA 与野生型 AcMNPV DNA 共转染宿主细胞，在 X-gal 存在下，重组病毒呈现多角体蛋白阴性、*lac Z* 阳性的（蓝斑）表型，大大方便了筛选。其不足之处是 *lac Z* 的表达，成为目标蛋白纯化过程中的污染蛋白；且由于重组病毒基因组较大，其稳定性受到影响。为了克服上述方法的不足，又发展了另一种筛选阳性表型的方法：即在完整的多角体蛋白基因及其启动子的上游，P10 基因启动子驱动外源目的基因，该转移载体 DNA 与多角体蛋白阴性的突变体 NPV DNA 共转染宿主细胞，得到重组病毒呈多角体阳性，易于筛选。大量表达的多角体蛋白显然也成为污染蛋白，但位于细胞质中的重组蛋白和位于核内的多角体，在细胞被非离子去垢剂裂解后，通过离心较易分离。该方法有一独到的优点，即重组病毒呈现多角体阳性，很易感染宿主幼虫，不需要像多角体阴性的重组病毒，只有通过注入幼虫血淋巴才能有效感染。因此，若表达外源蛋白作为杀虫剂使用，该方法是理想选择。

（5）利用选择和反选择标记。近年的研究指出，细菌的新霉素基因（*neo*）可以作为选择标记插入到 AcMNPV P35 基因启动子下游，在其调控下使重组病毒产生对 G418 的抗性（2 mg/mL），通过抗性筛选重组病毒。此方法对感染复数低的重组病毒的筛选非常有效。不足之处是，在缺少全部或部分 P35 基因时，重组病毒对 sf21 品系细胞感染力降低，且引起超前裂解。

所谓反选择标记筛选，是按下述原理设计的：单纯 I 型疱疹病毒 HSV-1 的 *tk* 基因（胸苷激酶基因）的产物（即 TK，胸苷激酶）可以使一种叫做丙氧鸟苷（ganciclovir）的化合物转变成为一种 DNA 复制的抑制剂，使病毒不能复制，细胞不成活。当将 HSV-1 的 *tk* 基因插入到 AcNPVIE 1(0)基因启动子时，*tk* 基因可在其调控下表达。当将 IE 1(0)-*tk* 序列插入到多角体蛋白基因中，所产生的重组病毒转染 sf9 细胞时，在存在 100 μmol/L 丙氧鸟苷的培养基中不能生存。然而，当将含 IE 1(0)-*tk* 的重组病毒同含外源目标基因而不含 IE 1(0)-*tk* 基因的转移病毒 DNA 共转染 sf9 细胞时，在 100 μmol/L 丙氧鸟苷下生长的细胞中有 85％的病毒后代是所需要的重组病毒（Godeau F，et al，1992）。

综上所述，重组病毒的筛选技术已经从单纯的形态筛选步入多技术的筛选方法，从而使这一技术的应用和推广更为有效。

6.3.4 产生重组病毒的新策略

本节将介绍在重组病毒产生和筛选中新的设计和方法。通过这些新设计，可以提高重组病毒的比例（Luckow VA，1993）。

1. NPV DNA 的线性化

据线性 DNA 比环状分子对同源重组更为有利的道理，将一个限制性内切酶位点 *Bsu* 36 I 引入原来不含 *Bsu* 36 I 酶切位点的野生型 AcMNPV 共价闭合环状双链 DNA 的多角体蛋白基因内部。在转化前，先用 *Bsu* 36 I 酶将野生型病毒 DNA 线性化（linearization），然后与转移载体 DNA 共转染 sf 培养细胞。经体内同源重组产生的病毒中，重组病毒所占比例显著提高。这是因为共转染采用线性化的 NPV DNA，使得转染后产生的野生型病毒背景降低的缘故（Kitts PA，et al，1990；Sewall A，et al，1991；Hartig PC，et al，1992）。图 6-8 给出这一过程的示意图。

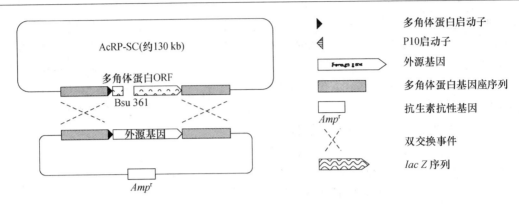

图 6-8　AcMNPV 线性化和转移载体之间的同源重组

2. NPV DNA 线性化并删除 *ORF1629* 片段

这是在前一操作的基础上,产生另一种新的用于共转染及同源重组的新亲本病毒(new parent viruses)衍生物的方法(Kitts PA，et al，1993)。具体做法是:以多角体蛋白启动子控制下的 *lac Z* 基因表达的重组 AcMNPV DNA 为材料,将 3 个 *Bsu 361* 位点分别引入 *lac Z* 基因内部以及原多角体蛋白基因的上游和下游两侧区域。位于下游区的 *Bsu 361* 位点,处于一个 AcMNPV 必需基因 *ORF 1629* 的编码序列内部;而位于上游区的 *Bsu 361* 位点,处于一个 AcMNPV 非必需基因 *ORF 603* 的编码序列内部。这就产生了 Bac PAK6 重组病毒 DNA (Kitts PA，et al，1990)。当用 *Bsu 361* 酶解 Bac PAK6 时,产生两个小片段和一个病毒 DNA 大片段。这样不但使病毒 DNA 线性化,也使病毒 DNA 大片段丢失了一个必需基因片段(使 *ORF 1629* 基因失活)。当此病毒 DNA 大片段同转移载体 DNA 共转染时,只有重组子修复了 *ORF 1629* 基因的重组病毒才能存活,因此使重组病毒在总病毒中的比例可以高达 86%～ 99%。少量的背景病毒可能是 Bac PAK6 病毒 DNA 酶切不完全所致。这种亲本病毒(Bac PAK6)转染的 sf 细胞,在存在 X-gal 时成蓝色表型,而重组病毒感染的细胞无色。这样,就找到一种非常高效地产生重组病毒的方法。图 6-9 给出利用线性化和删除 *ORF 1629* 基因的产生重组病毒的新方法。

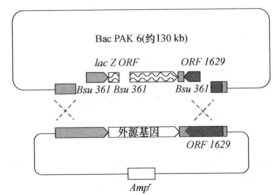

图 6-9　利用病毒 DNA 线性化和删除 *ORF 1629* 基因产生重组病毒的方法

(图例同图 6-8)

3. 基于酵母的杆状病毒穿梭载体的设计

这又是一种促进产生重组杆状病毒的策略,它利用了可在酵母细胞中扩增的杆状病毒穿梭载体。构建的策略是：将酵母着丝粒序列（CEN）、自主复制序列（ARS）以及两个可选择的标记基因 URA3 和 SUP4-O 作为一个序列组件，插入到 AcNPV 基因组中多角体蛋白启动子的下游。CEN 的作用是作为有丝分裂着丝点，而确保基因组稳定的低拷贝；URA3 的存在允许病毒在不含尿嘧啶的培养基中生长；SUP4-O 是酪氨酸 tRNA 基因的一个 ochre 抑制型等位基因，酵母菌株 Y657 的 ADE 2 和 CAN1 基因中含 ochre 突变，ADE 2 编码一个有关腺嘌呤合成的必需酶；CAN 1 基因的产物为精氨酸渗透酶，介导精氨酸毒性类似物刀豆氨酸（canavanine）的吸收。因此，SUP4-O$^+$ 细胞因抑制 ADE 2 ochre 突变而能进行腺嘌呤合成，但同时又因恢复精氨酸渗透酶基因功能而对刀豆氨酸敏感。相反，SUP4-O$^-$ 细胞依赖于培养基提供腺嘌呤但对刀豆氨酸有抗性，而且腺嘌呤前体磷酸核糖咪唑（phosphoribosylimidazole）的体内积聚导致上述细胞成粉红菌落。在酵母细胞中构建重组病毒，SUP4-O 基因被外源目的基因替代，可利用该表型变化进行筛选，并利用刀豆氨酸抗性进行进一步的确定。在实际应用中，为避免因酵母菌以 10^{-6} 较高频率自发转变成刀豆氨酸抗性而对结果产生干扰，采用三种 DNA 分子（AcMNPV 复制子、线性化含目标基因的转移载体及能表达 TRP1 的环状载体）。同时转入酵母细胞，然后将酵母转化细胞培养于不含 Try 的培养基中，使分析范围只限于吸收了 DNA 的那些不依赖 Try 的细胞，然后再依次以粉红色表型和刀豆氨酸抗性进行筛选，如此，选择到的菌落 100% 含有重组病毒（Patel G，et al，1992）。图 6-10 给出基于酵母的杆状病毒穿梭载体构建重组病毒的策略。

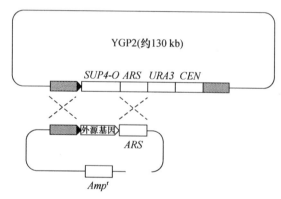

图 6-10　基于酵母的杆状病毒穿梭载体构建重组病毒的策略

（图例同图 6-8）

4. 在 E.coli 中利用位点特异性转座子介导的外源基因插入和重组病毒的组建

Luckow 等人利用在 E.coli 中扩增的杆状病毒穿梭载体，通过位点特异性转座子介导有效地组建了重组杆状病毒（Luckow VA，1993）。具体做法是：首先组建一个杆状病毒的穿梭载体（E.coli based baculovirus shuttle vector），这个载体含有 mini-F 复制子、卡那霉素抗性选择标记、一段编码 Lac Z α 肽的 DNA，而一小段含有细菌转座子 Tn7 整合所需的靶位点（att site）的 DNA 片段也插入到 lac Z α 基因的 N 端。当这个穿梭载体 DNA 从昆虫细胞分离出来，转入 E.coli DH10B（lac Z△M15）中时，可以像一个大质粒一样，在 E.coli 中增殖并使细菌细胞获得卡那霉素抗性（Kan^r），且与存在于受体菌染色体上的 lac Z α 缺失（△M15）产生互补。这样，在 IPTG 诱导和 X-gal 生色底物存在下，转化体的表型为蓝色（Lac$^+$）。当 DH10B 携带的这个"大质粒"在 att 位点上插入外源基因时，则使 Lac Z α$^+$ 变为 Lac Z α$^-$，使得重组的载体(实际就是重组病毒)转化的 DH10B 菌落为白色。这样,可根据菌落颜色进行重组病毒的筛选。

外源基因插入到穿梭载体是由一个含有 gentamicin 抗性基因、杆状病毒启动子、外源目的基因以及 SV40 poly(A)信号位点的 mini-Tn7 转座子来介导的。正是由于 mini-Tn7 转座子插入到 *att* 位点,才破坏了 Lac Z α 肽的表达,使得 Lac Z α$^+$ 变为 Lac Z α$^-$。由于以组成型的穿梭载体作为起点,所以不存在有野生型病毒污染的问题,噬菌斑的测试可被免除,利用颜色反应就很容易筛选到重组病毒。图 6-11 给出了由细菌转座子 Tn7 所介导的重组病毒组装过程。

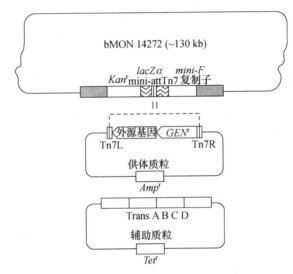

图 6-11　Tn7(mini-Tn7)介导的重组病毒组建

(图例同图 6-8)

5. 体外定点特异性重组和重组病毒的组建

此方法是利用 P1 噬菌体的 Cre 重组酶及其识别位点 *lox*,通过一次酶交联反应,完成外源目标基因从转移载体转到病毒多角体蛋白基因区域。通过这种方法,每微克(μg)的转移载体 DNA 可以产生 5×10^7 个重组病毒。虽然这些重组病毒中只有 50% 左右的具重组表型,但此方法由于具很高的重组效率,因此仍具很大吸引力(Pennock GD, et al, 1984)。

6.3.5　对 NPV/昆虫(细胞)表达系统的评估

1. NPV/昆虫(细胞)表达系统的优点

以核型多角体病毒为载体的昆虫表达系统,近年来发展很快,无论是用于表达有用的多肽、蛋白,还是用于合成病毒杀虫剂,都具有美好的前景。此表达系统的优越性在于:

(1) 可以使外源基因超高表达。这是因为 NPV 多角体蛋白基因和 P10 基因的启动子都很强,且它们都是 NPV 的非必需基因,外源基因的置换不影响病毒的复制和病毒粒子的生成。

(2) 适于表达细胞毒性蛋白。这是由于所用的启动子多为 NPV 极晚期基因启动子,外源基因的表达是在病毒成熟之后进行,故外源细胞毒性蛋白的表达不会影响病毒的正常复制。

(3) NPV 病毒可以容纳大的外源基因片段。10 kb 左右的外源基因仍可在多角体蛋白启动子的调控下表达(Wright G，et al，1991)。

(4) 昆虫细胞是真核细胞,具有有效地对真核基因的转录、转录后加工,以及表达产物的翻译后修饰、加工的功能。表达产物在结构、活性、抗原性、免疫原性方面与天然蛋白很相似。

(5) 由于 NPV 的宿主范围很窄,对于脊椎动物、植物并非病原体,因此与哺乳动物病毒相比具有安全性。

当然,昆虫细胞表达系统也同样有其不足之处。由于 NPV 感染昆虫细胞导致宿主死亡,所以外源基因的表达出现不连续性,即每一轮蛋白合成均需重新感染新的昆虫细胞;另外,昆虫细胞的糖基化方式与哺乳动物细胞糖基化方式存在一定的差异,多为简单的、不分支、高甘露糖含量的结构。所以用昆虫细胞表达人类糖蛋白,与天然蛋白相比,存在差异,也可能影响到重组蛋白的活性和免疫原性。

2. 昆虫细胞表达系统的工艺问题

长期以来,对于昆虫细胞表达系统在商业方面应用的主要限制因素是:对在大的生物反应器中,影响蛋白表达和细胞生长的各种参数了解不多。过去利用昆虫细胞生产野生型的病毒作为杀虫剂,然而这要比用幼虫培养病毒花费大。目前,对这一表达系统的研究大部分集中在外源基因的表达,所以生产工艺的可预测性和产物的均一性更显得重要。要想使这一系统更快的商业化,如下几个问题应该解决:

(1) 优化在大规模培养的生物反应器中昆虫细胞的表达条件。

(2) 开发更好的昆虫细胞培养基。

(3) 分离能悬液培养的、生产力强的昆虫受体细胞。

在很多方面,这些因素都是相互依存的,所以对各方面的优化要综合考虑。同时要注意,不同蛋白的表达所需要的条件不尽相同,因此,昆虫细胞表达体系的完善是一项综合的工艺问题,包括从表达载体的构建、受体细胞的筛选、培养条件的优化以及多种下游的加工后处理工艺的优化等等。

6.4　转基因动物及其应用

转基因(transgenics)是指,将一个基因稳定地转入其他生命有机体的过程。很多种类的动物(如鼠、兔、羊、猪、牛等),都可以通过遗传操作成为转基因动物(transgenic animals)。转基因动物操作的基本过程是:将离体构建好的 DNA 组件注射入单细胞受精卵的雄性原核(pro-nucleus)中,这些 DNA 组件以一定的频率整合到宿主基因组中,外源基因可以在成熟个体的特定组织器官表达并按孟德尔遗传方式遗传(图 6-12)。显而易见,如果得到一个高效表达特定外源基因的转基因个体,我们就得到一个活的生物工厂,可以源源不断地向我们提供有用的基因产物。目前,这方面做得最好的是利用转基因绵羊的乳汁表达调控元件,在乳汁中表达 α-抗胰酶蛋白(α-antitrypsin),其表达量可达 35 g/L 乳汁(Wright G，et al，1991)。

建立哺乳动物个体表达体系是一个复杂的遗传工艺体系,其包括:特定 DNA 组件的构建;动物排卵的诱导和控制;受体动物的选择、优化和同步化;受精卵的收集和检测;雄性原核内基因的注射;转基因受精卵在假母子宫中的植入;在转基因个体中外源基因整合及表达的检测等步骤。

目前所用的外源基因表达调控元件多取于与乳汁蛋白表达有关的基因调控序列,如羊的

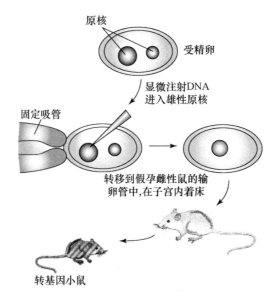

图 6-12　转基因动物操作的基本过程

原核(雄性原核)显微注射产生转基因小鼠遗传物质被直接注入到受精卵的雄性原核(male
pronucleus),然后转移到假孕雌性小鼠的输卵管中,在子宫中着床,发育,产生转基因小鼠。

β-乳球蛋白基因(β-lactoglobulin gene)、鼠乳清酸蛋白基因(whey acid protein gene)、兔的β-酪
蛋白基因(β-casein gene)以及牛 α-s1-酪蛋白基因(α-s1-casein gene)等调控序列。对于人血红
蛋白基因的表达,则利用所谓鼠的基因座控制区序列(locus control region,LCR),其处于成体
β-珠蛋白基因上游区大约 50 kb 处,包括 5 个 DNase Ⅰ 的高敏位点(Grosveld F, et al, 1987)。

　　离体组建一个有效的、用于转基因动物的 DNA 组件,除了必需的外源基因表达的调控元件
序列外(一般处于基因的 5′端),来源于上述调控基因的 5′和 3′端的同源序列,对于外源基因通过
同源重组有效地整合到受体细胞基因组中也是非常必需的。同源重组机制是外源基因整合到基
因组 DNA 中去的关键,因此在构建 DNA 组件时,要对外源基因两侧的来自于受体动物或其他
动物的同源序列进行仔细地分析、优化,以提高同源重组的效率。对于外源基因的要求,可以是
cDNA,也可以是基因组 DNA。近来研究表明,基因内内含子序列以及基因 3′端的序列等对外源
基因的表达有一定的影响。实验指出,在一个重组的顺反子(cistron)中,对一个有功能的内含子
的需求是依赖于启动子的,这意味着在转染时当存在含一个内含子的基因时,某些启动子能更有
效地行使其功能。这就是启动子和内含子的相互作用。所以,采用基因组 DNA 是可取的。

　　虽然外源基因的导入有各种方法,但迄今产生转基因动物,尤其是大的转基因动物时,一
个比较可靠的方法依然是通过显微注射将基因构件导入受精卵的雄性原核中,尽管它有着效
率低、整合的随机性导致周围染色体对转基因表达的不确定性影响以及可能引起突变等缺点。
通常在基因构件不太大(<45 kb)的情况下,用显微注射导入基因较容易。对于大分子基因构
件的组建和注射,有一定困难。通过直接注射来导入大分子 DNA,目前有三种方法:

　　(1) 将一个基因的两个片段先在体外连接后再注射。

　　(2) 将一个基因的几个相互有序列重叠的片段混合注射,可以产生带有一个正常完整基
因的转基因动物。

　　(3) 用酵母人工染色体介导的方法。目前已将>250 kb 的 DNA 构件导入小鼠受精卵雄

性原核,产生转基因鼠(Schedl A,et al,1993a;Schedl A,et al,1993b;Jakobvits A,Moore AL,et al,1993;Strauss W,1993)。

利用转基因动物,可以从乳汁、血或尿中生产各种有用的药物蛋白和多肽,如:从乳汁中提取 tPA、抗胰蛋白酶蛋白,从猪的红细胞中产生人的血红蛋白。近年来,人们试图利用基因寻靶技术使鼠 ES 细胞中内源的免疫球蛋白基因失活,通过将人的免疫球蛋白的重链、轻链基因座转入小鼠的种系,再通过免疫这样的工程鼠,得到人的抗体(Jakodvits A,Vergara GJ,1993;Taylor D,et al,1992)。此外,转基因动物可产生能用于人类器官移植的组织和器官的尝试,也正在进行之中(Hatt J,1990;Cary N,et al 1993)。总之,利用转基因动物表达有医疗价值的蛋白和多肽的技术已经相当成熟。近年来,在利用转基因动物技术、在乳汁中表达有用的蛋白的技术方面,已取得非常大的进展,而利用血细胞或其他组织表达有重要应用价值的蛋白的工作,将使转基因动物的应用进一步扩展。通过对转基因动物的研究,利用动物器官代替人的器官来进行器官移植,将不会为期太远。

6.5 转基因植物及其应用

与转基因动物相比,转基因植物是非常简单的事,这是因为植物细胞是全能细胞(pluripotent)。在很多情况下,植物细胞可在培养基上生长,经过遗传操作后可从单个的细胞再生出一个植株。在此应指出的是,相对于双子叶植物而言,单子叶植物(如谷类植物、草)的植株再生相当不易。

有各种方式可将 DNA 转入到植物细胞,包括原生质体转化/电穿孔、显微注射、生物枪法以及用根瘤农杆菌转送等。

关于原生质体的转化,即首先用适应的酶消化植物细胞壁,使成原生质体,再用 DNA 转化原生质体。原生质体的转化效率可以通过用电穿孔或脂质体融合技术得到改善。显微注射是用专门仪器将重组 DNA 样品直接注入细胞核。

生物(基因)枪法是将微小的金粒子用 DNA 包被后以高速轰击植物细胞(如本书第 8 章所述)。对于植物而言,生物(基因)枪的优点是可用于胚胎植物,从而避开某些类型的植物难以从单细胞再生出植株的难题。

上述方法是基因转化的通用方法,而将外源基因导入植物细胞中的一个独特的方法是利用根瘤农杆菌(A. tumefaciens)介导的方法。在自然界,农杆菌可引起植物产生一种称为根瘤的肿瘤。这一致病机制是因其内含有一种称为肿瘤诱导的质粒,也称 Ti(tumour-inducing)质粒。当 Ti 质粒中的一个 23 kb 的特异性 DNA 片段(也称 T-DNA)从细菌转入植物细胞并整合到植物细胞染色体 DNA 上时,致使植物产生肿瘤。于是人们想到可将外源基因借助 Ti 质粒转入到植物细胞。然而,由于 Ti 质粒太大(>200 kb),不可能将外源基因直接克隆其内。图 6-13 给出克服这一困难的策略:首先在 E. coli 中构建一个中间载体(intermediate vector),这是一个小质粒,内含 Ti 质粒中 T-DNA 的部分序列。重组(即加入外源基因 insert)的中间载体可通过接合作用(conjugation)转入到农杆菌中。在农杆菌中,在中间载体上的同源 T-DNA 序列与农杆菌中的 Ti 质粒之间产生单重组事件(single recombinant event)。这使得整个中间载体质粒重组入 Ti 质粒的 T-DNA 区。由于中间载体质粒不能在农杆菌中复制,所以用抗生素选择就可以回收得到含有中间载体基因的共整合质粒。用共整合质粒感染植物将使从中间载体来的基因与 T-DNA 一起转入植物细胞。

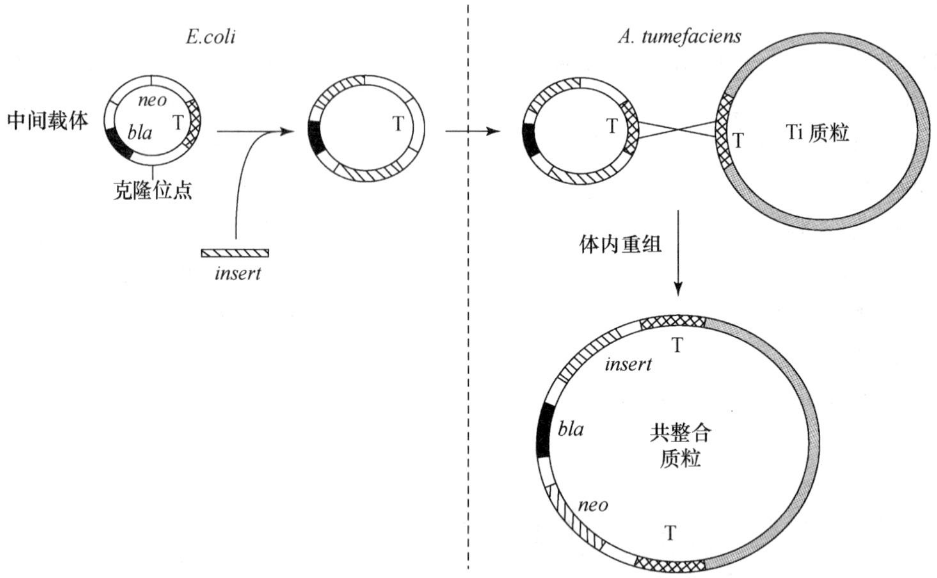

图 6-13　通过中间载体构建共整合 Ti 质粒(co-integrate Ti plasmid)的策略

neo,新霉素磷酸转移酶基因,在植物细胞中对 G418 抗性选择;*bla*,β-内酰胺酶基因,在 *E. coli* 中对氨苄青霉素的抗性选择;*T* 为转入植物细胞中的 T-DNA 片段。*insert* 代表插入的外源基因及其调控序列。

　　用农杆菌感染培养的植物细胞,转化体可通过选择培养基(如抗药性)进行分离。从一个转化体再生出来的植株中的每个细胞都将含有克隆的基因,并能一代代遗传下去。然而,由于 T-DNA 的致瘤作用,用野生型的 Ti 质粒感染的植物细胞将不能很好地再生;但是由于只有在 T-DNA 区段末端的短核苷酸序列对于转入植物细胞是必需的,因此将位于 T-DNA 末端的短核苷酸序列之间的癌基因去除,从而产生一个被"缴械"的 Ti 质粒就解决了这一问题。任何插在两个短序列之间的基因,即占据正常的肿瘤基因的位置的基因,都将被转入植物细胞。在不存在肿瘤基因的情况下,植物细胞再生成携有外源基因的成熟植株。

　　如同转基因动物一样,选择适当的启动子和基因组合对于定点(location)、定量(quantity)地表达外源基因是至关重要的。通常用的启动子是从花椰菜花叶病毒(cauliflower mosaic virus)分离出来 CMV 启动子。十分清楚,产生遗传上修饰(GM)植物要比产生 GM 动物容易得多,也正因为此,目前已有大量转基因植物产品商业化。

　　转基因植物技术有着广阔的应用前景,如通过转基因产生抗虫农作物、抗除草剂农作物。也可以通过转基因提高农作物的抗逆性和利用转基因改造农作物品质,提高农作物产量等。详细情况不在此赘述。

6.6　DNA 疫苗

　　DNA 疫苗又称遗传疫苗或基因疫苗(genetic vaccination),是一种以重组 DNA 形式进行免疫的新技术。这一技术避开了对蛋白质疫苗的制备过程中复杂而昂贵的工艺,具有相当的应用前景(Wolff JA，et al，1990；Xiang ZQ，et al，1994；Demski M，1994；Donnelly J，et al，1994；Smestad R，1994)。当然此项技术尚不十分成熟，无论在理论上还是实际应用方面都存在一系列的问题需要解决，但近年来研究的正结果大于负结果，故有必要在此作一简要的介绍。

1. 如何制作 DNA 疫苗

DNA 疫苗是以重组 DNA 为基础，将外源基因重组于适当的表达载体，此基因在特定的启动子调控下得以表达。目前经常用的启动子是 RSV(肉瘤病毒)、CMV(巨细胞病毒)以及 SV 40 病毒的启动子，其中以 RSV 及 CMV 启动子为好。RSV 启动子可使外源基因持续高水平表达。外源基因表达重组体一旦建立，并对其表达特性进行分析后，即可将此重组体作为 DNA 疫苗。

2. 如何使用 DNA 疫苗

实验指出，肌肉注射是接种 DNA 疫苗的有效方法，除肌肉细胞外，表皮、黏膜和静脉内注射都可以使外源基因进行表达，产生免疫效果。为了达到好的免疫效果，可将表达重组体包埋于脂质体内进行注射，这种方式比用裸 DNA 直接注射效果好。利用基因枪导入 DNA，可使 DNA 的用量减少到 $0.4\,\mu g$(而通常裸 DNA 注射要 $100\sim1000\,\mu g$)。虽然表达质粒在这些细胞中不能被复制，然而克隆基因的充分的瞬时表达足以使机体产生相应的免疫应答反应。

3. DNA 疫苗是否可以产生免疫效果

对此问题的研究结果显示，DNA 疫苗确实可以诱发免疫应答反应，对免疫个体产生保护性反应。如将编码一种疟原虫蛋白的 DNA 重组入表达载体后，对小鼠进行接种，小鼠可产生高度抗体，并对高感染剂量的疟原虫攻击，表现出 80% 以上的保护率。对 HIV、乙肝、肿瘤以及其他各种病毒病，DNA 疫苗都得到很有效的结果，将来可用于肿瘤和传染病的治疗，从而，为肿瘤及病毒免疫学提供了一种特别有用的工具。

4. DNA 疫苗的应用前景及存在的问题

DNA 疫苗的制作工艺简单，使用效果明确，且与诸如痘苗、活疫苗相比，由于接种后在动物或人的细胞中可高效、稳定表达，载体不产生整合，不涉及多种感染因子，不依赖病毒颗粒的装配，不必冒活毒疫苗之危险。在 DNA 接种后，由于表达抗原蛋白的时间较长(可达 $30\sim60$ 天)，强化了 B 细胞和 T 细胞的记忆，能引发持久的体液和细胞介导的免疫应答，因此具广泛的应用前景。除用于人类疾病的预防和治疗外，对于畜牧业多种动物的免疫预防，提供了有效的手段。但是应该看到，DNA 疫苗目前仍处于研究和开发阶段，如 DNA 表达载体是否会同宿主染色体发生整合、是否会在整合后诱发癌基因的表达失控、DNA 载体本身是否绝对不产生免疫应答等一系列问题以及与临床应用有关的一些技术手段，都需要进一步的研究和试验(Wolff JA，et al，1991；Xiang ZQ，et al，1994)。

7 分子杂交技术

分子杂交技术在此主要是指,核酸(DNA、RNA)分子间通过碱基配对(A=T,G≡C)的原则产生相互作用,形成杂交分子。如果其中之一是被标记的(放射性同位素或非放射性标记),那么,可以通过对标记物的检测来对特定核酸序列进行定位和鉴定。核酸分子杂交技术广泛地用于基因工程中基因的筛选和鉴定以及临床诊断等。本章将重点介绍分子杂交技术的操作原理。

7.1 探针与目标核酸相互作用的原理

探针(probe)是指只有同特异性目标产生很强的相互作用和可对其相互作用的产物进行有效检测的分子。具备这类特征的探针与目标分子对的例子有:抗体-抗原、凝集素-糖、亲和素-生物素、受体-配体以及互补核酸之间等。蛋白质探针与它们特异性目标分子的相互作用,是各种力相互作用的结果,如离子键、氢键、范德华力以及疏水相互作用等,而这种相互作用只是在少数几个特异性位点之间进行的。核酸探针与其互补的核苷酸序列之间的相互作用主要是通过氢键,根据它们的长度不同,在几十、几百乃至几千个位点进行相互作用而实现的。疏水相互作用在核酸分子之间杂交中也起一定的作用,这是因为有机溶剂可减少核酸杂交分子的稳定性,但疏水相互作用对核酸分子之间特异性相互作用影响不大。

核酸分子之间的相互作用是通过碱基之间形成特异性氢键而实现碱基配对完成的。在正常情况下,两条互补的核苷酸链间总是 A=T,G≡C 之间进行配对,A、T 之间形成 2 个氢键,而 G、C 之间形成 3 个氢键。因此,富含 G、C 的双链 DNA 比富含 A、T 的双链 DNA 具有更高的熔点温度,即要想把富含 G、C 的双链 DNA 分开,比把富含 A、T 的双链 DNA 分开要用更多的能量。双链 DNA 分子的熔点温度随其 G、C 含量的增加而增加。

应予以指出,用单原子、功能基团或长侧链修饰过的核苷酸也可以进行碱基配对,这种性质对于了解设计非放射活性的核酸探针以及用 ^{125}I 结合到 DNA 探针分子上是非常重要的。汞、溴、碘等单一原子都能与核酸碱基偶联。图 7-1 给出在核酸探针中 5 个常用碱基上最方便的修饰位点。胞嘧啶和尿嘧啶的 C5 位、胸腺嘧啶的 C6 位和鸟嘌呤、腺嘌呤的 C8 位都与碱基间氢键的形成无关,是有用的修饰位点。然而,虽然胞嘧啶的 N4 位和腺嘌呤的 N6 位参与氢键的形成,它们也是实用的修饰位点。这是因为要得到有用的核酸探针,每 1000 个碱基中掺入 10～30 个修饰的碱基就已足够。虽然在掺入位点碱基配对很弱或不存在,但对以此为探针所产生的杂交分子的稳定性影响不大。

当用放射性同位素 ^{32}P 和 ^{35}S 标记核酸时,因同位素掺入核酸的磷酸二酯键的骨架中,不存在碱基的修饰。在核酸分子的 5′ 末端的磷酸部位也可以通过化学修饰进行标记,这种标记

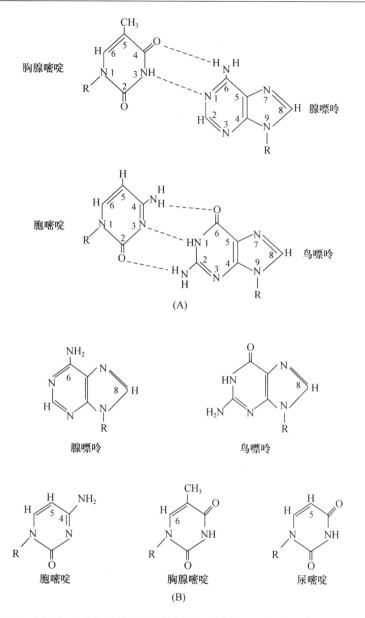

图 7-1　A-T 和 G-C 之间形成的氢键(A)和在碱基上可能被修饰的位点(B)

方法对寡核苷酸探针最有效,而不能用于长的和克隆的探针。因为每个探针分子只有一个可检测的基团,会影响探针的灵敏度。

　　利用可修饰的碱基也可能增加杂交分子的稳定性或特异性。例如,2-氨基腺嘌呤可掺入到寡核苷酸杂交探针中,通过与胞嘧啶之间形成 3 个氢键而使杂交分子更稳定(Choller A,et al,1988)。此外,在富含 G、C 的 RNA 探针中用次黄嘌呤(I)代替鸟嘌呤(G),可获得较好的杂交特异性。这是因为 I-C 碱基对只含 2 个氢键,而不是 G-C 之间的 3 个氢键。这样,有效地降低了杂交分子的 T_m,使其 T_m 和杂交温度更接近,于是杂交的严紧性(stringency)增加,特异性就提高了。

　　总而言之,核酸分子上的多个可修饰位点和各种可检测的基团和检测体系,使得人们可以通过很多途径对核酸探针进行标记(包括放射性标记和非放射性标记)。

7.2　探针的选择和特异性

核酸探针大体分为两种类型:克隆探针和合成的寡核苷酸探针。当已获得特定的克隆或DNA序列未知,且为进行图谱或序列分析必须首先进行克隆时,通常用克隆探针。因为克隆探针序列较长,且具较大的复杂性,用克隆探针比用寡核苷酸探针具有更大的特异性。从统计学的角度看,长序列之间的互补性比一个短序列的互补性的随机性要小得多。克隆探针的另一个优点是所获得的杂交信号更强,这是因为每个探针分子含有更多的可检测的基团。

合成的寡核苷酸探针的优点是:

(1) 由于比较短,所以其序列复杂性低、相对分子质量低。这意味着,与克隆探针相比,要覆盖等量的目标位点,寡核苷酸探针需要更短的时间。例如,由 20 个核苷酸组成的寡核苷酸探针,在浓度为 100 ng/mL 时(假设目标分子长为 1 kb,1~100 pg 或 $3 \times 10^{-18} \sim 3 \times 10^{-16}$ mol),其达到最大的杂交百分率的时间是 10 min;而对于一个 24 kb 的克隆探针,在同样浓度(100 ng/mL)下要用 161 h 才能达到同样的杂交百分率。

(2) 寡核苷酸探针的特异性可以被做成只识别目标序列中单一碱基的改变,这是因为在一个短的探针中单碱基的错配可大大减少杂交分子的 T_m。

(3) 寡核苷酸片段合成技术的自动化,可以合成大量的寡核苷酸探针。同克隆探针一样,也可以通过酶法或化学法对寡核苷酸探针进行修饰,使其标上非放射性基团。虽然克隆探针一般而言特异性高,但通过计算机设计也可以获得特异性高的寡核苷酸探针,序列也可以更长。最常用的寡核苷酸探针的长度是 18~30 个碱基,而 50~150 个碱基长也是适用的。

一般的,可以按下述原则选择寡核苷酸探针:

(1) 探针长度为 18~50 个碱基。过长的探针将需要较长的杂交时间,合成产率较低;过短的探针将缺少特异性。

(2) G、C 碱基组成在 40%~60% 之间为好,G、C 比率在此范围以外,非特异性杂交可能性增加。

(3) 在探针分子内不存在互补区。出现互补区可导致形成发卡结构,抑制探针杂交。

(4) 避免在探针序列中连续出现一个碱基的多次重复(其长度>4),如 GGGGG 等。

(5) 一旦序列按以上原则被确定下来,建议用计算机将探针序列同其来源的序列区段或基因组以及这些区段的反向互补序列进行比较。如果对非目标序列区的同源性大于 70% 或一连 8 个以上的碱基是同源的话,设计出的这个探针不应被采用。

按上述原则设计的探针并不能万无一失地保证杂交结果无问题,只是大大提高了成功的机会。值得指出的是,要最后确定所选用的探针的最适杂交条件(温度),在探针被合成、标记后,要分别与特异性和非特异性的目标核酸在一系列的温度范围内进行杂交实验来确定。

还需指出的是,对于原位杂交(in situ hybridization)而言,较长的探针常给出较弱的信号,其原因可能因为长的探针穿透进交联组织的能力不强所致。探针的最适长度根据实验对象、实验条件的不同而不同,如 1 kb 长的 RNA 探针对用石蜡-甲醛固定的鼠胚胎而言,可以给出最适的杂交信号。

7.3　杂交的速率与探针长度、浓度及杂交加速剂的关系

7.3.1　杂交的速率与探针长度及复杂性

传统的杂交速率的分析是基于 DNA 的重缔合(reassociation)的研究。在这些条件下,探针和目标链是以相等浓度存在于溶液中。在基因工程的杂交实验中,固相目标分子并不是在溶液中,不可能对目标核酸准确的浓度进行测定。因此,传统的二级速率公式并不适用。在探针过剩的情况下,杂交的速率主要同探针的长度(复杂性)和探针的浓度有关。下面所列的一级速率公式是描述对于目标序列过剩的单链探针的情况。双链探针在短的杂交时间(1～4 h)内表现出与上述相似的动力学特性;但如果杂交时间较长,由于探针的重缔合,随时间延长减少了所能提供的探针浓度,则不能用一级速率公式。下面的公式可以计算一半的探针与固定化了的目标序列进行杂交所需的时间(Meinkoth J, et al, 1984):

$$t_{1/2} = \frac{\ln 2}{kc} \tag{1}$$

(1)式中,k 是形成杂交分子的速率常数($c^{-1} \cdot s^{-1}$),其中 c 表示在溶液中探针的浓度(即核苷酸摩尔浓度,mol/L),s 表示时间(秒)。所以,速率常数 k 表示单位时间、单位摩尔浓度下杂交分子形成的速率,它是核苷酸探针的长度(l)、探针的复杂性(N,表示在一个非重复序列中碱基对的总数)、温度、离子强度、黏度和 pH 等因子的函数。对于不含重复序列的探针,$l = N$。例如,对一个含两条 20 个核苷酸序列的 40 个核苷酸探针而言,$l = 40$,$N = 40/2 = 20$。k 与这些变量的关系可用下列公式表示:

$$k = \frac{k_n l^{0.5}}{N} \tag{2}$$

此式中 k_n 称为成核作用速率常数(nucleation rate constant),又称缔结常数,温度、离子强度、黏度和 pH 等 4 种因子对杂交速率的影响已被计入 k_n 中。当 Na^+ 离子浓度为 0.4～1.0 mol/L,pH 在 5.0～9.15 范围内,杂交温度比探针-目标杂交分子的 T_m 低 25℃(即 $T_m - 25$℃)时,k_n 为 3.5×10^5。为计算一半的探针与固定化了的目标序列进行杂交所需要的时间,将(1)式和(2)式合并:

$$t_{1/2} = \frac{N \ln 2}{3.5 \times 10^5 (l^{0.5}) c} \tag{3}$$

这样,对于一段长度为 500 个碱基,核苷酸摩尔浓度为 6×10^{-10} mol/L 的探针,其 $t_{1/2}$ 为:

$$t_{1/2} = \frac{500 \times 0.693}{3.5 \times 10^5 \times 22 \times 6 \times 10^{-10}} = 75\,000\ \text{s}$$

图 7-2 示 $t_{1/2}$ 和杂交探针长度之间的关系。从图 7-2 可以看出,在恒定浓度下,对于 >500 个碱基的探针,其达到 $t_{1/2}$ 需要非常长的时间。这说明,用相对短的探针和杂交加速剂是很重要的,因为杂交时间超过 18 h 是不实用的。另一方面,从公式(3)看到,较长的探针可能将减少杂交的时间(即提高杂交速率),实际上对某些混合相的杂交来说并不真是如此,因为某些固定化的目标序列(由于扩散和黏度效应)对于长探针分子具有不可接近性。

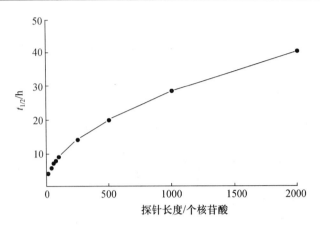

图 7-2 $t_{1/2}$ 和杂交探针长度之间的关系

7.3.2 杂交速率与探针的浓度

一般而言,杂交速率随探针浓度的增加而增加。在一个窄范围内,杂交灵敏度也随着探针浓度的增加而增加。Keller 等人的实验指出,在滤膜杂交中,如用 ^{32}P 标记的探针,其范围是 5～100 ng/mL;对用非放射性标记的探针,其范围是 25～1000 ng/mL。对原位杂交而言,无论用哪种类型的标记探针,其范围均是 0.5～5.0 μg/mL。浓度范围不是由核酸探针任何固有的物理性质所决定的,而是由标记的类型和在固定化介质中的非特异性结合特性所决定的。

7.3.3 杂交的加速剂和杂交速率

利用惰性多聚物,可以加速大于 250 个核苷酸探针的杂交速率。最广泛使用的杂交加速剂(hybridization accelerator)是阴离子葡聚糖(如硫酸葡聚糖 500)。对利用单链探针来说,在有硫酸葡聚糖 500 存在时,表观杂交速率可提高 3 倍;而对于用切口平移(nick translation)法或引物延伸法制备的探针,表观杂交速率可增加到 100 倍。对于克隆探针(长的探针)来说,用杂交速率加速剂尤为重要。短的探针在进行杂交反应中并不需要速率加速剂,这是因为它们的相对分子质量低,复杂性较低,因此具有内在的高杂交速率。

硫酸葡聚糖虽然是广泛使用的杂交加速剂(对于较长的双链探针其应用尤为普遍),但由于其相对分子质量较高(平均为 500 000),且常用浓度为 5%～10%,故使杂交溶液的黏度大为增加,影响了杂交效果。另一种常用的加速剂是聚乙二醇(polyethylene glycol,PEG),其优点是此类聚乙二醇(相对分子质量为 6000～8000)价格便宜、黏度低,但其却不能代替硫酸葡聚糖,这是因为用 5%～10% 的 PEG 时,引起非常高的本底。聚丙烯酸(polyacrylic acid)(相对分子质量为 90 000)是另一种加速剂,用聚丙烯酸钠盐在浓度为 2%～4% 时效果较好。聚丙烯酸的优点是售价便宜,且具较低黏度。

为什么用硫酸葡聚糖作为杂交加速剂可以使切口平移法制备的探针表观速率增加到 100倍呢? 人们推测,可能是由于在用切口平移法产生的探针分子间的重叠序列形成"探针网"(probe networks)或"超聚物"(hyperpolymers)之故。这种"探针网"形成的关键是探针的长度。对于短的探针而言,即使序列重叠也不可能形成稳定的"探针网"。

除了上述多聚物可以作为杂交速率加速剂外,酚和硫氰胍(guanidine thiocyanate)也可以作为加速剂。酚不能用于杂交探针或目标 DNA 分子被固定化的条件下,只可用在溶液杂交且 DNA 为低浓度的情况下。4 mol/L 硫氰胍除了能使细胞裂解和抑制 RNA 酶(RNase)外,还能提高 RNA 杂交率。

7.4 杂交的最适条件

虽然人们对于核酸探针与被交联或包埋到基质中的目标核酸进行杂交的理论了解不多,但了解影响杂交分子的稳定性和杂交的动力学参数对于更好地进行杂交实验是很有意义的。

熔点温度(T_m)是表示 DNA 分子完全变性时温度范围的中点,一般为 $85\sim95℃$。下列因素影响杂交分子的熔点温度:

(1) 探针和目标分子的性质。杂交分子的稳定性是 RNA-RNA>RNA-DNA>DNA-DNA。

(2) 探针的长度。较长的探针可形成较稳定的杂交分子。

(3) 探针的碱基组成。G、C 碱基比例越高,杂交分子的熔点温度就越高。

(4) 探针和目标分子之间序列的同一性(identity)的程度。在给定条件下,如所用探针与目标分子间的序列出现错配,那么其所形成的杂交分子要比同源探针所形成的杂交分子的稳定性差。对于克隆探针而言,在同源性上每减少 1%,其 T_m 降低 $1.5℃$。碱基错配对寡核苷酸探针(15~150 个碱基)的 T_m 的影响更大。

(5) 杂交和漂洗溶液的组成。提高杂交溶液中单价阳离子(如 Na^+ 离子)的浓度,可增加杂交分子的稳定性。甲酰胺(formamide)能降低杂交分子的 T_m,可使杂交在较低温度下达到高严紧性。甲酰胺对降低 DNA-DNA 杂交分子稳定性的作用比对 RNA-RNA 要大。

对于 $N>22$ 个碱基的 DNA 探针,下面的公式可用于测算探针与其同源目标分子在溶液中所形成的杂交分子的熔点温度:

$$T_m = 81.5 + 16.6 \lg M + 0.41(\%GC) - (500/N) - 0.61(\% 甲酰胺)$$

式中,M 为单价阳离子的浓度,N 为探针的长度(碱基数)。

如一个探针为 500 个碱基,$\%GC$ 为 42%,在 $0.75 mol/L Na^+$(即 $5\times SSC$ 溶液)和 50% 的甲酰胺中进行杂交时:

$$T_m = 81.5 + (-2.07) + 17.22 - (500/500) - 31 = 64.7(℃)$$

杂交温度 T_{hyb} 一般要比 T_m 低 $25℃$,所以

$$T_{hyb} = 64.7 - 25 = 39.7 \approx 40(℃)$$

对于 $11\sim22$ 个碱基长的寡核苷酸片段来说,其在 $0.9 mol/L$ 盐溶液中的 T_m 的经验公式为

$$T_m = 4(G+C) + 2(A+T)$$

此公式常作为计算寡核苷酸引物的 T_m 的公式。杂交温度 $T_{hyb} = T_m - 5℃$。

RNA-RNA 杂交分子比 DNA-DNA 杂交分子要稳定,在标准的杂交条件下($5\times SSC$,50%甲酰胺)($1\times SSC$ 缓冲液:$0.15 mol/L NaCl$,$0.015 mol/L$ 柠檬酸钠)。其 T_m 可以按下式计算:

$$T_m = 79.8 + 18.5 \lg M + 0.58(\%GC) + 0.12(\%GC)^2 - (820/N) - 0.35(\% 甲酰胺)$$

对于 RNA-DNA 杂交分子,上述公式的最后一项用 $0.5(\%甲酰胺)$ 代替。

值得指出的是,上述的经验公式适用于溶液内核酸杂交。探针与固定在固相介质或固定在组织中的目标分子进行杂交时所形成的杂交分子稳定性较低,这可能由于空间阻隔作用防止探针沿其全长进行退火之故。在原位杂交中,RNA-RNA 杂交分子形成的温度,要比在溶液条件下低 5℃。

对于在原位杂交中的动力学了解不多,探针对目标分子的可接近性受组织的交联状况、探针的长度、目标分子(如 mRNA)的二级结构等诸多因素影响。对 1 kb 长的 RNA 探针,其最适浓度为 $0.3 \, \mathrm{ng}/\mu\mathrm{L}$;而对寡核苷酸探针,其最适浓度为 $4\sim100 \, \mathrm{fmol}/\mu\mathrm{L}$。

(6) 关于杂交的严紧性。为了使杂交结果达到低非特异性背景(low non-specific background),要用高严紧性的条件,即在较高温度或(和)低盐浓度杂交液中进行,这样可能使探针与目标分子中由于碱基错配而退火的机会降低到最小。相反,如果所用的探针与目标分子之间的碱基错配较多,为了得到足够强的杂交信号,可以利用低严紧性的杂交条件,即在高盐浓度和(或)低温度下进行杂交,使探针与目标分子之间充分退火。不但在杂交时用高严紧或低严紧的条件,在杂交后对杂交膜的洗涤中也同样可利用高、低严紧性条件,来得到高特异性、低非特异性背景的杂交实验结果。

7.5 放射性探针的制备

7.5.1 双链 DNA 探针的制备

1. 切口平移法(nick-translation)

如图 7-3 所示,切口平移的原理是将 *E. coli* DNA 聚合酶Ⅰ的 $5'\to3'$ 的聚合酶活性和 $5'\to3'$ 的外切酶活性以及 DNase Ⅰ 的水解活性相结合。DNase Ⅰ 在双链 DNA 上随机地产生单链切口,产生游离的 $3'$-OH;DNA 聚合酶Ⅰ $5'\to3'$ 的外切酶活性在切口的 $5'$ 磷酸侧去除一个或多个碱基,使切口扩大;与此同时,DNA 聚合酶Ⅰ催化核苷酸掺入到 $3'$-OH 末端而使上述产

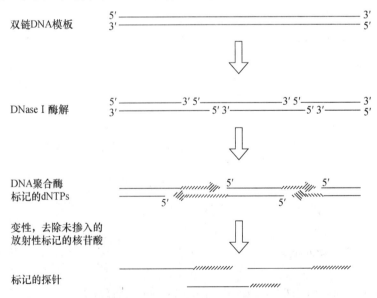

图 7-3 双链 DNA 的切口平移标记法

生的缺口(gaps)被补全。如果被放射性标记的dNTP(一种或多种)在这个反应中被掺入到新合成的DNA链中,此经切口平移所合成的DNA就具有均匀的放射性同位素标记。切口平移法可对环状或线性双链DNA进行标记。

DNase I活性控制到什么程度,是切口平移法成败的关键:活性太低,不能有效地打开切口,使标记物的掺入不充分;活性太高,将DNA模板切碎,不能进行标记反应。一般讲,DNase I按1∶10000稀释,可以得到平均长度600 bp,放射活性为$1.67×10^6$ Bq/μg DNA的双链探针。对于大部分实验,用比放射性>$1.11×10^{14}$ Bq/mmol的一种dNTP($[\alpha{-}^{32}P]$-dCTP)即可。当然,也可用多于一种的标记化合物,或利用^{35}S标记的dNTP,如$[\alpha{-}^{35}S]$-dCTP。

值得指出的是,用切口平移法产生的探针是双链DNA,用时要预先变性后再使用。

2. 随机引物延伸法(random priming)

随机引物法是利用随机的寡核苷酸引物与变性的双链DNA模板随机退火,在存在标记dNTP的情况下,用Klenow大片段进行延伸(图7-4)。随机引物法是另一种产生均匀标记探针的方法。同切口平移法比,有如下优点:

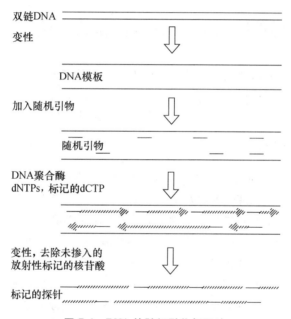

图7-4 DNA的随机引物标记法

(1) 用$[\alpha{-}^{32}P]$-dCTP($1.11×10^{14}$ Bq/mmol),在30 min的反应中可以得到$1.67×10^7$ Bq/μg DNA的高比放射活性探针。

(2) 50%以上的标记dNTP可以掺入到探针分子中。

(3) 由于反应中无DNase I,所以模板用量少(200 ng即足够),10 ng的DNA即可被有效地标记。

(4) 标记程度与模板DNA长度无关,100 bp的双链DNA可以被有效地标记。

(5) 沿着加入DNA的全长,标记化合物是相等地被掺入。

(6) 当使用长的DNA模板时,随机引物法所标记的探针比切口平移法长。

(7) 标记的探针可直接使用,不必除去未掺入的标记化合物。

(8) 双链和单链 DNA 都可以作为模板 DNA。

(9) 可以用较短的 DNA 片段作为模板(100~500 bp),而切口平移方法的模板至少要1 kb 长。

(10) 由于随机引物法中不用 DNase Ⅰ,所以可免去对 DNase Ⅰ用量的预实验。利用各种不同的模板,都可以得到一致的探针。

此方法的不足之处主要是:同切口平移法相比,探针产量低且环状 DNA 不能有效被标记,故在标记前必须将环状 DNA 分子线性化。

随机引物的长度通常是 6 个核苷酸长,利用化学合成或胰 DNase 水解小牛胸腺 DNA 都可以获得随机的六核苷酸引物。由于 Klenow 大片段缺少 $5'{\rightarrow}3'$ 的外切核酸酶活性,其$3'{\rightarrow}5'$的外切核酸酶活性在 pH 6.6 时被大大地减低,所以使得 $>60\%$ 的放射性标记的核苷酸都掺入到探针序列中,探针的比放射活性 $>1.67{\times}10^7$ Bq/μg DNA。$[\alpha^{-32}P]$-、$[\alpha^{-35}S]$-、$[5,5'^{-3}H]$-以及$[5'^{-125}I]$-碘代脱氧核苷三磷酸都可以作为标记化合物。还应指出,DNA 聚合酶Ⅰ所催化的$[\alpha^{-35}S]$-dNTPs 的掺入速率不高(Vosberg H, et al, 1977)。

3. PCR 法

PCR 扩增产生杂交探针的基本原理和实施注意事项(如引物的设计等),请参看第 9 章聚合酶链反应及其应用。

随机引物和 PCR 法可以产生高比放射活性的探针。由于这些方法产生的探针都为双链,用前必须变性。然而由于双链间在杂交过程中可能发生自退火,这样限制了它们与目标分子杂交的浓度,从而使灵敏度不如单链探针,但仍可以满足很多杂交实验的需求。

7.5.2 单链 DNA 探针的制备

单链 DNA 探针可以通过在单链模板上进行引物延伸反应制备(Akam ME, 1983),或化学合成寡核苷酸片段后用 T$_4$ DNA 多核苷酸激酶和$[\gamma^{-32}P]$-ATP 进行 $5'$-磷酸化标记获得。利用 M13 噬菌体载体产生单链模板比较费时,而寡核苷酸合成 $5'$标记灵敏度比较长的多点均匀标记的探针灵敏度低些。利用 PCR 方法产生单链标记探针(Gyllenstein VB, et al, 1988),目前使用广泛。PCR 法产生单链标记探针的方法,与常规的 PCR 原理相同,只是在进行单链探针制备时加入适当的标记化合物(放射性标记或非放射性标记)。基本原理是:首先以特定的引物利用常规 PCR 扩增出所要的探针序列,经琼脂糖电泳制备得到纯的探针序列,然后用特定的单引物(如制备与 mRNA 转录物杂交的探针,就以 RNA 互补链的一段序列为引物)在存在标记底物的情况下进行 PCR 反应,就可以得到单链的探针。

7.5.3 单链 RNA 探针的制备

由于启动子-特异性的噬菌体 RNA 聚合酶(如 SP6、T$_7$ 和 T$_3$ 等)以及与其相应的包括 SP6、T$_7$ 和 T$_3$ 启动子在内的适合于体外转录的质粒(或噬菌粒)载体(或叫 riboprobe 载体)的商品化,使得体外转录体系(以线性化的 riboprobe 载体为模板,产生大量的同源 RNA 探针)成为常规方法。图 7-5 给出利用含 T$_7$ 和 SP6 启动子的质粒 pGEM 产生同源的 RNA 探针的原理。由于质粒被在适当位置用限制性内切酶切割线性化,所以 RNA 转录物不含载体本身的序列,杂交背景大大降低。按图 7-5 所示,产生标记单链 RNA 探针的方法可分如下几步:

(1) 将目标 DNA(用以产生 RNA 探针的模板 DNA)重组于 pGEM 质粒的多克隆位点,

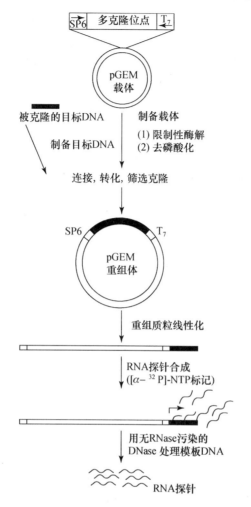

图 7-5　利用体外转录体系产生单链 RNA 探针

使其正好处于 T_7 或 SP6 启动子的下游。

（2）用适当的限制性内切酶切割重组质粒，使之线性化。酶切位点要选择在正好处于插入的目标 DNA 的下游，使转录产物不含载体序列。这样，可以降低非特异性背景的出现。

（3）进行体外转录。加入与启动子相匹配的适当的 RNA 聚合酶、NTP（其中包括 α 位放射性标记的 NTP，如$[\alpha^{-32}P]$-NTP）。

（4）转录后用无 RNase 污染的 DNase 去除 DNA 模板，即得到单链同源的单链 RNA 探针。

值得指出的是，如果在进行 DNA 重组时将目标 DNA 以相反的方向插入；或用在插入目标 DNA 另一端的启动子，按上述同样的方式进行体外转录实验，可以获得反义 RNA 探针（antisense RNA probes）。

7.5.4　产生杂交探针的其他方法

除了上述的切口平移法、随机引物延伸法、PCR 法、寡核苷酸片段 5′-磷酸化法、体外转录制备单链 RNA 探针法等，还有下列方法：

(1) 用末端脱氧核苷酸转移酶的加尾法。即利用 $[\alpha\text{-}^{32}P]$-dCTP、$[\alpha\text{-}^{35}S]$-dCTP、$[5,5'\text{-}^3H]$-dCTP 或 $[5'\text{-}^{125}I]$-dCTP 为底物,在末端脱氧核苷酸转移酶的催化下,将放射性尾加到寡核苷酸片段的 3' 端。用 ^{32}P 标记化合物标记的探针,其比放射活性可达 1.67×10^8 Bq/μg。不能用标记的 dTTP 为底物制备检测 mRNA 的探针,因为加上去的 T 尾可同真核细胞 mRNA 退火,使杂交的背景很深,分辨率受到很大的影响。

(2) 利用各种 DNA 修饰酶的特性(如反转录酶、T_4 DNA 聚合酶等),在存在适当的标记核苷酸的条件下,都可以得到标记的探针(Sambrook J, et al, 1989)。

7.5.5 选择放射性同位素的原则

放射性同位素的选择原则是依赖于放射性同位素的应用、标记方法以及实验所需的灵敏度和分辨率。表 7-1 给出用于标记核酸探针的放射性同位素的发射性质。

表 7-1 标记核酸探针的放射性同位素的发射性质

同位素	发射粒子	最大能量(MeV)	半衰期	杂交应用	注解
^{14}C	β	0.155	5568 y		低灵敏度,很少用
^3H	β	0.0118	12.3 y	原位杂交	低灵敏度,高分辨率
^{35}S	β	0.167	87.4 d	滤膜、原位杂交	高灵敏度,分辨率好
^{125}I	λ	0.035	60 d	原位杂交	高灵敏度,高分辨率
	β	0.035			
^{131}I	λ	0.365	8.6 d		高辐射,很少用
	β	0.608			
^{32}P	β	1.71	14.2 d	滤膜杂交	最高灵敏度

放射性同位素标记的探针具有高灵敏度和分辨率,在实验室仍然广泛应用。然而考虑到安全性、价格以及放射性废物的处理,使其在商业上的应用受到限制。

很多放射性同位素随着长期贮存和不纯物的积累,对温度诱导的分解变得更敏感,因而同位素不允许在室温下长时间放置,要存放于 -70℃ 的冰箱中。对 ^{35}S 和 ^{32}P 标记的核苷酸,用前要快速融化;而对 ^3H 标记的核苷酸,用前要在 25℃水浴中融化。

^{32}P 是最常用的标记核酸的同位素,其特点是:^{32}P 的比放射活性最高,纯品可以达到 3.4×10^{14} Bq/mmol,发射高能 β 粒子(1.71 MeV),因而用 ^{32}P 制备的探针在短时间内具有最高的灵敏度。由于 ^{32}P 标记的核苷三磷酸在结构上与非标记的核苷三磷酸相同,因而其不抑制任何 DNA 修饰酶的活性。核苷三磷酸可以分别在 α 和 γ 位进行标记(图 7-6(A))。可以获得具有各种比放射活性的 ^{32}P 标记的核苷酸:对 α 位标记的可以高达 $3.7 \times 10^{11} \sim 1.11 \times 10^{14}$ Bq/mmol;而对 γ 位的标记,可达 1.8×10^{14} Bq/mmol。^{32}P 能量高,易于用 Geiger-Mueller 计数器进行监测。

^{32}P 标记探针的不足之处是半衰期短。由于其发射高能粒子易对探针的结构完整性产生损害,加之有较强的外辐射作用,所以要注意防护。

^{35}S 的能量为 0.167 MeV,是 ^{32}P 的十分之一,其比放射活性是 5.6×10^{13} Bq/mmol,比 ^{32}P 低近 6 倍。由于 ^{35}S 具有比 ^{32}P 低的能量和较长的半衰期,用 ^{35}S 标记杂交探针比用 ^{32}P 会更稳定。因为 ^{35}S 标记的探针比放射活性较低,所以其灵敏度稍差,但在放射自显影中具有更高的

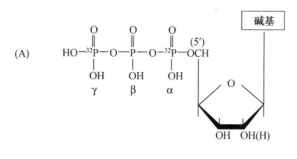

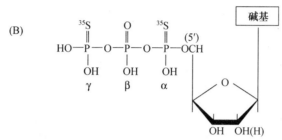

图 7-6　^{32}P 和 ^{35}S 标记的(脱氧)核苷三磷酸的结构

示α 位和 γ 位的 P 和 α、γ 位磷酸上的 O 分别为^{32}P 和^{35}S 取代。

分辨率,特别适用于原位杂交的方法。由图 7-6(B)可见,^{35}S 标记的核苷酸含有硫代磷酸基,这种在核苷酸结构上的改变可能抑制某些酶(如 *E. coli* DNA 聚合酶Ⅰ)的活性,使[α-^{35}S]-dNTP 的掺入速率降低(Vosberg H, et al, 1977)。然而从整体来看,[α-^{35}S]-dNTP、[α-^{35}S]-NTP 以及[γ-^{35}S]-ATP 分别是 DNA 聚合酶、RNA 聚合酶及激酶的合适底物。并且在 DNA 中的硫代磷酸二酯键具备有效的抗水解特性,使得^{35}S 标记的探针更为适用。^{35}S 标记探针的另一个优点是,由于^{35}S 能量低,对操作人员的外辐射损伤性很小,但要防止吸入体内。可用 Geiger-Mueller 计数器监测,但灵敏度大大低于^{32}P。

^{3}H 具有更低的比放射活性(1.07×10^{12} Bq/mmol),其 β 粒子也最弱(0.019 MeV),半衰期为 12.3 年。由于^{3}H 的比放射活性太低,所以对大多数放射自显影检测就显得太弱。但^{3}H 用于原位杂交时,可给出很好的分辨率和低背景。其能量很低,不能穿透皮肤外表层,所以无外辐射损伤,但也要注意内辐射。Geiger-Mueller 计数器不能检测^{3}H 的存在,只能用液闪谱仪检测。

^{125}I 和^{131}I 是 20 世纪 70 年代前常用的核酸探针标记物(Commerford S, 1971),现在已不多用。

7.5.6　标记探针的比放射活度测定

对于一个标记反应产生的标记探针,测定其比放射活度最方便的方法是利用三氯乙酸 (TCA)沉淀-液体闪烁谱仪计数测定法。其程序如下:

(1) 在标记反应液中加入除酶以外的所有试剂,充分混合。然后将上述反应混合物,每份 $1\,\mu$L 分别点到两块 Whatman GF/C 滤纸上,在空气中晾干。此样品将用以测定 TCA 可沉淀本底的放射性活度。

(2) 加酶使反应完全后,再如(1)将每份 $1\,\mu$L 样品点到 Whatman GF/C 滤纸上,吹干。此样品将用以测定 TCA 可沉淀物的放射性活度。

(3) 将滤纸放入 50 mL 的聚丙烯管中,加入 20 mL 10％的冰冷 TCA,轻轻倒换管子的方向,洗 30 s,将上清液弃于放射性废物器皿中。

(4) 重复上述(3)过程两次,然后用 20 mL 95％的冰冷乙醇洗两次,在吸水纸上晾干。

(5) 用液体闪烁谱仪测定每个滤纸片上的放射性活度,将两个样品的放射性活度数值平均,分别计算出本底的放射性活度和整个反应中全部掺入的放射性活度。从总反应的放射性活度减去本底的放射性活度后,用在标记反应中加入 DNA 的量(μg)除以净放射性活度,即得以 μg DNA 表示的比放射活度。

7.5.7　放射性标记探针的纯化

放射性标记探针的纯化方法有多种,目的是将标记的探针与反应物中未掺入的核苷酸、酶蛋白等分开。

1. Sephadex G50 凝胶过滤法

这是最常用的方法。Sephadex G50 按常规装柱(1 cm×5 cm),柱预先用 TE 缓冲液(10 mmol/L Tris-HCl,1 mmol/L EDTA,pH 7.5)或 TNES 缓冲液(TE 缓冲液＋50 mmol/L NaCl,0.1％ SDS)平衡,然后将标记混合物上柱,用相同缓冲液洗脱,按每份 0.5 mL 收集下柱液。对于 ^{32}P 或 ^{35}S 标记的样品,可直接用液闪谱仪检测,第一个放射活性峰即为标记探针。计算出总的放射性活度后,除以所用 DNA 量,即得比放射活度。

2. 乙醇沉淀法

将标记反应混合物中加入 5 mol/L 的乙酸铵至终浓度为 2 mol/L。然后加入 2 倍体积的冰冷的 100％的乙醇,置－70℃中 0.5 h,或－20℃中 1～2 h,沉淀探针 DNA,经 4℃离心将探针 DNA 沉淀而蛋白质及单核苷酸、盐类留在上清液中;弃上清液,沉淀用 70％的冷乙醇洗两次,100％的冰冷乙醇洗一次,沉淀风干后溶于 TE 缓冲液或水中待用。如探针浓度＜10 μg/mL,在沉淀前加入载体核酸——酵母 tRNA 10 μg,可有效回收探针 DNA(Matan A, et al, 1980)。

3. 变性凝胶电泳分离法

此方法是利用 7 mol/L 或 8 mol/L 尿素变性的聚丙烯酰胺凝胶(DNA 序列分析胶)进行电泳分离,回收特定大小的标记探针产物。此方法适于分离用加尾法(如 7.5.4(1)中所述)制备的探针。

4. 疏水柱层析法

利用杜邦公司的疏水层析柱(Dupont,Nensorb)进行层析分离。通过这种方法,可以去除探针中混有的蛋白质和盐类。Nensorb 是用 C_{18}-硅胶层析树脂预先装好的柱,用起来很方便,柱容量为 20 μg DNA。

7.6　非放射性探针的制备

由于放射性标记的探针有着辐射损伤、半衰期短、放射性废物处理困难等不方便之处,于是科研人员开发出非放射标记探针。非放射性标记探针的制备分为两种:酶法标记技术和化学法标记技术。酶法比化学法标记的探针更灵敏,但酶法标记操作复杂,重复性差,费用较高且不易扩大生产；相对于酶法，化学法具操作简便和费用低的特点。相对于 DNA 探针而言，非放射标记的 RNA 探针很少用。

非放射标记的探针其灵敏度近于比放射活度为 8.4×10^6 Bq/μg DNA 的放射标记探针，但 $<1.67 \times 10^7$ Bq/μg DNA 的放射标记探针。

1. 酶法标记技术

酶法标记的操作原理和方法与放射探针标记相同，如利用切口平移法、随机引物延伸法、用末端脱氧核苷酸转移酶的末端加尾法以及 RNA 体外转录标记法，这些方法已在 7.5 节中介绍。与放射性标记的不同之处在于，酶法非放射性标记所用的标记化合物为核苷三磷酸。如前所述，放射性探针用的是 ^{32}P、^{35}S、^{3}H 等放射性标记的核苷三磷酸，而非放射性标记探针用的是非放射标记的核苷三磷酸，如生物素-11-dUTP（图 7-7（A））、生物素-14-dATP（图 7-7（B））以及 8-氨己基-dATP（AH-dATP，8-Aminohexgl-dATP）（图 7-7（C））。前两者可作为 DNA 聚合酶和末端转移酶的底物，而 AH-dATP（或 AH-dGTP）可作为末端转移酶的底物。

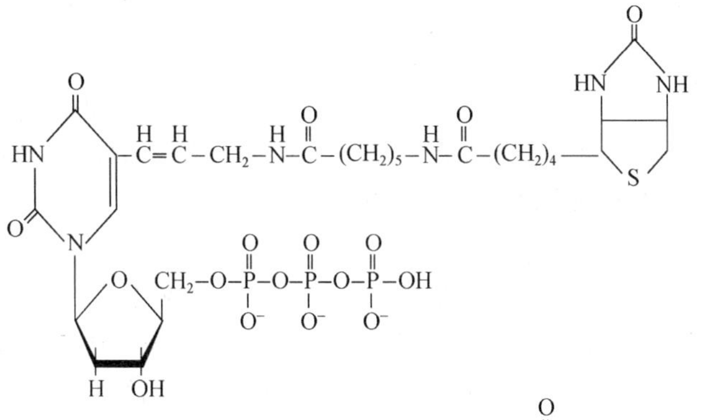

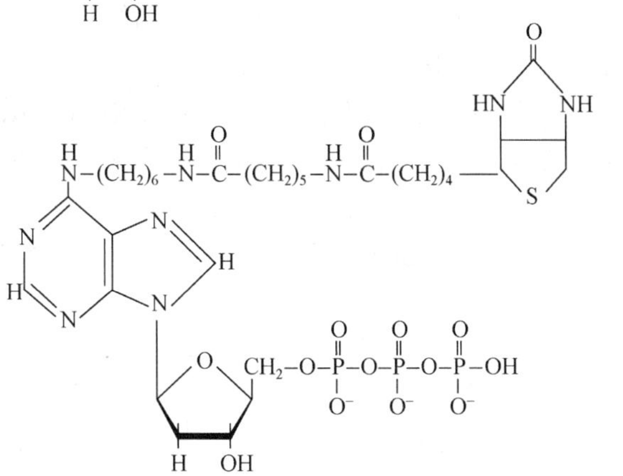

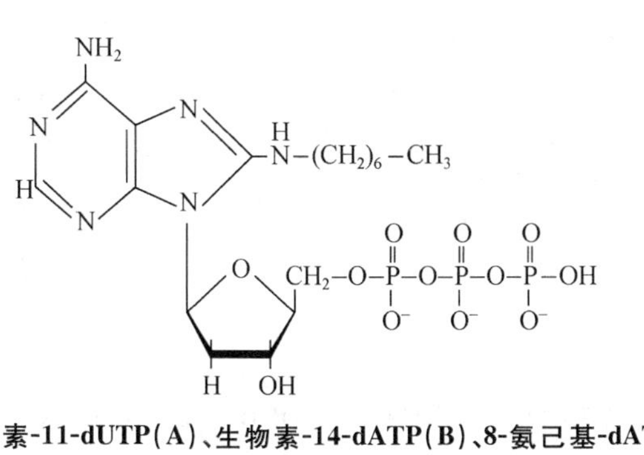

图 7-7　生物素-11-dUTP(A)、生物素-14-dATP(B)、8-氨己基-dATP(C)的结构式

地高辛-dUTP(digoxigenin-dUTP)是另一种广泛应用的非放射性核苷三磷酸标记化合物,可通过随机引物法掺入到 DNA 探针中。图 7-8 给出了地高辛-11-dUTP 的结构式:

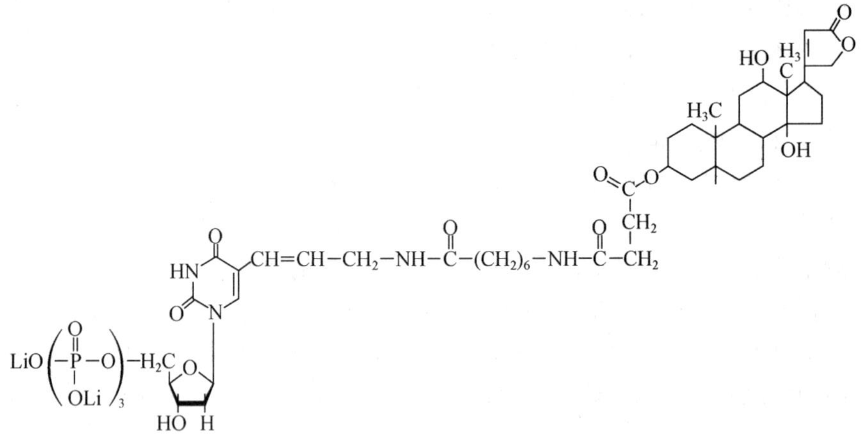

图 7-8　地高辛-11-dUTP 的结构

Boehringer Mannheim 公司生产利用地高辛标记的试剂盒商品,其灵敏度为在 Southern 印迹中可检测出 0.1 pg 的同源 DNA 的存在。

2. 化学法标记技术

几种化学试剂可用于对 DNA 探针进行标记。最早使用的是一种致癌物 AAIF(7-iodo-N-acetoxy-N-2-acetylaminofluorene),它可共价结合到 DNA 分子中的鸟嘌呤碱基上(图 7-9(A)),使 DNA 被 AAIF 标记。对于 AAIF 标记的检测是用酶联免疫法,即用抗 AAIF 的抗体(兔抗 AAIF 抗体)作为第一抗体,结合后加入偶联了碱性磷酸酶的羊抗鼠 IgG 作为二抗,通过酶联免疫法来检测。这是用非放射探针杂交,而后按通用方法检测。非放射标记物则称为半抗原(hapten)。

另一种标记物是通过亚硫酸氢盐使胞嘧啶磺化后,再经 O-甲基羟胺(H_2NOCH_3)反应产生 4-甲氧基-6-磺酸衍生物,标记的 DNA 也同样用酶联免疫法检测,而抗-磺酸盐(酯)的第一抗体应为单克隆抗体,因为多抗可能由于其存在抗 DNA 活性,使本底过高(图 7-9(B))。

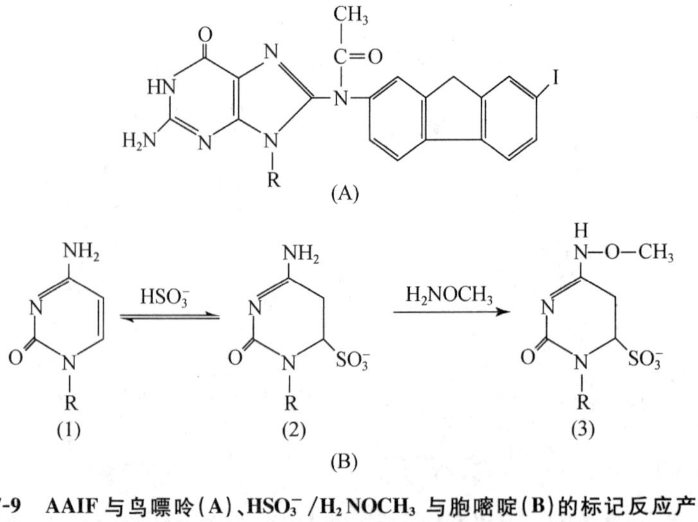

图 7-9　AAIF 与鸟嘌呤(A)、HSO_3^-/H_2NOCH_3 与胞嘧啶(B)的标记反应产物

生物素-芳基叠氮化合物是一种光生物素(photobiotin)标记化合物,其中芳基叠氮基团在光照下产生芳基氮宾(nitrene),它同 DNA 偶联使 DNA 产生生物素化。此化合物可以直接同 DNA 或 RNA 反应,对腺嘌呤有相对高的反应特异性,可能作用于腺嘌呤的 N^7 位(Keller GH,et al,1989)。双链、单链的 DNA 可结合 2 倍过量的光生物素。光生物素与核酸的偶联反应可在太阳灯下进行,反应后用丁醇抽提,乙醇沉淀回收探针。大约 1/50 的碱基被标记,故核苷酸个数>200 的片段才能被有效标记。值得指出的是,光生物素是唯一可实用的标记 RNA 的化学标记法。图7-10 给出光生物素的结构图。

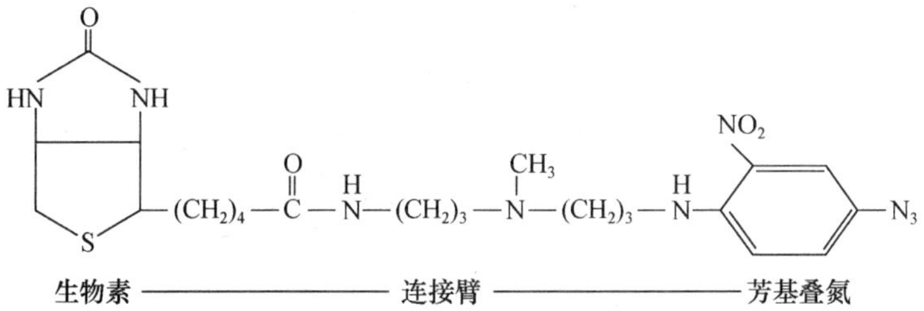

图 7-10　光生物素的结构

3. 放射性、非放射性标记的显示方法

放射性标记探针和非放射标记探针,在合适的杂交溶液系统中与目标 DNA 杂交,经不同严紧度的漂洗后,通过检测探针的特异性标记来分析杂交结果。放射性探针通常用放射自显影技术检测,而非放射性标记探针的杂交结果通常用免疫法——酶联免疫法来检测。用生物素(biotin)标记的,用与链亲和素(streptavidin)偶联的碱性磷酸酶试剂来检测;用地高辛标记的,用抗地高辛的抗体偶联的碱性磷酸酶试剂来检测;用其他化学法标记的探针,用特异性抗体(单抗)-二抗偶联的碱性磷酸酶试剂来检测。图 7-11 给出了基于地高辛-抗地高辛的非放射性检测原理。

近年来由于 GFP(绿色荧光蛋白)的克隆和表达成功(Chalfie M,et al,1994),可能会给基因工程中基因表达和核酸杂交的检测提供新的手段。由于 GFP(green fluorescent protein)能与蛋白 A 形成融合蛋白,且不失去其发光活性和蛋白 A 与 IgG 结合的特性,可以将蛋白 A-GFP 代替酶联试剂,在存在第一抗体的情况下,通过检测 GFP 的发光来对基因表达产物、核酸探针杂交进行检测。已有报道将蛋白 A-GFP 用于 Western 印迹(Aoki T,et al,1996)。

7.7　放射性和非放射性标记探针的应用范围

基因工程中利用核酸杂交法来检测基因以及基因的表达调控有下述各种方法:

(1) Southern 印迹法(Southern blot)。称为 DNA 印迹法,是基于将要检测的 DNA 通过电泳分离,再转移到硝酸纤维素膜或尼龙滤膜上后,利用探针杂交进行检测。

(2) Norhern 印迹法(Northern blot)。称为 RNA 印迹法,是基于将要检测的 RNA 通过电泳分离,再转移到上述杂交膜上,用探针杂交进行检测的技术。

(3) 克隆杂交(colony hybridization)。是将重组的细菌克隆转移到杂交膜上,经细菌裂解、核酸变性、中和、固定,再用探针杂交筛选阳性重组克隆的方法。

(4) 噬菌斑杂交(plaque hybridization)。原理与(3)相同,只是以噬菌斑代替细菌。

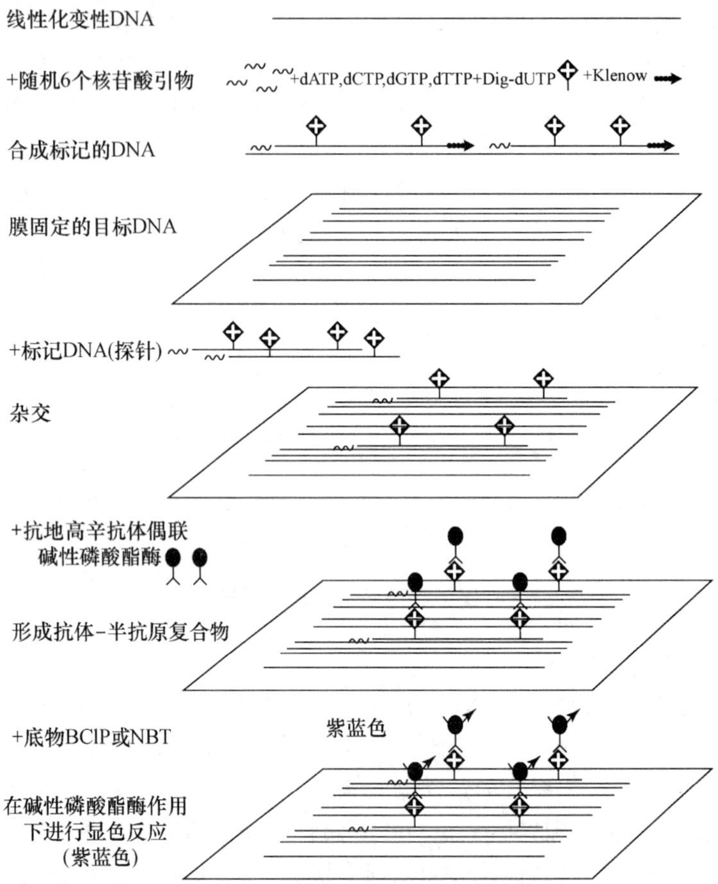

线性化变性DNA

+随机6个核苷酸引物　～～～～+dATP,dCTP,dGTP,dTTP+Dig-dUTP ✦ +Klenow ➡

合成标记的DNA

膜固定的目标DNA

+标记DNA(探针) ～

杂交

+抗地高辛抗体偶联
　碱性磷酸酯酶

形成抗体–半抗原复合物

+底物BCIP或NBT　　　　　　紫蓝色

在碱性磷酸酯酶作用
下进行显色反应
(紫蓝色)

图 7-11　非放射性 DNA 标记和检测程序

Dig-dUTP:地高辛 11-dUTP;Klenow:Klenow 大片段(*E. coli* DNA 聚合酶Ⅰ大片段);～:随机
6 个核苷酸引物。(引自 Boehringer Mannheim,DNA Labeling and Detection Nonradio active)

(5) 原位杂交(*in situ* hybridization)。主要是指在组织切片、单细胞或染色体样品上,通过杂交,对特定 DNA 和 RNA 进行定位的方法。

(6) Dot、Slot 杂交,也称为点杂交和狭线印迹法。类似于(1)和(2),只是对核酸的转移方法不同,要检测的样品直接加到杂交膜上,变性,固定,然后进行杂交检测。

以上杂交都可以利用放射性或非放射性标记的探针进行,只是在具体操作时要根据样品的性质、要求的灵敏度、实验室的条件来斟酌决定。具体操作请参阅有关工具书(Sambrook J,et al,1989;Wilkinson DG,1992;Keller GH,1989;Kricka LJ,1992)。

尽管随着科学的进步,各种新的标记化合物不断问世,但基本的原理是不变的。

7.8　DNA 微阵列——基因组芯片

之所以在“分子杂交技术”一章介绍 DNA 微阵列(DNA microarray)——基因组芯片(genome chip),这是因为碱基配对(也就是 A-T 和 G-C 对 DNA;A-U 和 G-C 对 RNA)或杂交

(hybridization)是 DNA 微阵列的基本原理。

在生物有机体中,千万个基因和它们的产物(即 RNA 和蛋白质)是以一个复杂而又十分和谐的方式行使其功能。然而,在分子生物学中的传统方法一般是基于"一个实验一个基因"(one gene in one experiment)的方式进行研究的。这种研究方法意味着其通量(throughput)非常有限,很难探知基因功能的全貌。DNA 微阵列技术的问世允许在一个单一的芯片上对整个基因组进行检测。这使得研究者能够同时对数千个基因中存在的相互作用进行研究,从而能更好地了解基因的功能及它们相互之间的关系。

(1) 关于 DNA 微阵列的术语。DNA 微阵列技术有很多名称,如生物芯片(biochip)、DNA 芯片(DNA chip)、基因阵列(gene array)或基因芯片(gene chip)。在本节我们采用DNA 微阵列或基因组芯片(DNA microarray or genome chip),这是因为用此技术可探知基因功能的全貌(whole picture of gene function)。从这个意义上讲,用基因组芯片比基因芯片更恰当和确切。

(2) 什么是 DNA 微阵列或基因组芯片。"阵列"是样品的一个有序排列,是根据碱基配对的原则为已知和未知 DNA 样品之间的匹配提供一个介质(medium),并通过自动化方式对未知样品进行鉴定。阵列实验可使用诸如微板(microplate)或标准的印迹膜(standard blotting membrane)等通用的检测体系,可用手工或机器人点样。按样品点的大小通常将阵列分为"大阵列"(macroarray)或"微阵列"。大阵列的"样品点"的直径约为300 μm或更大,易用现成的凝胶和印迹扫描仪成像。微阵列"样品点"的直径小于 200 μm,一个微阵列含有数千个"样品点",微阵列则需要特制的机器人进行点样和特制的成像设备。

DNA 微阵列或 DNA 芯片通常是以玻璃片、尼龙膜或硅片等为载体,用高速机器人将许多特定的寡核苷酸片段(20～80 mer oligos)或基因片段(如 cDNA,500～5000 碱基长)有序、高密度地排列固定在载体上。这些被固定到载体上的已知序列的核酸片段称为探针。待测的样品核酸分子(未知序列,称为靶分子,target)经标记,与固定在载体上的 DNA 阵列中的点(probe)按碱基配对原理同时进行杂交。杂交形式属于固-液杂交,与膜杂交相似。通过激光共聚焦荧光检测系统等对芯片进行扫描、检测杂交信号强度而获取所测样品分子的数量和序列信息,最后用计算机软件进行数据的比较和分析,从而对基因的序列(gene/gene mutation)和基因的功能(包括基因的表达水平及丰度等)进行大规模、高通量(high throughput)的研究。因此,DNA 微阵列的设计和实施有如下几步:

① 确定 DNA 类型(cDNA 或寡核苷酸);

② 芯片制备方式(即如何将 probes 点到固相载体上以及载体的制备);

③ 样品的制备(即对 targets 样品进行标记,如荧光标记样品);

④ 检测;

⑤ 读取数据;

⑥ 计算机软件分析等。

基因组芯片最理想的制作方式是将一个物种基因组上的所有基因探针同时固定在一张芯片上,对于较小的基因组(如酵母)是可行的,但一些物种基因数量多,很难点放到一个芯片上。

(3) DNA 微阵列技术的应用。DNA 芯片的应用包括理论研究和实际应用两大方面。在理论上广泛用于功能基因组的研究,如新功能基因的发现、基因表达谱以及基因表达水平的研究等。在实际应用研究中广泛用于疾病的诊断、药物的筛选和开发、毒理学研究等各个方面。

例如，研究者用基因组芯片可快速检测出 3 万种病原体，他们将近 3 万种来自不同的病毒、细菌、真菌和寄生虫中提取的 DNA 或 RNA 样品，一排排地固定到一个载玻片上制成基因组芯片（称为格林芯片，Greene chip），这样可从细胞、组织、血、尿和其他排泄物中迅速诊断出是由何种病毒、细菌、真菌和寄生虫导致的疾病。由于数百种不同的致病原都可以导致病人出现类似症状，特别是当早期的准确诊断能够改变治疗方式或者协助控制传染病暴发的时候，筛查多种致病原的方法就显得非常重要。当然，这类基因组芯片的成本是很高的。由于篇幅所限，此处不展开介绍，请参阅相关文献（Fodor SPA，1993；Schena M，et al，1995；Yang YH，et al，2002；Sharon D，et al，1996；Phimister B，1999）。

最后要指出的是，DNA 微阵列技术只是生物芯片中的一种。基于生物大分子（核酸、蛋白质）相互作用的基本原理所发展起来的生物芯片还包括蛋白质芯片（protein chip）、组织芯片（tissue microarray，TMA）、微流体芯片（microfluidic chip）等。利用这些关键词通过 Google 网上查询，可获得足够的信息。

8 粒子轰击和基因转移

粒子轰击(particle bornbardment)是一种重组基因的导入技术,在 1.4 节中已提及。由于近年来在这方面的应用很受人们的重视,故本书专设此章予以介绍。粒子轰击技术可使 DNA 包被的粒子直接转移到细菌细胞乃至动、植物细胞以及原位组织中,可使外源基因在宿主细胞中进行瞬时表达、稳定表达,从而产生有价值的基因工程菌株、细胞系,乃至动、植物个体。

8.1 粒子轰击技术简介

粒子轰击技术,是利用一种装置,将包被了重组 DNA 分子的微小粒子加速,用产生的加速粒子轰击受体细胞、组织或器官来完成基因的转移。基因枪就是这样一种装置。国内外相继研究出一些相类似的装置,如 BioRad 公司的 PDS-1000/He,是通过氦气冲击波将包被 DNA 粒子打入靶目标。用氦气引动的设计,具备对靶细胞伤害较小,有较好的粒子分布,基因转移速度快等优点。常用的粒子是用金粉或钨粉制作。相比之下,钨粉对受体细胞有毒性,但价格较便宜,用于外源基因的瞬时表达研究是合适的。由于这些粒子表面有裂隙,可以在粒子加速和冲击时保持住 DNA 溶液,因而 DNA 不必沉淀在粒子的表面。对于缺少细胞壁的细胞,可以选用像玻璃、乳胶类低密度的粒子作为重组 DNA 的载体(Sanford JC,et al,1993)。相当多的研究者仍沿用氯化钙/精胺沉淀 DNA 的方法进行包被(Sanford JC,et al,1993;Klein TM,et al,1988)。近年来用硝酸钙代替氯化钙,使基因转化效率提高 10 倍。带有外源基因的重组分子可以用粒子轰击的方法导入到细胞的各个部位,如细胞质、细胞核、细胞器中。实验指出,当用带有葡萄糖醛酸酶报道基因的粒子去轰击烟草细胞群落时,90%以上表达此报道基因的细胞是外源基因直接进入核内的细胞(Yamashita T,et al,1991)。

8.2 粒子轰击技术的应用范围

1. 微生物的转化

粒子轰击技术用于微生物的转化时,结果并不理想,转化率低。如对 $E.coli$、酵母、枯草杆菌等,其转化效率在 $10^4 \sim 10^5 / \mu g$ DNA。对根癌农杆菌、假单胞杆菌、各种欧文氏菌,其转化率只有 $10 \sim 100 / \mu g$ DNA。一般而言,对细菌的转化效率与菌株品系、生长期、培养基的组成(特别是糖的浓度)、粒子大小以及在基因枪中残留的气体量等有关(Armaleo D,et al,1990;Smith FD,et al,1992;Shark KB,et al,1991;Toffaletti DL,et al,1993)。

2. 对叶绿体和线粒体进行基因转化

粒子轰击技术打破了外源基因无法导入细胞器(如叶绿体、线粒体)的障碍。用此技术可对单细胞藻类的质体(plastid)进行基因操作,也可以将外源基因有效地导入较高等植物的叶绿体基因组中,用以研究叶绿体基因的遗传、表达及功能。人们正试图通过基因改造,增加叶绿体的光合作用效率,从而使农作物产量提高。目前人们已通过基因重组的方法,在外源基因的两旁侧加上叶绿体基因组特定的同源序列,再经粒子轰击后使进入叶绿体的外源基因重组体通过同源重组(请参看 11 章基因打靶),使外源基因重组在叶绿体的基因组中。同样,利用粒子轰击技术也推动了对线粒体基因组的研究。

3. 植物基因的转移

粒子轰击技术最广泛的应用是在植物基因工程之中。利用此技术,可以将外源、内源的基因定向地导入到任何类型的植物细胞和组织中去。通过对基因的瞬时表达的检测来评估与粒子轰击技术有关的参数,测定对植物的各类细胞和组织(包括培养细胞、种子组织、叶、花粉等)进行基因定向导入的可行性,并可通过对缺失和取代突变基因瞬时表达的检测,对植物基因的表达调控进行研究(Bruce WB, et al, 1990;Rolfe SA, et al, 1991)。

粒子轰击技术已成功地应用在农作物的育种中。将外源基因稳定地转化入包括玉米、小麦、水稻、大豆、棉花、甘蔗、木瓜、酸果蔓、兰花以及各种树木在内的多种植物中,通过稳定的转化和表达,使植物获得稳定的优良性状。如:将苏云金杆菌素蛋白基因导入玉米,使玉米获得抗鳞翅目害虫的能力;将抗病毒的棉花蛋白基因导入木瓜,使木瓜获得抗病毒特性;将抗除草剂基因转入玉米、小麦、燕麦,使它们对除草剂产生抗性。国内外都有转基因植物进入大田试验乃至进入市场之实例。

由于植物细胞是全能细胞,所以稳定转化可以通过用携带有外源基因的粒子轰击组织培养细胞来完成,在使细胞获得新性状的基础上进而获得植株。也可以借助于轰击植物的分生组织,通过进一步筛选,获得表达外源基因的植物。

4. 基因导入动物细胞和组织

粒子轰击技术已广泛地用于将外源基因导入各种动物细胞、组织乃至生长的动物个体。此技术的发展对于基因治疗、遗传(基因)免疫以及基因表达调控的研究和应用都是十分重要的。

(1) 将基因导入培养的细胞和组织。尽管动物细胞膜比较脆弱,然而用粒子轰击技术能将基因转移到所有培养的动物细胞中,诸如上皮、内皮、成纤维细胞以及淋巴细胞中。粒子轰击技术还可以将外源基因导入用其他方法很难进行基因转移的靶细胞,如肿瘤浸润淋巴细胞小鼠细胞系(tumor infiltrating lymphocyfe mouse cell line)以及从乳腺、肝、脑分离得到的原代细胞培养物(primary cell culture);也可以将基因导入来源于乳腺、肝、肾的固体组织的外植块。近年来"组织轰击"(tissue bornbardment)正被用做转基因表达和对启动子相对强度测试的重要工具(Thompson TA, et al, 1993;Yang NS, et al, 1992)。

以离体方式将基因导入细胞或组织,然后通过自身移植(autologous transplantation)将这些转化了的细胞或组织植回受体靶器官,这是人类基因治疗的一个重要策略。如将从胎儿或成人来源的原代脑细胞培养物,利用基因粒子轰击法导入酪氨酸羟化酶,然后再植入患帕金森病(Parkinson)人的脑组织中以治疗帕金森病(Jiao S, et al, 1993)。

（2）将基因直接导入哺乳动物的体细胞。利用直接注射和粒子轰击技术,将外源基因直接导入活动物的体细胞或组织中并使其成功表达的实验,为遗传（基因）免疫（genetic immunization）、基因治疗（gene therapy）等开辟了令人瞩目的应用前景。所谓遗传免疫,是利用粒子轰击或直接注射的方法,将在实验室构建好的、可表达特定抗原（如乙肝病毒表面抗原）的重组DNA直接导入动物（或人）的皮肤或肌肉中,使之在动物体内表达,而表达产物使动物体产生免疫应答反应,生成大量的中和抗体,从而产生对抗病毒入侵的抵抗力,这为新型疫苗的开发开辟了一条新路;而将在实验室构建好的可表达特定活性肽或药物蛋白的基因表达重组体,直接定向导入动物细胞、组织或器官,使之在特定的靶位进行可控表达,这又是基因治疗技术的一种新设计。

总之,粒子轰击转移基因的技术,无论在植物育种、基因治疗、遗传免疫以及在高等动、植物基因表达调控的基础研究方面,都有着广泛的应用前景。也应该指出,这一技术方法的发展和应用要同基因分离、表达重组体的设计,包括近年来广为应用的基因同源重组技术相结合才能得到实现。

9 聚合酶链反应及其应用

9.1 聚合酶链反应的原理

聚合酶链反应(polymerase chain reaction)简称 PCR,是体外酶促合成、扩增特定 DNA 片段的一种方法。其原理是:在存在 DNA 模板、引物、dNTPs、适当缓冲液(Mg^{2+})的反应混合物中,在热稳定 DNA 聚合酶的催化下,将一对寡核苷酸引物所界定的 DNA 片段进行扩增。这种扩增是以模板 DNA 和引物之间的变性、退火(复性)、延伸三步反应为一周期(cycle),循环进行,使目标 DNA 片段得以扩增。由于每一周期所产生的 DNA 片段均能成为下一次循环的模板,故 PCR 产物以指数方式增加,经 30 个周期后,特定 DNA 片段的数量在理论上可增加 10^9 倍。PCR 技术经过多年来的完善、发展,已应用到分子生物学、生物技术、临床医学等各个领域,具有巨大的应用价值。

9.2 标准的 PCR 扩增方案

为给初学者一个具体 PCR 实施步骤,在此介绍一个标准的 PCR 扩增方案。此处所给出的条件,将能扩增大部分目标序列。这些条件原则上可作为设计新的 PCR 反应时的起始条件。对一给定的 PCR 反应,要根据模板、引物等对反应条件作具体的优化。

(1) 在 0.5 mL 的离心管中实施反应体积为 100 μL 的 PCR 反应。其反应混合物为:

① 模板 DNA(10^5～10^6 个目标分子,例如 1 μg 人单拷贝基因组 DNA 相当于 3×10^5 个目标分子;10 ng 的酵母 DNA 相当于 3×10^5 个分子;1 ng 的 *E. coli* DNA 相当于 3×10^5 个分子;1% 的一个 M13 噬菌斑相当于 10^6 个分子)。

② 每种引物:20 pmol,其熔点温度 T_m>55℃为宜。

③ 20 mmol/L Tris-HCl 缓冲液(pH 8.3,20℃)。

④ 1.5 mmol/L MgCl$_2$。

⑤ 25 mmol/L KCl。

⑥ 0.05% Tween-20。

⑦ 100 μg/mL 灭菌的明胶或无核酸酶的牛血清白蛋白。

⑧ 50 μmol/L 的四种 dNTP。

⑨ 2 单位的 *Taq* DNA 聚合酶(或其他热稳定的 DNA 聚合酶)。

将上述反应成分混合后,用 75 μL 的矿物油封闭后起始 PCR 反应。

(2) 按如下温度程序,进行 25～30 次循环的 PCR 反应。

① 变性：96℃，15 s（起始变性的时间长些是可取的）。

② 引物退火：55℃，30 s（对具体反应可根据引物与模板的碱基配对情况进行调节）。

③ 引物延伸：72℃，1.5 min。

（3）PCR 反应的最后延伸和终止。在最后一次反应循环结束时，应该使 PCR 反应在 72℃进一步延伸 5 min，以提高产物的扩增率。然后，将反应混合物冷却至 4℃，或加入 EDTA 到 10 mol/L 终止反应。图 9-1 给出 PCR 开始的几个循环的工作原理图。

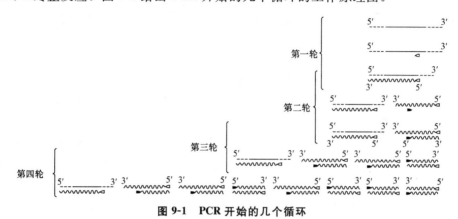

图 9-1 PCR 开始的几个循环

初始模板（顶行）为单链 DNA，左、右侧引物分别以△和▲表示。头几轮反应产物的长度不均一，然而两引物间的区段优先得到扩增，并迅速成为反应的主要产物。如果初始模板是双链，则互补链亦作为模板进行相应的反应（引自 Sambrook J，et al，1989）

值得指出的是，PCR 仪已经程序化、自动化，用国产的 PCR 仪完全可以得到满意的实验结果。

9.3 PCR 引物及其设计

9.3.1 关于 PCR 引物设计的基本原理

PCR 的目的是扩增出不含任何非特异性副产物的特异性 DNA 片段。从原则上讲，通过优化 PCR 反应中的每种物理和化学的组成成分，都有可能增加 PCR 反应的产率、特异性以及灵敏度。然而，对于使 PCR 能成功进行的最关键参数是最适的引物设计。引物设计不好会导致 PCR 产物减少，甚至得不到 PCR 产物；如果出现非特异性扩增以及（或）形成引物二聚体（primerdimer formation），此时即使所有其他的 PCR 反应参数都处于最适状态，也会使 PCR 反应失败。本节对 PCR 引物设计中的基本原则加以介绍，详细的方法可参阅有关文献（Dieffenbach CW，et al，2003）。

（1）引物的长度。引物的长短对于 PCR 的成败具有关键作用，这是因为引物长度影响 PCR 反应的特异性、熔点温度和退火的时间。对于绝大多数 PCR 反应而言，最适的引物长度为 18～30 个碱基，较短的引物致使发生非特异性扩增，而较长的引物虽然特异性变强，但其内含有诸如发卡环（hairpin loops）等二级结构的可能性就会变高。

（2）引物的熔解（点）温度。PCR 反应的特异性与引物的熔解温度（T_m）关系很大，对绝大多数 PCR 反应，最适的 T_m 的范围是 55～60℃。在不存在稳定剂的条件下，引物的 T_m 由其长度、序列的碱基组成和浓度所决定。因为在不同 PCR 条件下盐浓度的变化不大,故离子强度的影响可忽略不计。

重要的是,在一个 PCR 反应中所使用的引物的 T_m 应该相近。对于绝大多数 PCR 反应,一对引物的 T_m 的差别不能大于 2~3℃。如果差别过大,扩增效率就差,甚至 PCR 反应完全不能进行。出现这种情况的原因是,具有较高熔解温度的引物,在低于最适退火温度错误启动 PCR;而具有较低熔解温度的引物在高于最适退火温度下,能与模板结合的引物浓度低。

最精确计算出 T_m 的公式是基于毗邻序列热力学理论(nearest neighbor thermodynamic theory)得到的,其考虑到双链体熔解过程的热力学分析:

$$T_m = \Delta H/\Delta S + R\ln(c) - 273.15 \tag{1}$$

其中 R 是摩尔气体常数,C 是寡核苷酸引物的摩尔浓度。

选择 PCR 引物时的一个重要参数,是引物要有能力同目标 DNA(模板 DNA)上的特定位点形成稳定的双链体(duplex),而不与其他的引物分子形成双链体或与模板上任何别的位点杂交。双链体形成过程中焓(ΔH)和熵(ΔS)的变化是通过毗邻碱基序列热力学参数计算得来的(White BA,1993;Breslauer KJ,et al,1986)。如果考虑到盐对双链体稳定性的作用,则 T_m 可由下列方程式计算得到:

$$T_m = \Delta H/\Delta S + R\ln(c) - 273.15 + 12.0 \lg[Na^+] \tag{2}$$

绝大多数引物设计软件利用 Breslauer(White BA,1993)或 Santa-Lucia(Bierne N,et al,2000)的一套毗邻碱基序列热力学参数来计算寡核苷酸双链体的 T_m。

对于等于或少于 20 个碱基的引物的 T_m,可用 Wallace 规则来计算:

$$T_m = 2(A + T) + 4(G + C) \tag{3}$$

一般而言,退火温度(T_a)要比熔解温度低 5℃,用低于熔解温度 5℃得到的 T_a 并不是最适 T_a。为得到最适的 T_a,可以通过梯度热循环(gradient thermal cycler)实验来测得,T_a 最适值也可通过下列公式计算得到:

$$T_a \text{ Opt} = 0.3 \times T_m(\text{引物}) + 0.7 \times T_m(\text{产物}) - 25 \tag{4}$$

式中 T_m(引物)是不太稳定的引物-模板对的熔解温度,T_m(产物)是 PCR 产物的熔解温度,二者都可以通过上述公式计算出。

(3) PCR 产物的熔解温度。除了计算引物的熔解温度外,还要注意使 PCR 产物(amplicon)的熔解温度要低到足以保证在 92℃完全熔解。一般而言,在 100~600 个碱基对之间的 PCR 产物都能被有效地扩增,产物的熔解温度将能确保 PCR 反应更有效,但对 PCR 反应的成功并不总是必需,产物 T_m 可用下面公式计算:

$$T_m = 81.5 + 16.6\lg[K^+] + 0.41(\%GC) - 675/l \tag{5}$$

此式中 $[K^+]$ 为缓冲液中钾离子浓度,l 指产物的碱基对数。

(4) 关于引物的二级结构。当设计引物时,引物中存在的二级结构是要考虑的一个重要因素。具有自我同源区(regions of self-homology)的引物,能通过折回形成部分双链的发卡结构;引物间的同源则导致形成引物二聚体(primer-dimers),由于在一个 PCR 反应中,引物的浓度相对于模板而言要高,引物之间彼此退火的概率远大于其同模板退火的概率。存在 3' 发卡或 3' 二聚体特别能对 DNA 扩增造成损害,这种二级结构将导致本底产物(即非目标产物)的非特异性扩增。避免引物出现这类二级结构的一个简单方法是,选择引物具 50%(GC)和缺少 4 个碱基中的一个碱基。

（5）关于引物中的碱基重复和成串。设计引物时要避免出现一长串单一碱基或核苷酸重复。不同类型的重复和成串对引物和 PCR 的影响如表 9-1。

表 9-1　引物中碱基重复和成串的影响

重复基序	例子	影响
简单重复 （simple repeats）	4 个或多个核苷酸的重复 如：…AATCGA…AATCGA…	简单重复能使引物产生次级结合位点，对次级结合位点的稳定杂交使之产生非特异性扩增
反向重复 （inverse repeats）	4 个或多个核苷酸的自我互补序列基序，（茎-环或发卡基序），如：…AATGGC… GCCATT…	因为反向重复可导致在结合区段，或 PCR 产物内形成稳定的发卡结构，所以反向重复能引起无效引发（起始）
同聚串 （homopolymericruns）	4 个或多个同样的核苷酸序列的重复，如：…AAAAA…	同聚碱基串能引起引物对其目标位点的不确定结合。要避免存在 poly（A）和 poly（T），其可致使引物-模板复合体松开，成串的 G（3 个或多个 G）的存在也可引起分子间的堆积

（6）GC 夹（GC clamp）。在引物的 3′ 端含有一个 G 或 C 残基能增加引物的特异性，这个所谓的"GC 夹"能确保引物 3′ 端的正确结合。这是由于 GC 残基具更强的氢键，使结合特异性增强。与此相反，其末端含 T 残基的引物则倾向于减少特异性。

（7）扩增高 GC 含量的目标 DNA。对于扩增富含 GC 的 DNA，推荐用较高 T_m 值的引物（最好在 75～80℃）。对于富含 GC 的 DNA，其解链温度比正常 DNA 要高很多，在较低的温度下，PCR 产物的两条链倾向于快速退火，其结果是同引物与其模板链间的退火发生竞争。在 PCR 反应过程中，用较高的退火温度有利于引物与其模板链之间的退火，从而提高了扩增效率。

（8）用 BLAST 程序对引物进行检查。引物设计好之后，引物序列要用 BLAST（http：//www. ncbi. nlm. nih. gov/BLAST/）来检查，检测是否同基因组中重复序列或其他基因位点可出现交叉同源（cross-homology），这种同源能导致假引发（起始）（false priming）和产生非特异性 PCR 产物。

9.3.2　多重 PCR 引物的设计

多重 PCR(multiples PCR，MPCR)是指在一个 PCR 反应中用一个模板和几套引物同时扩增多个目标序列。这是一个极其有用的技术，其可增加 PCR 的通量（throughput），更有效地利用每个 DNA 样品。组合 PCR(combinatorial PCR)是 MPCR 的一种。组合 PCR 是在同一反应中用几种模板和几套引物。MPCR 和组合 PCR 通常是作为同义词。

1. 设计策略

在一个确定的反应条件下，MPCR 需要在一个反应中所有的引物对都能扩增出各自独特的目标 DNA。绝大多数多重反应被限制在只能扩增 5～10 个目标 DNA。增加引物的数目就可能增加引物二聚体形成的可能性和产生非特异性扩增。开发有效的 MPCR 需要周密设计，优化反应条件。理想的状态是，在 MPCR 反应中所有的引物都应以同样的效率扩增出各自的目标 DNA 序列。通常很难预测一个引物对的效率,但是,具有几乎一样退火温度的寡核苷酸,在相似条件下更能确保 PCR 反应很好地进行。

2. 多重引物设计和优化的一般规则

当设计用于 MPCR 的引物时,除了应用引物设计的一般规则外,还要考虑到其他的一些问题:在一个 MPCR 反应中,所有的引物的 T_m 要相互匹配;避免引物具互补的 3′核苷酸;要对每个引物对分别进行测定以决定最适条件。一旦一组引物对被选定,它们需要依次混合并优化:

(1) 每条引物的长度应是 18～24 个碱基,较长的引物容易形成引物二聚体。

(2) 对于 MPCR 的成功,退火温度和循环数是关键,退火温度应尽可能地高,确定在多重反应中每个引物对的退火温度并用最低的那个温度作为 MPCR 反应的退火温度。

(3) 因为多个模板同时被扩增,在一个 MPCR 反应中酶和核苷酸库(pool)应是一个限制因素,且完成所有产物合成所需时间也要长些。因此,优化试剂的浓度和优化每个反应的延伸时间是重要的。与单目标 PCR 相比,多重 PCR 需要较长的延伸时间。

9.3.3　巢式 PCR 及其引物设计

1. 巢式 PCR

巢式 PCR(nested PCR)又称套式引物 PCR。巢式 PCR 是指先后用两套引物进行扩增的 PCR 技术。利用第一轮 PCR 扩增产物作为第二轮 PCR 扩增的模板 DNA,其目的是为了增加 PCR 反应的特异性和灵敏度。

巢式 PCR 反应用两套引物,第一轮的一对引物称为外部引物(outer primers),而第二轮的一对引物定在第一套引物的内部,称为内部引物(internal primers),也称巢式引物(nested primers)。如果不能进行完全的巢式 PCR(即用两个内部引物)时,可用一个内部引物和一个外部引物进行第二轮 PCR,也能达到增加 PCR 特异性和灵敏度的结果,人们将这种 PCR 称为半巢式(semi-nested)PCR。

巢式 PCR 的最大问题是易被污染。当打开第一次 PCR 反应管时,第一次的反应产物在用于第二次 PCR 的反应管时会出现气溶胶污染;而通过两轮 PCR 扩增一种目标 DNA 以及额外的引物合成也造成成本增加。

为减少污染的风险,可采用单反应管的方式。其方法是,内部引物对的熔解温度要比外部引物对的熔解温度要低得多,两对引物都放进第一轮反应管中;在进行第一轮 PCR 时,退火温度选择得足够高,只有外部一对引物可以退火和延伸,而在第二轮 PCR 时,退火温度降低,使内部引物对可退火、延伸。很明显,为了将外部引物对和内部引物对的熔解温度差别加到足够大,从而使其退火温度差别加大,只能延长外部引物长度,而同时缩短内部引物长度。

2. 巢式 PCR 引物设计策略

引物设计的通用准则也适于巢式引物的设计。然而,由于巢式 PCR 要用两套引物,这就增加了引物间相互作用的可能性,当设计用于单管巢式 PCR 的引物时,内部引物对的熔解温度必须要比外部引物对的低得多。如上所述,最直接的方法是减少内部引物对的长度(例如,内部引物为 18～20 碱基,而外部引物为 25～28 个碱基),外部引物的熔解温度必须足够高以防止在第一轮 PCR 反应中内部引物退火,从而保证在第一轮 PCR 反应中只产生较长的 PCR

产物。与外部引物相比,内部引物的用量要过量(>40 倍)。在第二轮 PCR 反应时,缩短退火时间和延伸时间有利于短的内部引物退火和较短的 PCR 产物的合成。

9.3.4　可选择 cDNA/基因组 DNA 的引物设计

在 1.2.8 节介绍了可以通过 RT-PCR 的方法得到为蛋白质编码的基因序列。然而,RT-PCR 中最主要的问题是存在着基因组 DNA(gDNA)的污染,其结果是产生假阳性信号,减少了特异性或造成过高估算特异性 RNA 的量。为防止在 RT-PCR 应用中 gDNA 所产生的干扰,可以设计能同剪接连接点、cDNA 上的特定序列退火,使得 gDNA 不能被扩增。

cDNA 特异性引物可通过下列三种方式进行设计(图 9-2)。

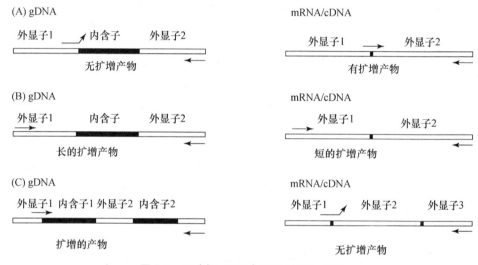

图 9-2　可选择 cDNA/gDNA 的引物设计

(A) 跨越外显子-外显子连接点的引物。(B) 位于外显子-外显子连接点旁侧的引物。

(C) 外显子起始的、跨越内含子的引物(EPIC 引物)。

(1) 跨越外显子-外显子连接点(exon-exon junction)的引物。这个跨越外显子-外显子连接点的引物的特点是,其一半的序列与一个外显子的 3′端杂交,而另一半则与其相邻的外显子的 5′端杂交。这样的引物将同 mRNA,或与从剪接过的 mRNA 合成的 cDNA 序列退火,但不能用 gDNA 退火,这样就排除了污染的 gDNA 扩增的可能性,无论是正向还是反向引物都可以设计成跨越外显子连接点(exon junction);第二个引物可以设计成结合在第二个外显子连接点或完全位于第二个外显子内(图 9-2(A))。

(2) 位于外显子-外显子连接点旁侧的引物,可以将 RT-PCR 引物设计成位于外显子-外显子连接的旁侧,而两个外显子间含有至少一个内含子序列(图 9-2(B)),这样从 cDNA 扩增出的产物的长度要小于从 gDNA 扩增出的产物,这两者之间长度的差别便于检测是否存在污染的 DNA。

(3) 外显子起始的、跨越内含子的引物(exon-primed intron-crossing primers,EPIC 引物)。为从 cDNA 和 gDNA 混合物中选择性扩增 gDNA,可将引物设计成能跨越外显子-内含子连接点进行退火,此引物称为 EPIC 引物(Bierne N, et al, 2000)。因为外显子序列比内含子序列具更高的保守性,EPIC 引物可用于在系统发育研究中去扩增同源的内含子区(图 9-2(C))。

9.3.5 关于简并引物

1. 进化 PCR(evolutionary PCR)引物

为了扩增来自不同生物有机体的相关连序列(cognate seguences)可设计简并引物(degenerate primers)。利用简并引物可增加获得 PCR 产物的机会。简并引物实际上是一套引物,在此引物序列中的几个位点上的碱基有若干个选择,使之能同各种相关的序列退火和扩增。例如,为扩增从相关的 HPV(herpesviruses)病毒的糖蛋白 B(gB)的简并引物:

$$\text{T C \underline{GAATTC} NCCYAAYTGNCCNT}$$

由 14 个碱基组成,在 5 个位点(分别用 N、Y 表示)出现密码简并。在此 Y=T+C,N=A+G+C+T。在 5′端有 8 个碱基的延伸,由限制性核酸内切酶 $EcoR\,I$ 位点(下划线)和 2 个旁侧碱基组成,此旁侧碱基是为保证 PCR 产物可为 $EcoR\,I$ 有效切割(请见下节)。简并性明显地减少引物的特异性,这意味着会使错配机会变大和本底噪声增加;也意味着,随着简并性的增加,每个引物的浓度将降低;因此,大于 512 倍的简并应该避免,尽管有报道称含有 1024 个简并引物的 PCR 反应体系也能成功扩增目标基因序列。

顺便指出,某些研究者在简并位点用脱氧次黄嘌呤(dI),而不用混合的寡核苷酸。这个碱基可用任何其他碱基配对。这种设计可以使在一个高度简并的混合物中特异性寡核苷酸引物被用尽的问题得到解决,但如果一个寡核苷酸引物中存在 4 个或更多的 dI,也可产生很高的简并性。

2. 从肽段的氨基酸序列进行 PCR 引物设计

当已知一个蛋白质的氨基酸序列时,可以通过设计简并引物对目标基因进行扩增,通过反向翻译(reverse translation)得到所有可能为此氨基酸编码的寡核苷酸序列(http://arbl.cvmbs.colostate.edu/molkit/r translate/)。值得注意的是,在设计引物时要避开高简并性区段。一般认为,当引物同模板的碱基有 15%～20%错配时,PCR 仍可具有可接受的效率。然而同样的碱基错配,发生在引物的 3′端比发生在 5′端对 PCR 质量的影响大。如在引物的最后 4 个碱基中有 2 个碱基错配时,PCR 的产率会急剧减少。不过有研究指出,当反应混合物中核苷酸的浓度高时,在 3′端有 T 错配的引物可以有效地被 Taq DNA 聚合酶所利用,当核苷酸浓度在 0.8 mmol/L 时,大多数引物 3′端的错配都是可以接受的(Kwok S, et al,1990)。当然非特异性 DNA 产物的形成要高,DNA 合成的忠实性要降低,当将起始 PCR 周期中的退火时间增长至 3～5 min 时,即使在低核苷酸浓度时,低水平的 DNA 合成也可以从错配的碱基开始,而所得到的 PCR 产物的质量要比用高的核苷酸浓度及标准的退火时间要好(Petruska J, et al,1988)。当用简并引物进行 PCR 时,引物的浓度要提高到 1～3 μmol/L,而不是在标准反应中的 0.2 μmol/L,这是因为简并引物中绝大部分引物不能特异性地起始 PCR 反应,只是使本底增加而已,关于用简并引物进行 PCR 的最适条件的确定,请参阅:White BA. Methods in Molecular Biology,1993. Vol.15:PCR protocols。图 9-3 给出一个从氨基酸序列设计简并引物的例子,示出由 14 mer 组成的简并引物:

（A）氨基酸　　Asp Glu Gly Phe Leu Ser Tyr Cys Trp Leu Pro His Gln

碱基序列　GATGAAGGTTTTCTTTCT<u>TATTGTTGGCTTCC</u>TCATCAA
　　　　　　　C　G　C　CT CAGC　C　C　　T C　C　C G
　　　　　　　　　A　　A　A　　　　　　　　A
　　　　　　　　　G　　G　G　　　　　　　　G

（B）　　　　　TATTGTTGGCTTCC

　　　　　　　TACTGTTGGCTTCC

　　　　　　　TATTGCTGGCTTCC

　　　　　　　TACTGCTGGCTTCC

　　　　　　　...

图 9-3　按照氨基酸序列设计简并引物

（A）给出所有为氨基酸序列编码的可能性碱基序列并选择简并性低的区段（下划线部分）设计引物。

（B）示由 14 mer 组成的各个简并引物，此套简并引物应由 32 个单一的序列组成，此处只给出四条引物。

简并引物很容易通过 DNA 合成仪进行合成，寡核苷酸片段的合成、分离纯化请参阅本书"寡核苷酸的化学合成"一章。

9.3.6　关于亚克隆的引物设计

用于亚克隆的 PCR 的引物，最常用的方法是在引物的 5′端加上适当的限制性核酸内切酶酶切位点。为了保证限制性核酸内切酶对扩增的 DNA 片段可进行有效的酶解，一般在酶切位点的 5′端再加上几个额外的碱基。在进行上述设计时，不要延伸出潜在的双体（dimer）结构。至于加多少额外的碱基，并无规则可循，可参考表 9-2 的有限资料进行设计。表 9-3 给出限制内切酶的识别位点的旁侧碱基序列与其被切割效率的关系（来自 New England BioLabs Inc.）。

表 9-2　限制性内切酶对处于 PCR 产物末端的限制性内切酶位点的可切割效率

酶类	额外碱基数目	保温时间及切割/（%）			酶类	额外碱基数目	保温时间及切割/（%）		
		1 h	2 h	20 h			1 h	2 h	20 h
Aat Ⅱ	1	95				2		>90	>90
	2	100				3		>90	>90
	3	88			*Avr* Ⅱ	1	100		
Acc Ⅰ	3		0	0	*Bam*H Ⅰ	1		10	25
*Acc*651	1	75				2		>90	>90
	2	99			*Bgl* Ⅱ	1		0	0
Afl Ⅱ	1	13				2		75	>90
Afl Ⅲ	1		0	0		3		25	>90
	2		>90	>90					
	3		>90	>90	*Bsiw* Ⅰ	2	100		
Age Ⅰ	1	100			*Bsp*E Ⅰ	1	8		
Age Ⅰ	2	100				2	100		
Asc Ⅰ	1		>90	>90	*Bsr*G Ⅰ	1	88		
Ava Ⅰ	1		50	>90		2	99		

续表

酶类	额外碱基数目	保温时间及切割/(%) 1 h	2 h	20 h	酶类	额外碱基数目	保温时间及切割/(%) 1 h	2 h	20 h
BssH II	2		0	0		2		0	>90
	3		50	>90	Pme I	1		0	25
BstE II	1		0	10		2		0	50
BstX I	8		25	>90		6		75	>90
	1		0	0	Ppu101	3	98		
Cla I	2		>90	>90	Pst I	*1	37	0	0
Eag I	3		50	50		*2	50	>90	>90
EcoR I	2	100				3	98		
	1		>90	>90		*4		10	10
EcoR V	1	100			Pvu I	1		0	0
Hae III	1		>90	>90		2		10	25
Hind III	2		0	0		3		0	10
	3		10	75	Sac I	1		10	10
Kas I	1	93			Sac II	1		0	0
	2	97				3		50	90
Kpn I	1		0	0	Sal I	2		10	50
	2		>90	>90		4		10	75
Mlu I	1		0	0	Sca I	1		10	25
	2		25	50		3		75	75
Mun I	2	100			Sma I	0		0	10
Nco I	1		0	0		1		0	10
	2					2		10	50
	4		50	75		3		>90	>90
Nde I	1		0	0	Spe I	1		10	>90
	6		0	0		2		10	>90
	7		75	>90		3		0	50
	8		75	>90		4		0	50
NgoM I	2	100			Sph I	1		0	0
Nhr I	1		0	0		3		0	25
	2		10	25		4		10	50
	3		10	50					
Not I	2		0	0	Stu I	1		>90	>90
	4		10	10	Xba I	1		0	0
	6		10	10		2		>90	>90
	8		25	90		3		75	>90
	10		25	>90		4		75	>90
Nsi I	3		10	>90	Xho I	1		0	0
Pac I	1		0	25					

酶类	额外碱 基数目	保温时间及切割/(%)			酶类	额外碱 基数目	保温时间及切割/(%)		
		1 h	2 h	20 h			1 h	2 h	20 h
	2		10	25		2		25	75
	3		10	75		3		50	>90
Xma Ⅰ	1		0	0		4		>90	>90

注：额外碱基数目是加在限制性核酸内切酶识别位点每侧的碱基对数,其可以作为加在 PCR 产物末端的限制性核酸内切酶识别位点 5′端的额外碱基对数的参考;* 表示来自不同实验的结果。

为了使扩增的亚克隆 DNA 片段保持高质量,应采用高忠实性合成条件,即低核苷酸浓度,低 PCR 循环周期数,较短的延伸时间,不用最后延伸过程等,如果这样操作,可使 PCR 产物形成 3′突出端的可能性降至最小。我们在进行亚克隆时,用 dNTP 的浓度 50 μmol/L,引物设计时按 T_m=[(G+C)×4]+[(A+T)×2]℃,来设计引物(不包括不同模板 DNA 杂交配对的限制酶切位点序列和其 5′端额外的碱基序列),以 T_m−5℃作为退火温度,得到非常好的结果。通过 PCR 产生合适的、便于亚克隆的 DNA 片段的方法,不同的实验室有不同特点的设计,可以参阅相关文献(Jung V,et al,1990;Marchuk D,et al,1991;Holton J,et al,1991)。

表 9-3　限制性内切酶的识别位点的旁侧碱基序列与其被切割效率的关系*

酶类	旁侧碱基序列	链长	保温时间及切割/(%)	
			2 h	20 h
Acc Ⅰ	GGTCGACC	8	0	0
	CGGTCGACCG	10	0	0
	CCGGTCGACCGG	12	0	0
Afl Ⅲ	CACATGTG	8	0	0
	CCACATGTGG	10	>90	>90
	CCCACATGTGGG	12	>90	>90
Asc Ⅰ	GGCGCGCC	8	>90	>90
	AGGCGCGCCT	10	>90	>90
	TTGGCGCGCCAA	12	>90	>90
Ava Ⅰ	CCCCGGGG	8	50	>90
	CCCCCGGGGG	10	>90	>90
	TCCCCCGGGGGA	12	>90	>90
BamH Ⅰ	CGGATCCG	8	10	25
	CGGGATCCCG	10	>90	>90
	CGCGGATCCGCG	12	>90	>90
Bgl Ⅱ	CAGATCTG	8	0	0
	GAAGATCTTC	10	75	>90
	GGAAGATCTTCC	12	25	>90
BssH Ⅱ	GGCGCGCC	8	0	0
	AGGCGCGCCT	10	0	0
	TTGGCGCGCCAA	12	50	>90
BstE Ⅱ	GGGT(A/T)ACCC	9	0	10
BstX Ⅰ	AACTGCAGAACCAATGCATTGG	22	0	0
	AAAACTGCAGCCAATGCATTGGAA	24	25	50
	CTGCAGAACCAATGCATTGGATGCAT	27	25	>90

续表

酶类	旁侧碱基序列	链长	保温时间及切割/(%)	
			2 h	20 h
Cla I	C**ATCGAT**G	8	0	0
	G**ATCGAT**C	8	0	0
	CC**ATCGAT**GG	10	>90	>90
	CCC**ATCGAT**GGG	12	50	50
EcoR I	G**GAATTC**C	8	>90	>90
	CG**GAATTC**CG	10	>90	>90
	CCG**GAATTC**CGG	12	>90	>90
Hae III	GG**GGCC**CC	8	0	0
	AGC**GGCC**GCT	10	>90	>90
	TTGC**GGCC**GCAA	12	>90	>90
Hind III	C**AAGCTT**G	8	0	0
	CC**AAGCTT**GG	10	0	0
	CCC**AAGCTT**GGG	12	10	75
Kpn I	G**GGTACC**C	8	0	0
	G**GGGTACCC**C	10	>90	>90
	CG**GGGTACCC**CG	12	>90	>90
Mlu I	G**ACGCGT**C	8	0	0
	CG**ACGCGT**CG	10	25	50
Nco I	C**CCATGG**G	8	0	0
	CATG**CCATGG**CATG	14	50	75
Nde I	C**CATATG**G	8	0	0
	CC**CATATG**GG	10	0	0
	CGC**CATATG**GCG	12	0	0
	GGGTTT**CATATG**AAACCC	18	0	0
	GGAATTC**CATATG**GAATTCC	20	75	>90
	GGGAATTC**CATATG**GAATTCCC	22	75	>90
Nhe I	G**GCTAGC**C	8	0	0
	CG**GCTAGC**CG	10	10	25
	CTA**GCTAGC**TAG	12	10	25
Not I	TT**GCGGCCGC**AA	12	0	0
	ATTT**GCGGCCGC**TTTA	16	10	10
	AAATAT**GCGGCCGC**TATAAA	20	10	10
	ATAAGAAT**GCGGCCGC**TAAACTAT	24	25	90
	AAGGAAAAAA**GCGGCCGC**AAAAGGAAAA	28	25	>90
Nsi I	TGC**ATGCAT**GCA	12	10	>90
	CCA**ATGCAT**TGGTTCTGCAGTT	22	>90	>90
Pac I	**TTAATTAA**	8	0	0
	G**TTAATTAA**C	10	0	25
	CC**TTAATTAA**GG	12	0	>90
Pme I	**GTTTAAAC**	8	0	0
	G**GTTTAAAC**C	10	0	25
	GG**GTTTAAAC**CC	12	0	50
	AGCTTT**GTTTAAAC**GGCGCGCCGG	24	75	>90
Pst I	G**CTGCAG**C	8	0	0
	TGCA**CTGCAG**TGCA	14	10	10
	AA**CTGCAG**AACCAATGCATTGG	22	>90	>90
	AAAA**CTGCAG**CCAATGCATTGGAA	24	>90	>90

酶类	旁侧碱基序列	链长	保温时间及切割/(%)	
			2 h	20 h
	CTGCAGAACCAATGCATTGGATGCAT	26	0	0
Pvu I	**CCGATCG**G	8	0	0
	AT**CGATCG**AT	10	10	25
	TCG**CGATCG**CGA	12	0	10
Sac I	**CGAGCTCG**	8	10	10
Sac II	**GCCGCGGC**	8	0	0
	TCCC**CGCGG**GGA	12	50	>90
Sal I	**GTCGAC**GTCAAAAGGCCATAGCGGCCGC	28	0	0
	GC**GTCGAC**GTCTTGGCCATAGCGGCCGCGG	30	10	50
	ACGC**GTCGAC**GTCGGCCATAGCGGCCGCGGAA	32	10	75
Sca I	G**AGTACT**C	8	10	25
	AAA**AGTACT**TTT	12	75	75
Sma I	**CCCGGG**	6	0	10
	C**CCCGGG**G	8	0	10
	CC**CCCGGG**GG	10	10	50
	TCCC**CCGGG**GGA	12	>90	>90
Spe I	G**ACTAGT**C	8	10	>90
	GG**ACTAGT**CC	10	10	>90
	CGG**ACTAGT**CCG	12	0	50
	CTAG**ACTAGT**CTAG	14	0	50
Sph I	GG**CATGC**C	8	0	0
	CAT**GCATGC**ATG	12	0	25
	ACAT**GCATGC**ATGT	14	10	50
Stu I	AA**GGCCT**T	8	>90	>90
	GA**AGGCCT**TC	10	>90	>90
	AAA**AGGCCT**TTT	12	>90	>90
Xba I	**CTCTAGA**G	8	0	0
	GC**TCTAGA**GC	10	>90	>90
	TGC**TCTAGA**GCA	12	75	>90
	CTAG**TCTAGA**CTAG	14	75	>90
Xho I	**CCTCGAG**G	8	0	0
	CC**CTCGAG**GG	10	10	25
	CCG**CTCGAG**CGG	12	10	75
Xma I	**CCCCGGGG**	8	0	0
	C**CCCGGGG**G	10	25	75
	CC**CCCGGGG**GG	12	50	>90
	TCCC**CCGGG**GGGA	14	>90	>90

* 此表请与表 9-2 对照使用。

9.4 关于热稳定的 DNA 聚合酶

热稳定 DNA 聚合酶的发现不仅简化了 PCR 操作步骤,而且使反应的特异性和产量都显著增加。第一个热稳定的 DNA 聚合酶是从耐热菌 *Thermus aquaticus* 中提出的,所以称为 *Taq* DNA 聚合酶(简称 *Taq* 酶)。*Taq* 酶缺少 3′→5′ 的外切核酸酶活性,但具有 5′→3′ 的外切核酸酶活性。此酶最适温度为70℃左右,在高温下(95℃以下)无明显不可逆变性。在100 μL 的反应体系中,一般用2.5 U的酶量,足以达到每分钟延伸1000～4000个核苷酸。酶量过多会导致非特异性产物的产生。用基因工程的方法已经组建了缺少5′→3′外切核酸酶活性的 Taq 酶。与野生型酶相比,这种工程酶具有较宽的 Mg^{2+} 最适浓度、较低的持续合成能力 (lower processivity)以及较高的热稳定性。较宽的 Mg^{2+} 适应性对进行多重 PCR 是很有用的,而缺少5′→3′的外切核酸酶活性和较高的热稳定性能增强富 G+C 目标 DNA 的扩增,也有利于大量特异性 PCR 产物的合成;而较低的持续性合成能力,则减少了错误碱基配对的延伸效率,使得人们可以用此工程酶从正常的 DNA 背景中,通过用可抑制3′错配延伸的等位基因特异性的 PCR 引物,扩增出稀有的突变等位基因。对于错配延伸反应的抑制,也同样可提高 PCR 的忠实性。由于 Taq 酶缺少3′→5′的外切核酸酶活性,所以其缺少校正的功能。近年来,几个热稳定的、具有3′→5′外切核酸酶校正活性的 DNA 聚合酶相继问世,这样使 PCR 反应具有较低的错误掺入率(misincorporation)。PCR 忠实性的研究指出,具有3′→5′外切核酸酶活性的 DNA 聚合酶(如 Thermococcus Litoralis DNA 聚合酶)的错误掺入率比无校对功能的酶要低2～4倍;而用 Pyrococcus furiosus DNA 聚合酶时,其错误掺入率可降低到10倍之多。然而,PCR 的忠实性(或保真性)不仅与外核酸酶的活性有关,也与反应条件有关(Eckert KA,et al,1992),例如对于 Taq 酶而言,通过改变 $MgCl_2$ 的浓度 PCR 产物中碱基取代的差别可有70倍之多。而在最适的反应条件下,利用 Taq 酶可以达到接近或超过具有3′→5′外切核酸酶校正功能的热稳定的 DNA 聚合酶的保真性水平。当然,3′→5′外切核酸酶的存在也带来一些新的问题,外切核酸酶能从3′端降解引物,这样就能损伤 PCR 引物的正常功能,使得 PCR 产率降低或产生非特异性产物。要想防止引物3′端的降解,可在引物的3′端加上单一的硫代磷酸酯键(phosphorothioate bond),这种硫代磷酸酯键是否能保护在3′端的错配碱基,使序列特异性的延伸反应得以进行,仍有待证明。

十分有意义的是,从 Thermus Thermophilus 中分离出一种热稳定的 DNA 聚合酶,其 DNA 聚合酶活性是 Taq 酶的100倍,在 $MnCl_2$ 存在下,表现出有效的高温反转录酶活性(Myers TW,et al,1991)。这样,在高温下进行反转录,可使 RNA 模板的二级结构破坏,使反转录有效进行。反转录反应后,用螯合剂除掉 $MnCl_2$,加入 $MgCl_2$ 后进行 PCR。近来又通过修改反应参数,使 RT-PCR 一步完成(Myers TW,et al,1992)。

由于热稳定 DNA 聚合酶在低温下仍保留相当高的活性,使得尚无完全配对的引物-模板复合体得以延伸(mis-priming,错误起始延伸)以及由于引物二聚体形成而产生两引物的扩增延伸,这就影响了 PCR 的特异性和有效性。为了避免出现上述情况,人们通过在已经达到防止引物与非目标 DNA 序列产生退火的温度时,再加入所有的 PCR 反应混合物,这种事先进行加热-启动(hot-start method)PCR 的方法,通常可增加 PCR 扩增的效率和特异性(Mullis KB,1991;Chou Q,et al,1992)。此外,在反应中加入 E.coli 单链 DNA 结合蛋白也能增加 PCR 的特异性扩增效率(Chou Q,1992)。

9.5　PCR 对模板质量的要求

单链、双链 DNA 以及通过反转录得到的 cDNA 都可以作为 PCR 反应的模板。至于模板 DNA 的用量,依 DNA 的性质而定。对于质粒克隆的 DNA,一般用纳克(ng)量;对于染色体 DNA,一般要到微克(μg)级,对不同实验的具体用量,可以通过实验来确定。DNA 样品要尽量纯净,尤其不能有核酸酶及蛋白水解酶等有害于 PCR 反应的物质存在。关于 DNA 和 RNA 的纯化的详细步骤请参阅参考文献(Dieffenbach CW, et al, 2003)。

9.6 PCR 反应缓冲液和循环(周期)数

9.6.1 PCR 反应缓冲液

一个标准的 PCR 反应缓冲液含有:

(1) $10\sim50$ mmol/L Tris-HCl(pH 8.3);

(2) $\leqslant50$ mmol/L KCl, 1.5 mmol/L 或稍高些 $MgCl_2$;

(3) $0.2\sim1\,\mu$mol/L 引物(每种引物);

(4) $50\sim200\,\mu$mol/L 的每种 dNTP;

(5) 约 $100\,\mu$g/mL 明胶或白蛋白(BSA);

(6) $0.05\%\sim0.10\%(V/V)$非离子去垢剂 Tween-20 或 NP-40 或 Triton X-100(或可不用)。

PCR 反应在反转录缓冲液中也可以很好地进行,反之亦然,这意味着在一个反应管中可能进行 cDNA 合成和其后的 PCR。

应该指出的是,浓度>50 mmol/L 的 KCl 或 NaCl 对 Taq 酶有抑制作用;Mg^{2+} 影响引物的退火,$[Mg^{2+}]$应当比$[dNTP]$高 $0.5\sim2.5$ mmol/L。这是因为考虑到 Mg^{2+} 可被缓冲液中其他成分如 dNTP、引物和模板等所螯合。

某些 DNA 聚合酶不需加 BSA,而有些则需要,有些酶需加 NP-40 或 Triton X-100,这类物质可能防止酶蛋白的聚集。目前几乎所有的耐热 DNA 聚合酶都是市售的,厂家备有最适的缓冲液。

引物的浓度不要超过 $1\,\mu$mol/L,除非引物具高的简并性,为了保持特异性引物的浓度,可适当提高引物的浓度。对于同源引物,浓度在 $0.2\,\mu$mol/L 已经足够。

核苷酸(dNTP)的浓度,每种 dNTP 不要超过 $50\,\mu$mol/L。当然,对于合成长的产物,dNTP 浓度可高些。

9.6.2 PCR 反应循环周期

能够在琼脂糖凝胶电泳上看到 PCR 产物条带所需的反应周期数(cycle number)与目标 DNA 的起始浓度密切相关。例如,如果要得到同样浓度的 PCR 产物,那目标 DNA 起始浓度为 50 个分子和 3×10^5 个分子的两个反应所需的周期数分别为 $40\sim45$ 次和 $25\sim30$ 次,在 PCR 反应的后期,由于所谓的"停滞效应"(plateau effect),产物的积累不再以对数速率增加。当产物达到 $0.3\sim1.0$ nmol/L 时,扩增曲线不再直线上升,而达到一个平台(图 9-4)。这可能是因为反应成分(dNTPs、酶)的降解和反应成分(引物、dNTPs)消耗所引起的。也可能是由于焦磷酸形成产生的抑制和非特异产物竞争反应底物所致。

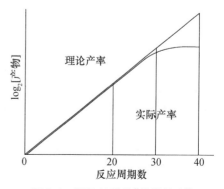

图 9-4 PCR 扩增的"停滞效应"

　　如果想要获得的 PCR 产物不能通过 30 次循环得到,可从扩增混合物中取出少量(约 1 μL)的样品,在新的反应混合物中再扩增 20～30 次循环,而不是将原来的反应的循环周期次数加多。在 DNA 模板有限的情况下,这一操作可以得到足够好的 PCR 产物,而将起初的 PCR 反应延长到 40 乃至更多的循环次数则不能得到所要的产物。

　　这种提高 PCR 的特异性、灵敏度和产率的想法派生出巢式引物 PCR(nested primer PCR)。我们在 9.3.3 节已经介绍。图 9-5 给出巢式引物 PCR 的原理,PCR 扩增先用一套引物进行,然后取出某些产物,用第二套,位于第一套引物内部的巢式引物(图 9-5 中的 2F 和 2R 引物)再进行扩增。这样的操作提高了特异性,在第一轮 PCR 中非特异性扩增的产物,在第二轮中将不被扩增。

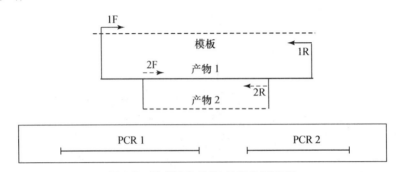

图 9-5　巢式引物 PCR 的操作原理图

　　图 9-6 给出巢式 PCR 扩增对鸡贫血病毒(CAV)DNA 可检出度的影响。在第一轮 PCR (PCR1)可检出 1000 个模板分子;而在第二轮 PCR(PCR2)中,检出的灵敏度可达一个模板分子(Sciné C, et al, 1993)。

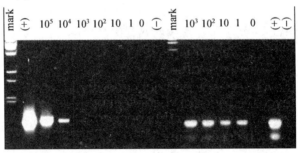

图 9-6　巢式 PCR 提高了对 CAV DNA 的检出度

9.7　PCR 相关技术的原理及其应用

　　PCR 技术已渗透到生命科学研究及应用的各个领域,以 PCR 技术的基础的相关技术也在不断发展创新,在此将列举几种常用的技术。

9.7.1　反转录-PCR 技术

　　反转录-PCR 技术(RT-PCR)是将 RNA 的反转录(RT)和 cDNA 聚合酶链反应(PCR)相结合的技术,首先经反转录酶的作用从 RNA 合成 cDNA,再以 cDNA 为模板,通过 PCR 反应合成、扩增目标 DNA 片段。

RT-PCR 的模板可以是总 RNA 或总 poly(A)$^+$RNA。成功的 cDNA 合成必须以高质量的 RNA 为前提,高质量的 RNA 应保证全长并且不含反转录酶抑制剂,如 EDTA 或 SDS,无 RNase 和 gDNA 污染(如何检测 gDNA 污染请参阅 9.3.4 节)。

RT-PCR 引物有三种选择:

(1) 随机引物,通常是以随机六聚体的核苷酸为引物。当特定 mRNA 中由于含有使反转录酶终止反应的序列、mRNA 分子较长或具发卡结构时可采用随机引物。当使用随机引物时,cDNA 第一条链的合成可能起始于 mRNA 分子上的许多不同部位,有利于得到 mRNA 的编码区及其 5′旁侧序列。适用于 mRNA、rRNA 及 tRNA 的反转录反应。

(2) Oligo(dT)。Oligo(dT)可与 mRNA 3′端 poly(A)序列结合,有效引发 cDNA 第一条链的合成,对 mRNA 具很高的特异性,但对 mRNA 质量要求较高,即使有少量降解也会导致全长 cDNA 量合成大大减少。应该指出的是,由于 cDNA 合成始于 mRNA 3′末端,需越过较长的 3′端非编码区,故对较长的 mRNA 分子(>3 Kb)而言,得到全长 cDNA 的机会变小。

(3) 基因特异性引物(GSP)。这是与模板序列特异性互补的引物,适用于目标基因序列已知的情况,如果 PCR 反应采用两个 GSP 引物,cDNA 第一条链的合成可由与 mRNA 3′端最靠近编码区的位置开始,其可以仅产生所需要的 cDNA 序列,使 PCR 扩增更具特异性。图9-7 给出 RT-PCR 的简图,示三种不同的引物引发的 cDNA 合成。

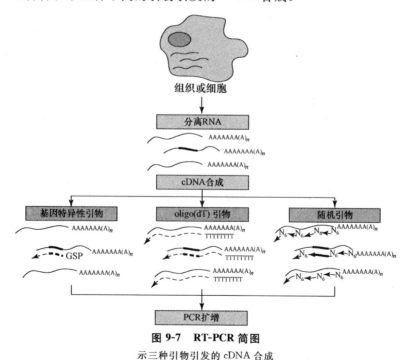

图 9-7　RT-PCR 简图

示三种引物引发的 cDNA 合成

RT-PCR 分一步和两步法。一步法是利用同一种缓冲液反应体系中加入反转录酶、引物、*Taq* DNA 聚合酶、4×dNTPs 以及 RNA 模板(mRNA),通过一步反应扩增目标序列;而两步 RT-PCR 是将 RT 和 PCR 分别进行,这样可以使 RT 和 PCR 两步反应的条件得到优化,适合那些 GC 含量多、二级结构多的模板以及多基因的 RT-PCR。

RT-PCR 能检测细胞内低丰度的 RNA,常用于基因表达水平研究(定量 PCR)、细胞中

RNA 病毒含量的检测和直接克隆特定基因的 cDNA 序列。

9.7.2 巢式 PCR

巢式 PCR 是一种提高 PCR 特异性、灵敏度和产率的 PCR 技术,广泛用于基因的扩增。请参阅 9.3.3 及 9.6.2。

9.7.3 随机扩增的多态性 DNA 技术

随机扩增的多态性 DNA 技术(randomly amplified polymorphic DNA,RAPD)是标准 PCR 技术的延伸,在概念上 RAPD 与限制性片段长度多态性(restriction fragment length polymorphism,RFLP)方法相似。与标准 PCR 相比,其特点是所用的引物是一系列具有 10 个碱基的单链随机引物。每个反应仅加单个引物,通过引物与模板 DNA 序列随机的配对实现扩增。由于所用的引物较短,所以在进行 PCR 时所用的退火温度 T_a 就较低。在反应过程中只有与 DNA 模板结合后,其距离最近、方向相对的两个引物之间的模板 DNA 序列才能被扩增出。图 9-8 给出 RFLP 和 RAPD 法对 DNA 片段进行多态性分析的例子,用这两种技术可以得到相同的结果,表示同种而不同品系的有机体的基因组存在多态性。

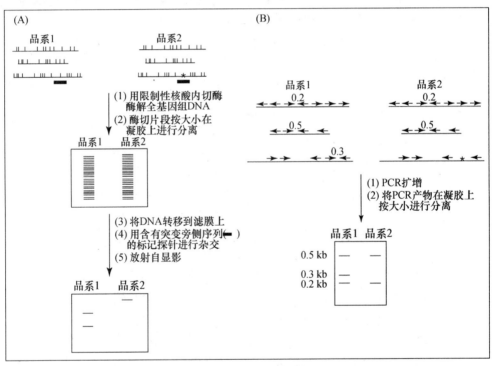

图 9-8　利用 RFLP 和 RAPD 对 DNA 片段进行多态性分析的比较

(引自 Gibson S, et al, 1993)

(1) RFLP。从同种的两个不同品系来源的染色体的 3 个区段在图中用水平线表示;对特定的限制性核酸内切酶的识别序列用垂直线表示;* 号表示在品系 2 中存在着一个突变,由于这个突变使品系 2 基因组的 DNA 序列中失去一个限制性核酸内切酶识别位点。此识别位点的丢失(或其他的改变,诸如缺失、插入、出现新的限制性核酸内切酶位点)可如图中所示的那样被检测出来：首先从两个品系中分离出各自的基因组 DNA，用特定的限制性核酸内切酶酶解后，通过凝胶电泳将限制性片段按大小进行分离。实际上在基因组 DNA 上的限制性核酸内切酶的识别位点要比图中所示的多得多，故不可能将每个片段区分开来。为了观察到基因组中特定区段在凝胶上相对应的带，DNA 被转移到硝酸纤维素膜上，用基因组中特定的 DNA 小片段（图中用短黑线表示）作为标记探针进行 Southern 印迹杂交实验。

在此例中，DNA 探针与从品系 1 来的两个限制性片段进行杂交。由于在品系 2 中，有一个限制性酶切位点由于突变而丢失，所以 DNA 探针只能与一个较大的 DNA 片段杂交，从而表明来源于不同品系的 DNA 存在多态性。

（2）RAPD。利用 PCR 法进行的 RAPD 分析在概念上与 RFLP 相似。在此实验中，从同种的两个不同品系来源的染色体的 3 个区段在图中用水平线表示；在染色体上与特定寡核苷酸结合的位点用箭头表示；箭头的指向表示寡核苷酸片段在此位点结合的方向。当进行 PCR 时，只有紧密相邻、方向相反的两个寡核苷酸片段所限定的染色体 DNA 区段才能被扩增。在图中的数字表示可被扩增的 DNA 片段的长度，以千碱基对（kb）表示；＊号表示由于突变在品系 2 的基因组的 DNA 区段中丢失一寡核苷酸的结合位点。此位点的缺失导致了品系 2 比品系 1 少产生一个 PCR 扩增产物。丢失的这个 PCR 产物可用凝胶电泳对 PCR 产物进行分析、检测得出。

RAPD 除了上述用于 DNA 多态性分析之外，还可以用于遗传图谱的制作、基因定位与分离、分类学研究以及临床诊断等研究和应用。

9.7.4　mRNA 差示技术

mRNA 差示技术（mRNA-differential display technique，mRNA-DD-PCR）是一种新的、以标准 PCR 为基础的基因分析方法。在高等动、植物细胞中，很多基因的表达有其特定的模式，即具有细胞或组织特异性。如很多有应用前景的植物基因（如与合成有价值的次生代谢产物的基因）都是在特定的组织中进行表达，因此可以通过分析基因的差示表达（differentially expressed genes）来鉴定出特定的基因。mRNA-DD-PCR 就是这样的一种方法（图 9-9），其基本原理是：将从两种不同有机体组织或器官分离出来的 poly(A) mRNA 用 12 种可能的寡核苷酸片段引物（这些引物用 $5'$-$(dT)_{11}dN_2$-$3'$ 表示）中的一种引物进行反转录，得到第一条链 cDNA。然后，用 10 个核苷酸组成的随机引物及用于反转录的寡核苷酸为引物，在一个标记的 PCR 反应中去扩增上述反转录产生的 cDNA。接着将 PCR 扩增产物在变性序列分析胶上并排进行电泳、放射自显影，通过对电泳结果进行仔细比较分析找出有差别的条带，一般有三种情况：

（1）对一种来源的 mRNA 的 PCR 产物而言，某些 PCR 产物带是独特的（或唯一的）；

（2）某些 PCR 产物在丰度上有变化；

（3）某些 PCR 产物是等量的。从这些不同的电泳结果，可以对在不同组织器官中的基因表达情况进行分析，从而获得有价值的已知或未知基因。mRNA-DD-PCR 技术为基因表达调控及特定基因的分离提供了又一有效的方法（Gibson S, et al, 1993）。mRNA-DD-PCR 技术经过几年的不断完善，主要是对引物设计进行一些改进，使此技术更适用。后面将介绍的 RDA 技术（representational difference analysis）是利用 PCR 技术分离特定基因的另一种新方法（Lisitsyn N, et al）。

(1) 从来源 A 和 B 分别分离 poly(A) mRNA,并用此 mRNA 平行进行下列反应

(2) 用 12 种可能的寡核苷酸序列 T(11)XY 中的一种作为引物进行反转录,在此例子中用 T(11)GC 寡核苷酸序列作为引物

←———— CGTTTTTTTTTTT   CGTTTTTTTTTTT

————— GCAAAAAAAAAAA   ———— XYAAAAAAAAAAA

T(11)GC 引物起始反转录   如 XY 是 CG 以外的任何二核苷酸,

则不能起始反转录

(3) 用随机引物(10mer)和用在反转录中的寡核苷酸(如 T(11)GC)为引物,在一个标记的 PCR 反应中去扩增反转录出来的 DNA

| 10mer | ————————→

←———— CGTTTTTTTTTTT

只有 10mer 随机引物能与之退火的小组分的 DNA 分子将被扩增

(4) 用高分辨的聚丙烯酰胺凝胶电泳(序列分析胶)分离 PCR 产物

 ——某些 PCR 产物对一种来源的 mRNA 来说是独特的
——某些 PCR 产物在丰度上不同

——某些 PCR 产物在来源不同的 mRNA 中是等量的

(5) 为克隆差异表达的基因,从胶上切下 DNA 带后用 PCR 重新扩增(用(3)中相同的引物),将 PCR 产物克隆到适当的载体上后转化细菌,最后通过对克隆的 DNA 片段进行鉴定分析得到所要的基因(片段)

9-9   利用 mRNA 差示技术(mRNA-DD-PCR)进行基因克隆的图解

(引自 Gibson S, et al, 1993)

9.7.5 消减法杂交-PCR 法在基因克隆中的应用

将消减法杂交(subtractive hybridization)与 PCR 方法相配合可用于基因的克隆。图9-10给出了这一方法的原理图:用一种限制性核酸内切酶将野生型植物的总染色体 DNA 切成小的片段,将含有一较大缺失突变的植物总染色体 DNA 进行随机剪切(randomly shearing)并进行生物素化(用斜线表示)。然后,将两个 DNA 样品变性,未生物素化的 DNA 与大量过量的生物素标记的 DNA 在溶液中进行杂交。杂交混合物被上到由抗生物素蛋白(亲和素)包被的亲和层析介质上进行分离。这样,绝大多数从野生型和突变型植物中制备的 DNA 片段进行杂交并结合到亲和柱上,但从野生型来的、相应于在突变株基因组中丢失的 DNA 片段则不能吸附在亲和柱上,被富集在洗脱液中。富集后的 DNA 片段再反复地经与过量的生物素化的 DNA 杂交、上柱、洗脱富集后,被富集的 DNA 用 PCR 进行扩增、克隆。DNA 克隆通过 Southern 印迹进行鉴定,凡只与野生型 DNA 杂交而不与突变 DNA 杂交的 DNA,应含有所需基因。此法的不足之处是,只适用于具有较大缺失突变的情况。消减法杂交同样可应用于在 cDNA 的水平中分离差异表达的基因(Gibson S, et al, 1993)。

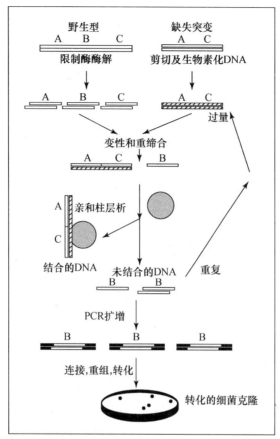

图 9-10　用消减法杂交-PCR 法进行基因克隆

(引自 Gibson S, et al, 1993)

9.7.6　cDNA 末端的快速扩增

当鉴定和分离一个新的 cDNA 时,大多数情况下所得到的克隆只包含有部分的 mRNA
序列。然而,一旦部分序列被确认,其余的序列就可以通过对已经完成的基因组序列和高质量
的 cDNA 文库的分析而获得。遗憾的是,对于其基因组序列不太清楚的有机体或低丰度的
cDNA 而言,特别是 mRNA 的 5′端序列,经常很难得到现成的信息。cDNA 末端的序列可通过
cDNA 末端快速扩增(rapid amplification of cDNA ends,RACE)技术获得。本节将对 RACE
方法的基本原理加以介绍。对于 RACE 的具体操作,可利用商品 RACE 试剂盒的说明来进
行,如 Invitrogen 的 RLM-RACE,Clontech 的 SMART-RACE。值得指出的是,商家试剂盒的
优点是方便快捷,但更有效的方法可按 Dieffenbach CW 在 PCR Primer 中介绍的步骤进行。

1. RACE 的基本特点

要得到全长的 cDNA 有两种主要方法,一种是筛选 cDNA 文库,另一种就是 RACE。为
什么现在都倾向采用 RACE 法呢,其优点是什么呢? 第一用 RACE 克隆所用的时间短,几天
即可完成,而筛选 cDNA 文库要耗费几周的时间,才能得到单一的 cDNA 克隆,而且,还需通
过对克隆的分析来确定得到的克隆是否含有所需的碱基序列;第二,cDNA 文库的筛选一般只

产生少数cDNA克隆,而 RACE 法从理论上讲可以产生无数个相互独立的克隆。大量的克隆有助于确证核苷酸序列,便于人们分离一些独特的转录物(转录本),从中可以发现不同的转录剪接模式或罕见的启动子序列。

2. 经典 RACE(classic RACE)

用 PCR 反应可以扩增部分 cDNA 序列,此序列代表着从 mRNA 转录本的一个位点到其 $3'$ 端或 $5'$ 端的一段序列(图 9-11,9-12)。能进行这样 PCR 反应的一个前提是,目标 mRNA 中的一个短的序列是已知的。正是根据这一序列来设计基因特异性引物(gene-specific primers, GSP),并以此类引物分别与 $3'$ 和 $5'$ 端的非基因特异性引物(如下面用的 Q_T、Q_O、Q_I 引物)相配合,通过 PCR 反应快速扩增 cDNA 的 $3'$ 末端和 $5'$ 末端。因此,又将 RACE 分为 $3'$-RACE 和 $5'$-RACE。

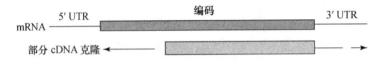

图 9-11　示 mRNA 被反转录后,得到一个部分的、内部 cDNA 序列
可通过对此序列进行序列分析的结果设计 GSP(基因特异性)引物

图 9-12 分别给出经典的 $3'$-RACE 和 $5'$-RACE 的工作原理及其所用的引物:

(1) $3'$-RACE 的工作原理。为了获得 $3'$ 末端部分的 cDNA 克隆,mRNA 首先用 Q_T 引物 $(5'Q_O\text{-}Q_I\text{-}T_{17}3')$ 反转录出第一条 cDNA 链(图 9-12(A))。Q_T 由 52 个碱基组成,从 $5'{\rightarrow}3'$ 分别是 Q_O、Q_I(共 35 个碱基)和 17 个 dT(图 9-12(C)),mRNA 的反转录是通过 Q_T 中的 oligo (dT)与 mRNA 的 poly(A)序列相退火而起始的。然后,用由分别与每个 cDNA 链 $3'$ 端结合的引物 Q_O(称为外引物 Qouter)和与 cDNA 内部序列互补的基因特异性引物 GSP1 为第一对引物,对 cDNA $3'$ 端进行第一次扩增。最后用内部引物 Q_I(Qinner,也称巢式引物)和基因特异性引物 GSP2 为第二对引物,进行第二次扩增,其目的是提高扩增的特异性(图 9-12(A))。

(2) $5'$-RACE 的工作原理。为获得 $5'$ 末端部分的 cDNA 克隆,mRNA 首先用已知的基因特异性引物 GSP-RT 反转录产生第一条 cRNA,然后用末端脱氧核苷酸转移酶(TdT,见1.1.3 节)以 dATP 为底物,在第一条 cDNA 链的 $3'$ 端加上 poly(A)尾。接着用 Q_T 引物$(5'Q_O\text{-}Q_I\text{-}T_{17}3')$ 合成第二条 cDNA 链,并用 Q_O 和 GSP1 这一对引物对 cDNA $5'$ 端进行第一次扩增,最后用内部引物 Q_I 和基因特异性引物 GSP2 为第二对引物进行第二次扩增(即巢氏引物 PCR),以提高扩增的特异性(图 9-12(B))。

用 RACE 可使所要扩增的 DNA 序列富集到 $10^6 \sim 10^7$ 数量级,得到相对纯的 cDNA 末端序列,用这些序列很容易对完整 cDNA 进行克隆和快速鉴定(Frohman MA, et al, 1988)。如何利用 $3'$-RACE 和 $5'$-RACE 的产物得到全长的 cDNA 呢? 这是留给大家的问题。

3. 新 RACE 方法

新 RACE,是一种由 RNA 连接酶介导的 RACE(RNA ligase-mediated-RACE, RLM-RACE)(Lix X, et al, 1993)。同经典的 RACE 不同的是,在反转录之前"锚定"引物("anchor" primer)连在 mRNA 的 $5'$ 端(图 9-14(B)),如果,只有如果在反转录酶能将目标

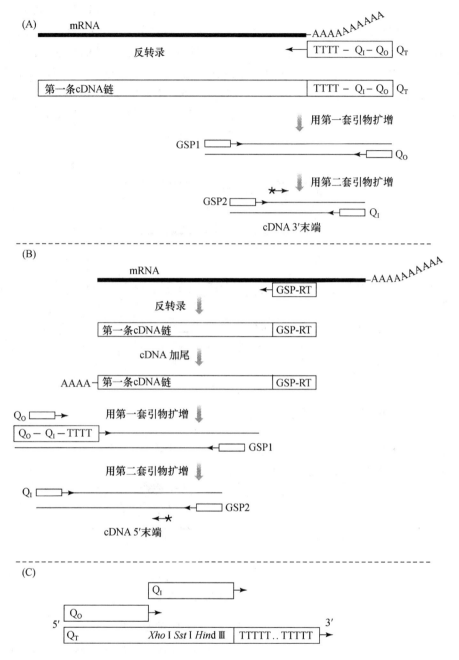

图9-12 经典3′和5′RACE工作原理(A,B)及所用的引物(C)

Q_T: 5′- CCAGTGAGCAGAGTGACGAGGACTCGAGCTCAAGCTTTTTTTTTTTTTTTTTT-3′
Q_O: 5′- CCAGTGAGCAGAGTGACG-3′
Q_I: 5′- GAGGACTCGAGCTCAAGC-3′

mRNA 全长都反转录时，此锚定序列掺入到第一条 cDNA 链中（图 9-13(A)，9-14(B)）。

在新 RACE 开始前，mRNA 用牛小肠磷酸酶（IP，参见 1.1.3 节）去磷酸化，由于全长的真核 mRNA 的 5′端存在甲基化 G 的帽子结构（methyl-G cap，见"分子生物学基础分册"），所以这一步并不作用于全长的 mRNA,而只是使无帽子结构的降解了的 mRNA 去磷酸化,这样降解了的 mRNA 就被排除在其后的锚定 RNA 连接反应之外,在去磷酸步骤之后,全长的 mRNA 用烟草酸性焦磷酸酶(TAP)处理去除帽子结构,但保存有活性的磷酸化的 5′末端。然后,用 RNA 连接酶将一短的合成的 RNA 寡核苷酸(锚定 RNA)与全长 mRNA 的 5′端相连(此 RNA 序列可通过体外转录取得,见图 9-13(B))。RNA 寡核苷酸-mRNA 杂种分子用一个基因特异性引物(GSP-RT)反转录,产生第一条链 cDNA。最后,用两个巢式 PCR 对 5′cDNA 进行扩增(图 9-13(A))。

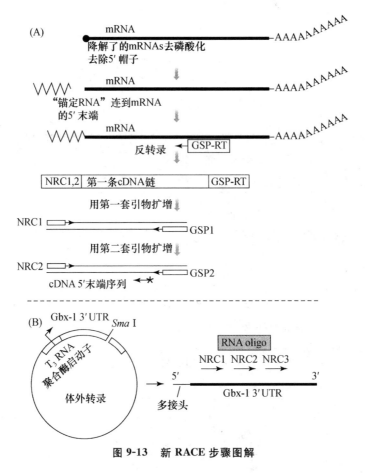

图 9-13　新 RACE 步骤图解

新 RACE 方法也可用于产生 cDNA 3′末端,特别是对非 poly(A)化的 RNA 是特别有用的。简略地讲,如上所述,细胞质 RNA 被去磷酸化并在其 3′端连接上锚定 RNA(即一短的、合成的 RNA 寡核苷酸)。对于反转录这一步,则用一个源于 RNA 寡核苷酸序列(例如,图 9-13(B)中所示的 NRC-3 的反向互补序列)为引物起始反转录,从而合成其 3′端加上了 RNA 寡核苷酸对应序列的 cDNAs。最后用 5′→3′取向的基因特异性引物(GSP)和新 RACE 引物(例如 NRC-2 和 NRC-1 的反向互补序列)进行巢式 PCR 对 3′端扩增。

4. 经典 RACE 和新 RACE 方法之比较

图 9-14 给出了新 RACE 方法的优点。经典的 RACE(图 9-14(A))在反转录过程中的提前终止导致产生各种短于全长的第一条 cDNA 链,而所有这些 cDNA 分子都可以通过 PCR

反应产生出短于全长的 cDNA 5′端序列(图中用＊标出)。而在新 RACE 中(图9-14(B)),虽然也产生比全长短的各种 cDNA 分子,但如图 9-13(A)和 9-14(B)所示,只有全长的分子才能加上锚定 RNA 相对应的序列,并通过其后的 PCR 得以扩增(图 9-13(A))。由此可见,新 RACE 方法所产生的背景噪音要小得多,更易得到全长的 cDNA 末端序列。

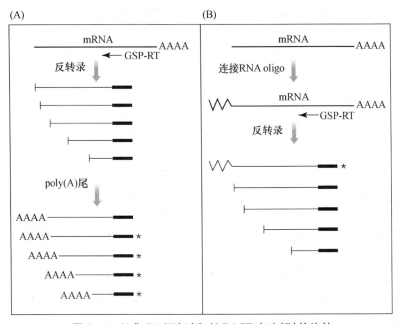

图 9-14　经典 RACE(A)和新 RACE 方法(B)的比较

5. RACE 产物的克隆和全长 cDNAs 的组建

(1) RACE 产物的克隆。RACE 产物的克隆可按与其他 PCR 产物相同的方式进行,有下列三种选择:

① 用"T"载体从扩增反应中直接克隆 cDNA 末端序列(最好将 RACE 产物用凝胶电泳纯合后再克隆)。此类载体是利用热稳定 DNA 聚合酶在 PCR 产物的末端加上一个不配对的"A"碱基。"T"载体含有一个特定的限制性核酸内切酶位点,经酶切后在两条链上产生"T"碱基突出。在此值得提示的是,不是所有热稳定 DNA 聚合酶都能产生单碱基突出(如 Pfu 酶就无此功能)。"T"载体可从"Invitrogen"购得(Topo TA Cloning Kit)。

② 如图 9-12(C)所示,在经典 RACE 的 Q_1 引物含有 $Hind$ Ⅲ、Sst Ⅰ和 Xho Ⅰ限制性内切酶位点。这些位点可使 RACE 产物有效地克隆到含有相对应限制性核酸内切酶位点的载体中去。重要的是,在限制酶解前要用 Klenow 酶或 T_4 DNA 聚合酶(1.1.3节)"补平"RACE 产物,并将其同残存的 Taq 酶和 dNTPs 分开。如果克隆不成功,可能是在未知序列部分含有其他的限制内切酶位点。最简单的策略是,在 GSP2 引物的 5′端加上一个与 $Hind$ Ⅲ、Sst Ⅰ和 Xho Ⅰ不同的限制酶位点,使扩增产物的两端生成黏性(sticky)末端。

③ 此方法是对引物的末端进行修饰,使其产生突出末端(overhanging ends):可用 T_4 DNA 聚合酶以可控的方式从扩增的产物中(末端)切掉少数几个核苷酸;或用 Klenow 酶(或序列酶)部分地填充在载体上经限制酶酶解所形成的突出末端,如图 9-15 所示。

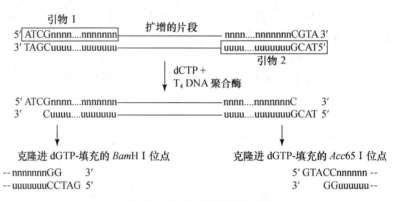

图 9-15　RACE 产物克隆图解

*Acc*65 Ⅰ 和 *Kpn* Ⅰ 识别相同序列,但产生 5′而不是 3′突出。

第三种方法的优点有四:第一,去除了所选用的限制性核酸内切酶在产物的未知序列对 RACE 产物末端进行切割的可能性;第二,因为克隆载体的自我连接成为不可能,所以载体不用去磷酸化;第三,因为载体不可能自连接,插入序列的磷酸化(和补平)也不再必需;第四,由于插入序列不用补平或磷酸化,所以插入序列的多聚化或融合克隆也不会发生。此方法较 TA 克隆法更可靠。

(2) 全长 cDNAs 的组建。用 RACE 产物组建全长 cDNAs 可有几种可行的方式。可以用 RACE 产生相互重叠的 5′和 3′cDNA 末端序列,而后通过审慎地选择限制性核酸内切酶位点,通过亚克隆(subcloning)将二者连接到一起形成全长 cDNA。也可以从对 5′和 3′cDNA 末端分析得到的碱基序列信息来设计新的引物,此引物代表了 cDNA 5′和 3′端的碱基序列。然后用这套新的引物直接从"3′端 cDNA 库",重新扩增出一个全长 cDNA 拷贝(Dieffenbach CW, et al, 2003),这是一种较通用的方法。

6. RACE 操作中可能出现的问题

(1) 反转录过程及以前各步骤中出现的问题

① RNA 样品的损伤,用含 1% 甲醛的聚丙烯酰胺凝胶电泳对总 RNA 进行分析,以 rRNA 中 18S 和 28S rRNA 的质和量作为 RNA 样品质量的评定标准。如果电泳后用溴化乙锭染色后代表 18S 和 28S rRNA 的条带集中、清晰(sharp),则表明此 RNA 样品可用,否则弃之不用。

② RNA 样品的污染。要保证 RNA 样品中不存在抑制反转录酶活性的试剂残留,如 LiCl、SDS 等(Sambrook J, et al, 2001)。

③ 质量差的试剂。为监测 RNA 的反转录,将 20 μci 的[α-^{32}P]-dCTP 加入到反应混合物中并用凝胶电泳分离新产生的 cDNAs,通过放射自显影检查 cDNA 的长度。通常用碱性琼脂糖凝胶,但采用简便的 1% 琼脂糖凝胶,便可以检出反转录 cDNA 的质量以及其长度是否合乎要求。

(2) 扩增过程可能出现的问题

① 无产物。在第一次扩增时,如果在 30 次循环后仍观察不到产物时,可加入新鲜的 *Taq* 酶后再进行 15 次循环的扩增反应(如果开始设的扩增反应是 45 次循环的话,不要在 30 次循环时中止)。如果是有效的扩增,在 45 次循环后即可观察到扩增产物。如果 45 次循环后仍无

扩增产物,则要用已知的模板和引物检测扩增体系中各种试剂的完整性。

② 如果从凝胶的底部到样品孔出现一片模糊产物带(smeared product),意味着 PCR 循环次数(cycle)太多或起始物太多。

③ 非特异性扩增,但无特异性扩增,需检查 cDNA 序列和引物。如果所有都正确,则用计算机程序检测引物是否存在二级结构和自我退火的问题。此时考虑合成或订购新的引物。测查是否模板量太多或改变退火温度。另外,在模板内的二级结构也会阻断扩增反应,此时考虑在反应混合物中加入甲酰胺(formamide)或按与 dGTP 为 1∶3 的比例加入 ^{7}aza-GTP 来协助聚合反应。^{7}aza-GTP 也可以加入到反转录反应混合物中。

④ 5′端序列中最后几个核苷酸与相应的基因组序列不配对。这表明反转录酶、T_7 和 T_3 的 RNA 聚合酶能使少数多余的、与模板无关的核苷酸掺入。

⑤ 不适当的模板。测定扩增出的产物是否是来自于 cDNA,或来自于剩余的基因组 DNA 或污染的质粒,用 RNase A 预先处理每份 RNA。

总之,RACE 与通常的文库筛选方法相比优势明显:便宜、快速,所需要的原材料少,且对于目标产物的质和量能很快进行检测;可以获得关于启动子、mRNA 剪接和 poly(A)信号序列等相关信息;审慎地选择引物可以对具复杂转录模式的基因通过扩增其 cDNAs(种群)进行分析。

9.7.7 代表性差异分析

代表性差异分析(representational difference analysis,RDA)是一个用于生物学研究的技术,通过这种技术可以发现存在于两个基因组或 cDNA 样品(cDNA 文库)中的差异。从两个样品(如来自于肿瘤样品和正常组织样品)的基因组或 cDNA 序列被 PCR 扩增和用消减 DNA 杂交(subtractive DNA hybridization)进行差异分析。这一技术通过开发出来的代表性寡核苷酸微阵列分析(representation oligonucleotide microarray analysis,ROMA)得到进一步优化,这后者属于基因芯片(gene chip)的范畴,但最基本的原理是相通的。下面以 cDNA RDA 为例加以介绍。

(1) 扩增 mRNA 代表(amplify mRNA representation)。

只有当只能获得少量起始物(mRNA)时才启用此步骤。此步即是制备 Tester amplicon 和 Driver amplicon。

此步骤用两个反应管开始,一个加"Tester" mRNA(来源于肿瘤样品),而另一个加"Driver" mRNA(来源于正常组织样品)。cDNA 以上述 mRNA 为模板,用随机引物(random primer)进行合成。在两个反应管中合成的 cDNA 用一种限制性核酸内切酶(如 Bgl Ⅱ 或 Dpn Ⅱ 等,此地以 Bgl Ⅱ 为例)酶切,产生的具黏性末端(sticky end)的 cDNA 与由长短不同的两个寡核苷酸组成的一组接头 R 相连。表 9-4 给出几个用于 RDA 的寡核苷酸序列接头,具有不同限制性核酸内切酶识别位点的接头(adapter)分别为 R 组、J 组和 N 组。R 组用于制备 amplicons,J 和 N 组分别用于奇数和偶数杂交/扩增。接上 R 接头的两组 cDNA,分别以接头中较长的那条寡核酸片段为引物进行扩增。然后,两个扩增后的样品再用与上述相同的限制性核酸内切酶酶解后,去除接头 R,纯化后的两种无 R 接头的样品分别作为"Tester"和

"Driver"的"amplicons"(图 9-16 中未显示此步)。

表 9-4　用于代表性差异分析(RDA)的寡核苷酸序列[*]

接头名	序　列
R Bgl24	5′-AGCACTCTCCAGCCTCTCACCGCA-3′
R Bgl12	5′-GATCTGCGGTGA-3′
J Bgl24	5′-ACCGACGTCGACTATCCATGAACA-3′
J Bgl12	5′-GATCTGTTCATG-3′
N Bgl24	5′-AGGCAACTGTGCTATCCGAGGGAA-3′
N Bgl12	5′-GATCTTCCCTCG-3′
R Bam24	5′-AGCACTCTCCAGCCTCTCACCGAG-3′
R Bam12	5′-GATCCTCGGTGA-3′
J Bam24	5′-ACCGACGTCGACTATCCATGAACG-3′
J Bam12	5′-GATCCGTTCATG-3′
N Bam24	5′-AGGCAACTGTGCTATCCGAGGGAG-3′
N Bam12	5′-GATCCTCCCTCG-3′
R Hind24	5 R Bgl24 相同（见上）
R Hind12	5′-AGCTTGCGGTGA-3′
J Hind24	5 J Bgl24 相同（见上）
J Hind12	5′-AGCTTGTTCATG-3′
N Hind24	5′-AGGCAGCTGTGGTATCGAGGGAGA-3′
N Hind12	5′-AGCTTCTCCCTC-3′

　　[*]　第一套引物对(R 系列)用于代表性阶段(representation stage),第二套引物对(J 系列)和第三套引物对(N 系列)分别用于奇数和偶数杂交/扩增阶段(hybridization/amplification steps)。

　　(2) 变性和消减杂交(denaturation and subtractive hybridization)。

　　通过(1)步获得足够的"Tester"cDNA 和"Driver"cDNA。将去磷酸化的 J 组接头与"Tester"cDNA 的两端相连,然后将"Tester"cDNA 和过量的没有连接 J 组接头的 Driver cDNA 混合,并加热到约95℃变性,然后在约55℃杂交(退火),结果产生了:"Tester"cDNA-"Tester"cDNA、"Tester"cDNA-"Driver"cDNA、"Driver"cDNA-"Driver"cDNA 以及单链的"Tester"和"Driver"cDNAs(图 9-16)。

　　(3) PCR 扩增去富集"Tester"cDNA-"Tester"cDNA 组分(PCR amplification to enrich "Tester"cDNA bound to "Tester"cDNA)。

　　在第一轮变性和杂交后,补平单链区的末端。这样自我退火的"Tester"cDNA-"Tester"cDNA 的两端都加上 J 组接头。然后用 J 组接头中的较长寡核苷酸为引物进行 PCR。如图 9-16 所示,此时"Tester"cDNA-"Tester"cDNA 呈指数扩增,而"Tester"cDNA-"Driver"cDNA 呈线性扩增,单独的"Tester"cDNA 和"Driver"cDNA 则不被扩增。

　　(4) 重复地进行消减杂交和 PCR 扩增,进一步富集"Tester"cDNA-"Tester"cDNA 组分(repeat subtractive hybridization and PCR amplification to further enrich "Tester"cDNA bound to "Tester"cDNA)。

　　PCR 后用绿豆核酸酶水解掉单链 PCR 产物,用与前面实验相同的限制性核酸内切酶(如 *Bgl* Ⅱ)去除"Tester"cDNA-"Tester"cDNA 两端的 J 组接头,并将另一组 N 接头连接其上。

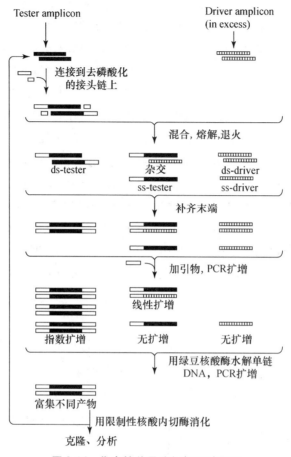

图 9-16　代表性差异分析（RDA）原理

然后经另一轮变性、杂交和（以 N 组中较长的寡核苷酸为引物）PCR 扩增，进一步富集"Tester"cDNA-"Tester"cDNA 样品。这种"Tester"cDNA 就是在肿瘤细胞中差异表达的基因（或基因的部分序列）。

分别采用 R、J、N 组接头的目的是使每一步扩增更具特异性，尽量去除不必要的污染，RDA 技术问世以来正在不断改进之中，但基本原理是相同的（Lisitsyn N，et al，1995；Lisitsyn N，et al，1993；Fauchon MAC，et al，2005；Li Y，et al，2002）。

除了上述 RDA 法外，用以分离差异基因的方法还有抑制消减杂交法（suppression subtractive hybridization，SSH），因篇幅所限，此书不赘述，读者可参阅 Dieffenbach CW 的 PCR Primer 的相关章节。

9.7.8　免疫 PCR

免疫 PCR（immuno-PCR）是一种具有非常高灵敏度的抗原检测系统，是将抗原检测系统与 PCR 偶联（图 9-17）。要进行免疫 PCR，首先要有一个合适的"接头分子"（linker molecule），这个分子需要同时具有对 DNA 分子及抗体分子的特异性结合能力，即具有双特异性结合性（bispecific binding affinity）。如由链霉亲和素-蛋白 A 所形成的嵌合分子（streptavidinprotein A chimera)就可以作为"接头分子",它的链霉亲和素一端可以同生物素(酰)化的DNA分子相结合,而它的蛋白A一端能同免疫球蛋白的Fc片段相结合。用生物素(酰)化的DNA(比如质粒 pUC19)要线性化,要有自己特异性的序列,不可与其他 DNA 的同源性过高,这样用适当的引物,以此 DNA 为模板进行 PCR 反应时,才能获得特异性的 DNA 片段。免疫PCR 的操作类似酶联免疫测试(ELISA),首先将不同浓度的待测抗原固定到微滴度板(microtiter plate wells),如96孔板的表面,然后加入同抗原相对应的特异性抗体,形成抗原-抗体复合物,通过生物素偶联到"接头分子"上的线性化的质粒(如 pUC19)借助于蛋白 A 与抗原-抗体复合物相连,形成抗原-抗体复合物、蛋白 A、链霉亲和素和生物素酰化的线性 DNA 复合体。这样,利用特异性的引物,以线性 DNA 为模板进行 PCR,通过琼脂糖电泳对 PCR 产物进行分析来检测所测样品中特定抗原的含量。图 9-17 给出免疫 PCR 的操作原理。如果将PCR 引物进行标记或利用标记的 dNTP 进行 PCR,可进一步增加免疫 PCR 的灵敏度。从理论上讲,免疫 PCR 可以检测出存在于样品中的单一抗原分子。如果不同的抗原分子用不同长度的 DNA 作为标记,那么就可以同时测定存在于同一样品中的多种抗原的含量(Sano T,et al,1992)。

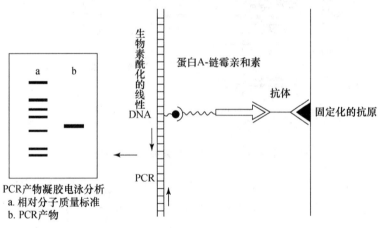

图 9-17　免疫 PCR 的操作原理

9.7.9　反相 PCR

如前面所述,典型的 PCR 只能扩增一对引物所限定的模板 DNA 的区段,对于引物之外的 DNA 序列是不能进行扩增的。反相 PCR(inverse PCR)技术使得人们可以扩增一个已知的 DNA 片段的未知旁侧序列。反相 PCR 方法是基于下列 3 个步骤:

(1) 用限制性核酸内切酶酶切已知序列以外的不相关的 DNA 序列;

(2) 使被酶切后的 DNA 片段环化;

(3) 选择与已知序列 DNA 片段两末端序列相互补,3′端相互反向的引物进行 PCR,这样可以有效地扩增已知序列旁侧的未知序列。

用反相 PCR 可以对染色体 DNA 进行染色体步查(chromoseme walking)、扩增末端特异性的 DNA 片段、位点特异性突变(Helmsley A,et al,1989)等。图 9-18 给出反相 PCR 的操作原理。

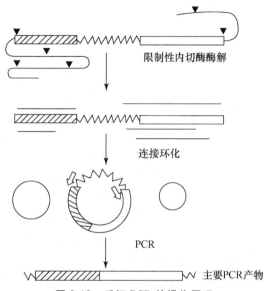

限制性内切酶酶解

连接环化

PCR

主要PCR产物

图 9-18　反相 PCR 的操作原理

已知序列区用锯齿形线表示；斜线区示旁侧区段上游序列，空白区示旁侧区段下游区段。

▼ 示限制性核酸内切酶的识别位点；

⇨ 示 PCR 引物，其 3′端相互反向。

9.7.10　不对称 PCR

标准 PCR 要求所用的一对引物要等浓度，当在 PCR 扩增循环中所用的两个引物的浓度不同时，这时所进行的 PCR 就是不对称 PCR（asymmetric PCR）。典型的引物浓度比例是 50：1 或 100：1。这样在最初 PCR 循环（15 次循环左右）中，绝大多数的 PCR 产物是双链并以指数式积累。当低浓度的引物被用尽后，在进一步循环过程中，则过量产生两条链中的一条链，此单链 DNA 是以线性方式积累且与有限的引物（limiting primer）互补。利用不对称 PCR 可以产生特异性的单链 DNA，用作 DNA 序列分析的模板等（Gyllensten VB, et al, 1989）。

除了上述的 PCR 相关技术外，还有许多由标准 PCR 方法派生出的技术，如锚定 PCR（anchored PCR）是以 mRNA 反转录产生的 cDNA 为模板，利用带有特定限制性核酸内切酶位点的锚定引物，从任何 cDNA 得到用于直接克隆的 cDNA 片段。又如将 PCR 和双脱氧终止法的测序方法相结合，产生用以 DNA 测序的 PCR 技术。PCR 技术已经渗透到分子生物学、基因工程、诊断医学等各个领域，如 PCR 技术广泛用于基因的分离、鉴定，基因图谱制作，基因表达调控研究，基因的遗传和进化分析，基因突变及突变基因的鉴定（如利用 PCR 进行的单链构象多态性分析，SSCP，可以鉴定出单碱基的突变）（Orita M, et al, 1989；Abramson RD, et al, 1993；Wittwer CT, et al, 1991）以及各种疾病，特别是病毒病的诊断等等。只要对 PCR 及其相关技术的基本原理有一个透彻的了解，就可以根据具体情况设计出适用的 PCR 实验方案。

10　各种生物学展示技术

10.1　噬菌体展示技术

噬菌体展示技术(phage display)是研究蛋白质—蛋白质、蛋白质—肽和蛋白质—DNA 相互作用的一种方法,用此方法可以高通量筛选蛋白质相互作用。虽然 T_4、T_7 和 λ 噬菌体也已用于展示技术,然而,最常用于噬菌体展示中的噬菌体是 M13 和 fd 丝状噬菌体。

噬菌体展示技术(phage display)是由 Smith GP 于 1985 年提出的(Smith GP, 1985)。其基本原理是:外源 DNA 片段(基因)能被插入到丝状噬菌体基因组的一个外被蛋白的基因中,这个外源 DNA 片段所编码的氨基酸序列可与此外被蛋白一起以融合蛋白的形式表达,并展示在噬菌体的表面。人们将带有这种融合蛋白的噬菌体称为融合噬菌体(fusion phage)。如果已经得到抗此外源氨基酸序列(多肽或蛋白)的抗体,就可以将抗体制成亲和柱,通过亲和纯化(affinity purification)从千千万万个噬菌体中富集、分离出含有所要的基因的融合噬菌体。然后,通过基因扩增,得到大量所要的目标基因。很明显,这一技术是以基因重组为起点,通过对表现型(多肽或蛋白)的有效筛选,获得所要的基因型。因此,噬菌体展示技术在表现型和基因型之间架起桥梁。

10.1.1　噬菌体展示技术的原理

以丝状噬菌体 M13 为例:将要进行筛选的蛋白质或肽编码的 DNA 与 PⅢ 或 PⅧ 基因相连接。载体上的多克隆位点用于保证为蛋白质或肽编码的 DNA 插入序列可以三种可能的读码框(frames)与 PⅢ 或 PⅧ 基因相连,使翻译产物具有恰当的读码框。噬菌体基因-插入 DNA 杂种序列被转化进雄性 E. coli 细胞(如 TGl 或 XL1-Blue E. coli)。如果不用辅助噬菌体感染此类 E. coli 细胞,噬菌体颗粒就不会从细菌细胞中释放出来。这样就能使噬菌体 DNA 进行包装,并将相关的蛋白质片段作为外被蛋白质 PⅢ 或 PⅧ 的一部分组装成成熟的病毒粒子。很多不同的 DNA 片段掺入 PⅢ 或 PⅧ 基因中,这样就产生一个文库,从文库中可以分离有用的蛋白质和肽基因。

对于文库的筛选,采取如下的方法:将相关的 DNA 或蛋白质固化到支持介质井(well)表面作为用于对文库进行筛选的靶位。当一个噬菌体表面展示的蛋白质能与靶位中的靶蛋白或 DNA 结合时,这个噬菌体就吸附到介质上,而其他噬菌体就被淘洗去除(图 10-1)。那些留在亲和介质上的噬菌体可以被洗脱下来,通过用辅助噬菌体感染的细菌可以产生更多的阳性噬菌体。这样通过重复地进行亲和结合—淘洗—洗脱—感染的循环操作,可富集阳性噬菌体。

洗脱下来的阳性噬菌体感染适当的细菌宿主,制备 DNA,对编码蛋白质或肽的 DNA 进

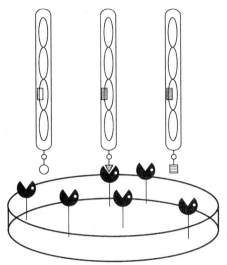

图 10-1 噬菌体展示及亲和筛选示意图

(引自 Smith GP,1993)

行测序,最后获得所要的蛋白质或肽的基因。

现在利用 Chasteen 等所开发的新的"bacterial packaging cell line technology",可省去用辅助噬菌体(helper phage)感染的步骤(Chasteen L, et al, 2006)。

10.1.2 两类表达载体

用于噬菌体展示的表达载体可分为两类:丝状噬菌体(M13、f₁、fd)和以这些噬菌体复制起始点序列为基础组建的噬菌粒(phagemid)。丝状噬菌体的外被蛋白基因Ⅲ和基因Ⅷ是常用的与外源 DNA 序列一起产生融合蛋白的基因。基因Ⅲ称为少量外被蛋白基因(minor coat protein gene),它为由 406 个氨基酸组成的 PⅢ蛋白编码。PⅢ蛋白的 C 端部分是埋在噬菌体外被内,其功能是参与形态形成,而其 N 端部分则暴露在外被外,其功能是在噬菌体感染 *E. coli* 时与 F 菌毛结合,使噬菌体能吸附到细菌上。每个噬菌体上含有 3~5 个 PⅢ蛋白分子,其位于丝状噬菌体的一端。基因Ⅷ称为主要外被蛋白基因(major coat protein gene),为由 50 个氨基酸组成的 PⅧ蛋白编码,与 PⅢ蛋白相似,PⅧ蛋白 C 端埋于噬菌体外被内,而其 N 端部分则暴露于噬菌体粒子表面。PⅧ蛋白是包装丝状噬菌体基因组 DNA 的主要蛋白,每个噬菌体上含 2700 个 PⅧ蛋白分子。通常情况下,与 PⅧ融合表达的蛋白或多肽呈多价,而与 PⅢ融合表达的则呈单价,因此可用 PⅧ蛋白基因组建的噬菌体展示系统筛选低亲和性的配体,而用 PⅢ融合表达系统筛选高亲和性的配体。值得指出的是,融合蛋白的表达是以插入的外源 DNA 片段不破坏 PⅢ、PⅧ蛋白原有的读码框为前提,否则将产生无感染活性的噬菌体。实验指出,当在基因Ⅲ或基因Ⅷ中的克隆位点插入较长的外源基因,会干扰 PⅢ或 PⅧ蛋白的功能(Makowski L, 1993),为了克服这一问题,人们构建了含有两个基因Ⅲ或基因Ⅷ的噬菌体,其中一个作为外源基因的插入位点,另一个产生野生型的 PⅢ或 PⅧ蛋白,执行其正常的功能;也可以直接用噬菌粒为克隆表达外源基因的载体,利用辅助噬菌体超感染,得到野生型与融合蛋白混合表达的噬菌体。图 10-2 给出了三种目前通用的噬菌体展示表达载体的示意图,分别代表具有单一的基因Ⅲ或基因Ⅷ(类型 3,8),含有两个基因Ⅲ或基因Ⅷ(类型 33,88)以及以噬菌粒为载体并配以

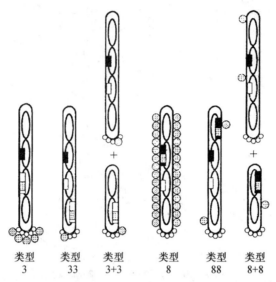

图 10-2　三种噬菌体显示表达载体的示意图

(引自 Smith GP,1993)

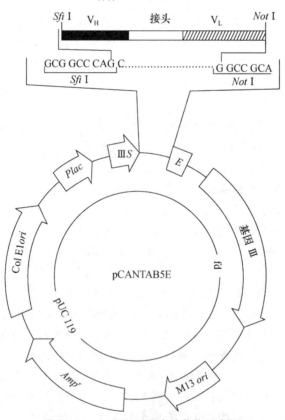

图 10-3　pCANTAB5F 表达载体示意图

　　Plac 示乳糖启动子,ⅢS 示基因Ⅲ的信号序列;E 示一短的标记物序列,用于融合蛋白的亲和纯化。图示由一接头序列连接的来自于鼠免疫球蛋白的重、轻链可变区(V_H,V_L)基因,通过 *Sfi* Ⅰ 和 *Not* Ⅰ 限制性核酸内切酶位点插入到表达载体中,与基因Ⅲ形成融合基因。在表达时此外源插入基因与基因Ⅲ以融合蛋白的方式展示在噬菌体的表面(参见图 10-4)。(引自 Pharmacia Catalog,1996,并相对简化)

辅助噬菌体(类型 3＋3,8＋8)的表达体系(Smith GP,1993)。现在通用的载体有 pcomb3 和 pcomb8,外源基因分别与基因Ⅲ和基因Ⅷ所编码的蛋白 PⅢ和 PⅧ形成融合蛋白,展示于噬菌体粒子的表面。图 10-3 给出 pcomb3 衍生表达载体 pCANTAB5E 示意图,外源基因插入到 *Sfi*Ⅰ和 *Not*Ⅰ限制性内切酶位点,与基因Ⅲ所编码的 PⅢ蛋白形成融合蛋白,显示于噬菌体表面。

除了基因Ⅲ和基因Ⅷ可作为外源基因的插入位点外,基因Ⅵ也可作为外源基因的插入位点。将外源蛋白融合到 M13 基因Ⅵ编码蛋白的 C 末端,可以被展示在噬菌体的表面上。融合到丝状噬菌体基因Ⅵ上的 cDNA 的融合表达和展示,为克隆有用的 cDNA 文库和从文库中筛选有用的基因提供一个很有用的方法(Jespers LS,et al,1995)。

10.1.3　噬菌体展示技术的操作

噬菌体展示技术的核心内容有两大部分:

(1) 利用丝状噬菌体或由此组建的噬菌粒为表达载体,通过 DNA 重组的方法将外源 DNA 片段插入到外被蛋白Ⅲ或Ⅷ基因内,使外源 DNA 编码的蛋白或多肽功能性的表达在噬菌体表面。

(2) 高效的目标基因(或融合噬菌体)的筛选。目前所用的筛选方法均利用所谓的亲和纯化方法,利用靶分子(抗体、受体蛋白、抗原等)与表达在噬菌体表面的多肽或蛋白质的特异性的非共价亲和而实现。这种筛选方法效率高,特异性强,可以从 10^9 个克隆组成的文库中筛选出所要的目标基因。这种筛选方式的效率比利用免疫法从 λgt11 所组建的 cDNA 文库中筛选出一个特定的目标基因的效率要高出近 10^4 倍。

其基本步骤是:

① 将靶蛋白质或 DNA 固化在微滴度板的样品井(介质)中。

② 很多的基因序列以与噬菌体外被蛋白质融合的形式在噬菌体文库中被表达,使之展示在病毒颗粒的表面。展示在噬菌体表面的蛋白质对应于噬菌体内的 DNA 的基因序列。

③ 此噬菌体展示文库被加到上述样品板上,在与样品井中的目标蛋白质或 DNA 结合后,进行淘洗。

④ 展示了蛋白质的噬菌体与靶分子结合,而其他噬菌体被洗掉。

⑤ 留在样品井中的噬菌体被洗脱,通过感染适当的细菌宿主产生更多的阳性噬菌体。这个新产生的噬菌体是富集的噬菌体混合物,含有相当少的不相关的阴性噬菌体。

⑥ 在阳性噬菌体中的 DNA 含有与靶蛋白相互作用的蛋白质或肽的基因序列。通过进一步基于细菌的扩增,可对 DNA 测序,从而鉴定出相关的、与靶分子相互作用的蛋白质或蛋白片段的编码基因。

10.1.4　噬菌体展示技术的应用

噬菌体展示技术在生物工程中有着广泛的应用,简述如下:

1. 建立肽文库(peptide libraries)

肽文库是大量的特定长度的短肽的集合,它包括了该长度短肽的各种可能(或其中绝大部分)的序列。肽文库之所以有用,是基于下列的事实:

(1) 含有关键残基的短肽能够模拟蛋白质上的决定簇。

(2) 多数情况下,几个关键残基和与它相结合的分子之间形成的非共价键构成了全部结合能的绝大部分,即蛋白质分子之间的相互作用或识别是通过局部肽段间的相互作用实现的。

利用噬菌体展示技术建立肽文库的方法是:化学合成编码各种序列某一长度肽的寡核苷酸片段(如组建的肽文库是由 6 个氨基酸残基组成,就应含有 20^6 种不同的氨基酸序列,即约 10^9 种不同密码子的组合),然后通过 DNA 重组方法,将其插入到表达载体上的外被蛋白基因(如基因Ⅲ或基因Ⅷ)中;再利用电穿孔技术,将各种重组体转入 E. coli 细胞中并以融合蛋白的形式表达和展示在噬菌体的表面。值得指出的是,如果用噬菌粒作载体,则需要用辅助噬菌体进行超感染才能得到所需的噬菌体。将得到的肽文库经亲和筛选—扩增—再筛选等步骤,最后得到能与靶分子紧密结合的噬菌体,这就是所要的目标克隆。通过测定噬菌体的 DNA 序列,就可以推断出目标肽段的氨基酸序列。

利用噬菌体展示技术所建立的肽文库,为人们从中筛选出能与靶分子结合的、具有特定功能的目标肽开辟了道路,而这些目标肽在制药工业、临床检测、疫苗设计等方面有着广泛的应用价值。然而,在将肽文库投入应用之前必须解决两个问题:一是能否从肽文库中筛选出可与非肽配体竞争结合位点的目标肽? 二是能否从肽文库中筛选出同靶分子有高度亲和性的肽段? 近年的研究结果表明,上述两个问题已相继解决。如人们已经从一个六肽文库中筛选出能与凝集素(lectin)的糖配体竞争结合位点的肽段(Oldenburg KR, et al, 1992)。Barrett 等人利用严紧筛选法从多价显示文库中得到高度亲和性的肽段(Barrett RW, et al, 1992)。

2. 建立抗体文库(antibody libraries)

将噬菌体展示技术应用于抗体的克隆领域是一个很活跃的研究方面,这是因为抗体在作为治疗制剂和临床诊断试剂有着重要的潜在应用价值。利用 RT-PCR 及噬菌体展示技术建立抗体库,再从中筛选出具有特定专一性和高亲和性的抗体,特别是生产人源化的单抗。从一个抗体库中能够筛选到与不同抗原反应、具不同专一性抗体的实验的成功充分说明抗体库的多样性和巨大的应用潜力,例如,可以从一个组合抗体文库中筛选出抗各种病毒抗原的抗体。利用饱和突变技术,产生生物体中极少或不可能有的抗体序列,从而提高抗体库的多样性,筛选到用杂交瘤技术所不能或很难筛选到的抗体。因此,噬菌体展示技术可以不通过免疫方法而获得所需要的抗体(Lerner RA, et al, 1992)。

3. 噬菌体展示技术在其他方面的应用

如上所述,较长的多肽基因片段插入,有时可能干扰 PⅢ 或 PⅧ 蛋白的功能。虽然直到 1993 年,抗体的 Fab 片段仍然是最长、最复杂的蛋白,以与 PⅢ 或 PⅧ 形成融合蛋白的形式表达在噬菌体的表面,然而最近几年的研究指出,任何可以分泌到 E. coli 细胞周质中的蛋白质都可能展示在丝状噬菌体的表面,特别是当用双基因噬菌粒系统作为载体时,使这一技术变得更有用。例如,人的生长激素、胰蛋白酶抑制剂、蓖麻毒蛋白 B 链等,都用噬菌体展示技术得以表达。人们用这一技术产生双功能噬菌体,即在同一个噬菌体上显示碱性磷酸酯酶-PⅧ融合蛋白及抗体 Fab 片段-PⅢ 融合蛋白,产生"抗体-噬菌体-碱性磷酸酯酶"偶联物,直接用于 ELISA。正如前面已提到的,M13 的基因Ⅵ所编码的蛋白 PⅥ 可以其 C 末端与外源蛋白质形成融合蛋白表达在噬菌体的表面。这一进展为用噬菌体展示技术筛选 cDNA 文库提供了一个有用的常规方法(Jespers LS，et al，1995)。

除了实际的应用以外，噬菌体展示技术也应用于理论研究中。如在蛋白质折叠的研究中，利用随机突变技术使一目标基因产生一系列突变(如取代、缺失或移码突变等)，然后与PⅢ或PⅧ蛋白融合形成文库；当目标蛋白的各种类型的突变体以融合蛋白的方式表达在噬菌体表面时，可以通过测定其与特定抗体结合活性筛选出各种目标蛋白的突变体。通过对这些蛋白质生物活性、结构特点进行分析，阐明多肽链的氨基酸残基的构成和构象形成之间的关系(Fedorov AN，et al，1992)。

可以预期，噬菌体展示技术将在生物工程中发挥越来越大的作用。噬菌体展示技术也广泛用于体外蛋白质进化($in\ vitro$ protein evolution)中，这也是蛋白质工程的一部分(Lunder M，et al，2005；Bratkovic T，et al，2005；Lunder M，et al，2005)。

图 10-4 给出利用噬菌体展示技术表达鼠免疫球蛋白的重、轻链可变区(V_H-V_L)的外源蛋白基因，示外源蛋白 V_H-V_L 基因与基因Ⅲ融合，产生基因Ⅲ-V_H-V_L 基因融合蛋白，表达于噬菌体的表面。亲和筛选的示意图可见图 10-1。

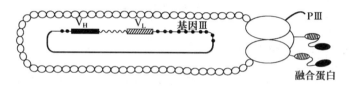

图 10-4 利用噬菌体展示技术表达外源蛋白基因

图示 V_H-V_L 外源蛋白与基因Ⅲ融合基因的融合表达，并展示在噬菌体的表面。

10.2 细菌展示技术

细菌展示(bacterial display)或称细菌表面展示(bacterial surface display)技术，是用于体外蛋白质进化的一种蛋白质工程技术。展示在细菌表面的多肽文库中的有用的蛋白质或多肽，在与用荧光标记的特定配体保温后，利用流式细胞仪(cytometry)通过荧光激活的细胞分拣技术(fluorescence activated cells sorting，FACS)进行筛选。在细胞分拣过程中，与特定荧光标记的靶分子(即配体)结合的细菌群体在通过流式细胞仪的激光束时，由于产生激发荧光而被检出和分别收集(图 10-5)，称为高通量荧光激活的细胞分拣方法(HT-FACS)每秒钟可筛选 10^5 个细菌，如与磁性细胞分拣相结合，其筛选速度可达 10^9 个细菌。这使其能在有限的时间内对极其复杂的文库进行有效的筛选。

为将肽或蛋白质展示在 $E.\ coli$ 细胞表面，人们已开发出各种表达体系。为了使选择的蛋白质或肽展示在细菌细胞的表面，蛋白质或肽在细胞质中合成后必须要通过细胞质和外膜。这是通过将这些蛋白质或肽(在此称为 passenger protein，同路蛋白质)通过基因融合技术(见第 3 章)与位于外膜中且伸出到细胞外环境中的转位蛋白(translocator)的结构域相融合来完成。下面以外膜蛋白"Intimin"及自转位蛋白"EstA"为例加以介绍。

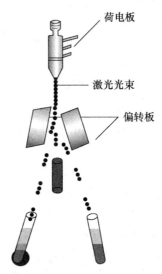

图 10-5　FACS 分拣原理图解

（引自 Biochemie. tu）

10.2.1　通过外膜蛋白 Intimin 的展示

Intimin 是来自肠出血性大肠杆菌(EHEC)的一个外膜蛋白，其由一个尚未知结构的跨膜区组成。在此区中有三个类免疫球蛋白的结构域和一个类凝集素结构域伸出到细胞外环境中。这四个外部结构域形成的一个刚性的棒状结构借助一个铰链锚定在跨膜结构域上。

基于 Intimin 的表达载体含有为 Intimin 截短变体(truncated version)的编码序列，此变体缺少为类凝集素和 C 末端的类免疫球蛋白结构域编码的序列。这个 Intimin 变体可在 *E. coli* K12 细胞中表达，作为转位蛋白(translocator)，使 passenger 蛋白融合到其 C 末端，最终使 passenger 蛋白暴露在细菌细胞的表面，而远离脂多糖层(图 10-6)。

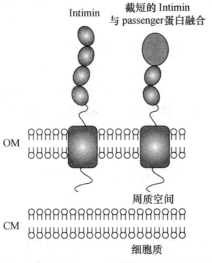

图 10-6　通过 Intimin 进行展示的图解

示 Intimin 以截短的形式与 passenger 蛋白融合。

利用这个体系,各种 passenger 蛋白的结构域被展示在细菌细胞表面,其中包括蛋白酶抑制因子 EETI-11、Bence-Jones 蛋白 REIv、白介素-4、泛素蛋白、β-内酰胺酶变体、β-内酰胺酶抑制蛋白(BLIP)、钙调素以及 50～70 个氨基酸残基组成的一些肽等。在一个细菌的表面可发现大约 30 000 个 passenger 蛋白。Intimin 变体融合蛋白的超高表达为各种大的文库的筛选提供了方便。

10.2.2 通过自转位蛋白 EstA 的展示

EstA 是一个自转位蛋白(auto transporter protein),其由一个具有催化活性的 N 末端结构域和一个形成类 β-桶结构并插入到细菌外膜中的 C 末端结构域组成。C 末端结构域能介导 N 末端结构域的转位。具有酶活性的酯酶(esterase)可以通过其锚定在 *P. aeruginosa* 的外膜,但也可以用于 *E. coli* 中,表明膜插入并不需要品系特异性因子。

EstA 的一个无活性的变体可作为锚定基序(anchoring motif),使几个酯解酶展示在 *E. coli* 的表面(图 10-7)。流式细胞分析和酯酶活性的测定结果表明,枯草杆菌酯酶 LipA、*Fusarium solani pisi* 角质酶和最大的酯酶之一——*Serratia marcescens*(黏质沙雷氏菌)酯酶都能借助 EstA 展示在 *E. coli* 表面,且仍具有酶活性。

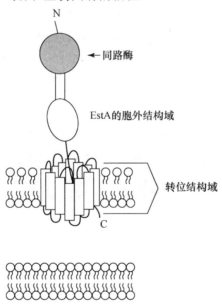

图 10-7 通过 EstA 进行展示的图解

除了上述的例子外,*E. coli* 外膜蛋白 A(ompA)也常用作展示用的锚定蛋白。细菌展示技术的优点在于可用流式细胞仪对大量文库进行筛选,而噬菌体展示,由于其体积过小,不能用流式细胞仪分拣,只能用淘洗法进行筛选。

10.3 酵母展示技术

酵母展示(yeast display)或酵母表面展示(yeast surface display)技术,也是用于蛋白质工程领域的一种技术,其原理与细菌展示相同。酵母展示技术由 Wittrup 实验室首先提出

(Boder ET，et al，1997)。该技术是将要展示的蛋白或肽的 C 末端与酵母(*S. cerevisiae*)的 Aga2p 接合黏附受体蛋白相融合，有效地展示在酵母细胞壁的表面。借助于 Aga2p 展示的蛋白质从酵母细胞表面伸出，使其同位于酵母细胞壁上的其他分子间潜在的相互作用最小化。如 10.2 所述，将流式细胞仪和磁性分离技术相结合，可通过酵母展示文库非常有效地分离那些几乎与任何受体蛋白相互作用的高亲和性蛋白配体。

酵母展示技术的优点是，其包括了真核的表达和加工，真核分泌途径的质量控制机制、最小亲和作用(minimal avidity effects)以及可通过荧光激活的细胞分拣(FACS)技术对文库进行定量筛选。其不足之处是，与其他展示技术相比，突变文库的容量较小，糖基化的机制与哺乳动物细胞有差异。然而这些不足并没有限制酵母展示技术在一些方面的成功应用(Boder ET，et al，2000)。

10.4　核糖体展示技术

核糖体展示(ribosome display)技术同样是一个用以实施体外蛋白质进化的技术。核糖体展示的概念实际上非常简单，在此体系中必须解决 3 个基本问题：

(1) 文库中的 mRNA 从 5′端翻译到 3′末端，但要使核糖体不能从 mRNA 上脱开。

(2) 蛋白质链从核糖体上露出来，这样使其能够正确折叠，但也不能从核糖体上脱开。

(3) 折叠好的蛋白质-核糖体-mRNA 三位一体复合体与被翻译的蛋白质所识别的配体结合(例如，如果在上述复合体上的被翻译的蛋白是一个抗体的话，那么配体就是它的抗原)。图 10-8 给出功能蛋白质的核糖体展示技术图解。

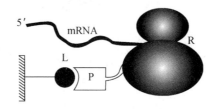

图 10-8　功能蛋白质的核糖体展示技术图解(基因型和表型 *in vitro* 偶联)

图示折叠好的蛋白质(P)-核糖体(R)-mRNA 复合体通过蛋白质与其相应的配体(L)结合。
蛋白质通过其 C 端的间隔氨基酸序列伸出核糖体。

10.4.1　核糖体展示技术的步骤

核糖体展示技术可从一个 DNA 序列开始或从为一特异性蛋白质编码的 DNA 文库开始。展示的第一步是在体外转录和翻译系统中，使 DNA 序列被转录和翻译。为了保证展示的蛋白质能在核糖体上正确折叠并形成蛋白质-核糖体-mRNA 三位一体的复合体，为展示的蛋白质编码的 DNA 序列首要先与一段间隔 DNA 序列(spacer sequence)融合，而这段间隔 DNA 序列的 3′端缺少翻译的终止密码。当翻译时，间隔序列仍然与肽酰 tRNA 连接并占据着核糖体通道。这种设计使得展示的蛋白质链伸出到核糖体外并能正确折叠，从而形成蛋白质-核糖体-mRNA 复合体，如图 10-8 所示，然后复合体与固定在介质上的配体结合。降低存放温度和加入阳离子 Mg^{2+} 等可使复合体保持稳定。至于间隔 DNA 的长度，按核糖体通道的长度计算，为 44 个氨基酸编码的核苷酸序列(约 132 bp)即已足够(Yang F, et al, 1997),一般大于 26 个氨基酸。

第二步是结合和淘洗,使复合体与结合在介质表面上的配体相结合(图 10-9)。这一步可通过几种方式来完成:例如,用结合配体的亲和层析柱、表面结合了配体的 96 孔板或包被了配体的磁性球等方法富集特异性的复合体。然后,用高盐浓度的缓冲液、螯合试剂或与蛋白质结合基序形成复合物的流动配体洗脱,使 mRNA 解离。将收集到的 mRNA 通过 RT-PCR(结合错误掺入等突变技术)得到各种 DNA 拷贝。反复进行上述过程,能更好地获得与配体紧密结合的蛋白质基因或基因文库(图 10-9)。

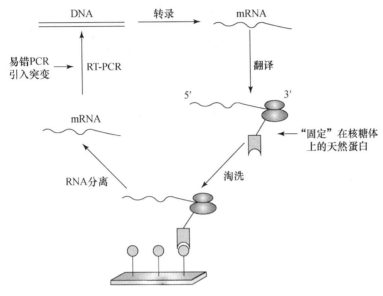

图 10-9 核糖体展示的关键步骤示意图

(详见正文,引自 Promega in vitro resource)

图 10-10 给出利用核糖体展示技术产生抗体片段(antibody fragment, A)-核糖体(ribosome, R)-mRNA(M)三元复合体,即"ARM"文库的简要过程。

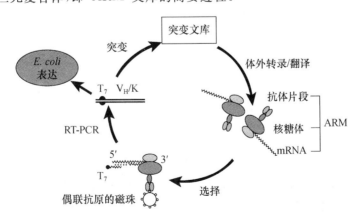

图 10-10 ARM 突变文库产生的示意图

ARM 文库的建立从抗体膜板 V_H/K 突变开始,经体外转录/翻译形成抗体片段-核糖体-mRNA (ARM)三元复合体,然后通过偶联在磁珠上的抗原选择特异性结合的 ARM,并用 RT-PCR 得到为特异性抗体片段编码的基因序列。(引自 Promega)

10.4.2 核糖体展示技术的优点

同其他体外蛋白质进化方法,如噬菌体展示、细菌展示、酵母展示和mRNA展示(见下节)相比,核糖体展示技术完全在 *in vitro* 的条件下进行,因而具有两个优点:第一,文库的多样性不受细菌细胞转化效率的限制,只受在试管中核糖体和不同mRNA分子数量的限制。第二,在每一轮筛选后可进行随机突变(random mutation),在任何多样化步骤之后,文库不需要进行转化,易于对目标蛋白质进行定向进化(directed evolution)操作。

从文库中选择蛋白质的前提条件是将基因型(DNA、RNA)和表型(蛋白质)偶联。在核糖体展示中,基因型和表型的偶联是利用上述巧妙的设计,通过体外翻译产生稳定的蛋白质(即新生的、正确折叠的多肽链)-核糖体-mRNA三元复合体而实现的。只有特异性的核糖体复合物才能被固定在介质上的靶分子(如配体)识别、结合,而其他不结合的复合体(即非特异性的)则被淘洗掉。最后,特异性复合体中的mRNA被分离,通过RT-PCR及易错PCR技术等获得与目标蛋白相对应的突变体基因文库。利用核糖体展示技术进行的蛋白质定向进化研究已成为蛋白质工程研究的新策略之一。

10.5 mRNA 展示技术

mRNA展示(mRNA display)技术是一个用于对体外蛋白质或肽进化研究的展示技术,通过这一展示技术可以创造能同一个特定靶位相结合的(蛋白质或肽)分子。

10.5.1 mRNA 展示技术的机制

与前面所介绍的生物展示技术一样,mRNA展示技术很容易为每个展示的肽或蛋白质提供其编码信息。这是通过一个嘌呤霉素-DNA接头(puromycin-DNA linker)将mRNA库与它们的被翻译的多肽产物相连接(图10-11)。

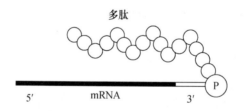

图 10-11 示 mRNA-多肽链融合

P 代表嘌呤霉素,mRNA 3′端空心部分代表 DNA 接头序列

嘌呤霉素是酪氨酰-tRNA 3′端的类似物,其结构的一部分与腺嘌呤相似,而另一部分与酪氨酸分子相似。与在酪氨酰-tRNA中可切割的酯键相比,嘌呤霉素含有一个不能被水解的酰胺键,其结果是,嘌呤霉素干扰翻译过程,并引起翻译产物的过早释放。

用于mRNA展示技术的所有mRNA模板在它们的3′端都存在嘌呤霉素。当翻译进行时,核糖体沿mRNA模板移动,当到达mRNA模板的3′端时,融合的嘌呤霉素将进入核糖体的A位并被掺入到新生肽中。然后,mRNA-多肽融合体从核糖体上释放下来(图10-12)。

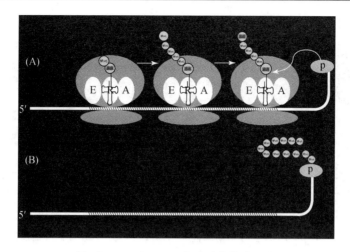

图 10-12　示 mRNA-多肽融合体的形成

（A）核糖体沿 mRNA 模板移动，新生肽链随之不断延伸。当核糖体到达 mRNA 模板 3′ 端时，融合的嘌呤霉素（P）将进入核糖体 A 位。（B）mRNA-多肽融合体被释放。

（引自 http://en.wikipedia.org/wiki/MRNA_display）

为合成 mRNA-多肽融合体，融合嘌呤霉素不是对 mRNA 模板的唯一修饰，在 mRNA 3′ 端和嘌呤霉素之间还需要有一个具有柔性和足够长度的间隔区，以使得嘌呤霉素在翻译到最后一个密码时进入核糖体的 A 位。这种设计可有效地产生高质量的、全长的 mRNA-多肽融合体。实验指出，此间隔区（或 linker）的长度和碱基组成对于 mRNA-多肽的有效融合有很大影响，长度大于 40 个核苷酸和小于 16 个核苷酸时将大大地降低融合体形成的效率，而靠近嘌呤霉素存在 rUrUP 序列时，融合体也不能有效地形成（Liu R，et al，2000）。

除了提供柔性和足够的长度外，间隔区中的 poly(A) 部分由于对 oligo(dT) 纤维素树脂的高亲和性，可用于对 mRNA-多肽融合体的进一步纯化。mRNA-多肽融合体可在逐步增加严紧性的条件下，利用固定化的选择靶位对其进行几轮的筛选。那些结合到靶位分子上的 mRNA 文库中的目标 mRNAs 可通过 RT-PCR 扩增，而没有结合的部分则被淘洗掉。

10.5.2　mRNA 展示的方法

mRNA 展示文库的合成从合成 DNA 文库开始。对于任何要展示的蛋白质或小肽的 DNA 文库可通过固相合成和 PCR 扩增获得。通常，DNA 文库中的每个成员在其 5′ 端都含有 T_7 RNA 聚合酶转录位点和核糖体结合位点。T_7 启动子区允许人们用 *in vitro* T_7 转录体系去将 DNA 文库转录成对应的 mRNA 文库，为接下来的体外翻译提供 mRNA 模板。位于 mRNA 5′ 非翻译区（5′ UTR）的核糖体结合位点（即 SD 序列，见"分子生物学基础分册"）为原核体外翻译所必需。通常利用 *E. coli* S30 抽提物体外翻译体系（来自 Promega 公司）和 Red Nova 裂解物体外翻译体系（来自 Novagen）对 mRNA 进行翻译。

一旦建立 mRNA 文库，用脲-聚丙烯酰胺凝胶电泳（Urea-PAGE）纯化 mRNAs，然后用 T_4 DNA 连接酶将其连到 3′ 端连有嘌呤霉素的 DNA 间隔接头（DNA spacer linker）上。为了增加连接产率，用一个单链 DNA 夹板（splint）辅助这一连接反应。夹板的 5′ 末端设计成与 mRNA 的 3′ 端互补，而夹板的 3′ 末端要设计成与 DNA 间隔接头的 5′ 端互补。由于 DNA 间隔接头的 5′ 端通常是 poly(dA)的序列,所以夹板的 3′末端常对应地设计成一串 dT(图 10-13)。

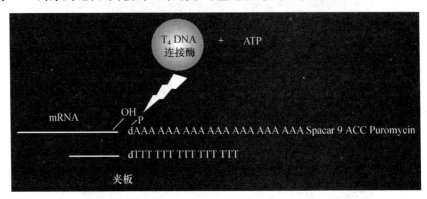

图 10-13　DNA 夹板辅助单链 mRNA/DNA 被 T₄ DNA 连接酶连接

(引自 http://en. wikipedia. org/wiki/MRNA_display)

将连接在一起的 mRNA-DNA-Puromycin 文库在上述的体外翻译体系中(E. coli S30 或 Red Nova Lysate)翻译成以顺式(in cis)方式与编码的 mRNA 共价相连的多肽。体外翻译也可在一个 PURE(protein synthesis using recombinant elements)体系中进行。PURE 体系是一个 E. coli 无细胞系翻译体系,在此体系中只存在关键的翻译成分,氨基酸和氨基酰 tRNA 合成酶这些成分被省去;而化学酰化的 tRNA 加入其中。结果发现,某些非天然的氨基酸,如 N-甲酰氨基酸可掺入肽或 mRNA-多肽融合体中(Kawakami TH, et al, 2008)。

在翻译后,融合体中的 mRNA 部分被反转录成 RNA/DNA 异源双链(heteroduplex of RNA/DNA),以去除任何不需要的 RNA 二级结构,并使融合体中的核酸部分变得更稳定。此步是一个标准的反转录反应,可利用 GIBCO-BRL 公司的 SuperscriptⅡ来完成。

mRNA/DNA-多肽融合体按图 10-14 所示的方法通过与固定化的靶位分子相互作用进行几轮的筛选。在最初几轮的筛选中可能产生相对高的本底,而高本底可以通过增加选择的严紧性来降低到最小,这其中包括调整靶位分子/融合体结合过程中的盐浓度、去污剂的量和/或

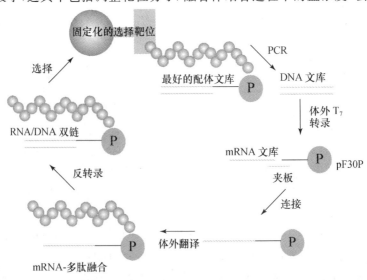

图 10-14　mRNA 展示技术的筛选周期

温度。通过结合筛选后,那些与固定化靶位分子结合的文库成员用 PCR 技术扩增。PCR 扩增这一步将富集对靶位分子有高亲和力的 mRNA 展示文库中的成员。在每一轮筛选之间可用易错 PCR 来进一步增加 mRNA 展示文库的多样性,降低筛选本底(Roberts RW, et al, 1997)。

10.5.3 mRNA 展示技术的优点

与上述其他生物学展示技术相比,mRNA 展示技术有很多优点:噬菌体展示、细菌展示和酵母展示技术所提供展示的蛋白质和肽编码的遗传信息是从微生物基因组中找到的,因此,所获得的文库的多样性及容量受微生物转化效率的限制。噬菌体和细菌文库的容量只达到 $(1 \sim 10) \times 10^9$ 个成员,而酵母文库的容量则更小。这些基于细胞的展示体系只允许筛选和富集含天然氨基酸的蛋白质和肽。与此相反,mRNA 和核糖体展示是体外的筛选方法,其允许文库的容量可达到 10^{15} 个不同的成员。大的文库容量增加了从文库中筛选出非常稀有的基因序列的可能性,也改善了所选择的序列的多样性。此外,体外筛选方法除去了诸如低水平的蛋白表达、快速的蛋白降解等不必要的选择压力,而这些选择压力也可能减少所选择的序列的多样性程度。最后,在整个选择过程中,体外筛选方法可利用体外突变和重组技术改善文库的多样性。

虽然核糖体展示和 mRNA 展示都是体外筛选方法,然而 mRNA 展示与核糖体展示相比有其独到之处(Gold L, et al, 2001)。mRNA 展示是通过嘌呤霉素连接所产生的共价 mRNA-多肽复合体,而核糖体展示则是形成非共价的核糖体-mRNA-多肽复合体。因此,对核糖体展示技术而言,利用选择严紧性要以不破坏核糖体-mRNA-多肽复合体的完整性为前提。这种有限的严紧性选择会给筛选过程中减少本底带来困难。再者,对于核糖体展示而言,多肽是与巨大的核糖体 rRNA 相连,而核糖体的相对分子质量达 2×10^6,这样,在选择靶分子和核糖体之间可能产生不可预见的相互作用,其结果可能导致在筛选过程中丢失潜在的结合蛋白(即展示的蛋白)。相反,用在 mRNA 展示中的嘌呤霉素 DNA 间隔接头与核糖体相比就非常小,它与靶位分子相互作用的机会就少得多。这样,mRNA 展示技术更像是能给出明确的结果。

10.5.4 mRNA 展示技术的应用

Roberts 和 Szostak(1997)利用免疫沉淀的方法首先从一个随机序列 mRNA-多肽库中富集了一个合成的 mRNA 及其编码的 myc 抗原决定基。

Fukuda 及其同事(2006)选择 mRNA 展示方法进行单链(ScFv)抗体片段体外进化的研究。他们选择了具有 5 个共有突变的 6 个不同的 ScFv 突变体。然而,这些突变体的动力学分析表明,其抗原特异性依然与野生型的相似。其后,他们进一步提出 5 个共有突变中的两个是位于互补性决定区内(CORs)。于是得出的结论是,mRNA 展示技术(通过优化 CORs)对于高亲和诊断和治疗抗体的快速人工进化的研究有潜在的用处。

Roberts 及其同事指出,由一个 N-取代氨基酸组成的非天然的肽寡聚物能以 mRNA-多肽复合体的形式被合成(Frankel A, et al, 2003)。含有 N-取代氨基酸的肽具有好的蛋白水解稳定性并改善了药动力学特性。这一工作指出,mRNA 展示技术对于筛选用于治疗的抗蛋白酶水解的类药物肽的研究具有潜在的应用价值。

11 基因打靶技术及其应用

11.1 同源重组与基因打靶

同源重组（homologous recombination）是生物界中广泛存在的一种遗传信息转换方式，有时又称为一般性重组或非特异性重组（general recombination）。它是指相似的 DNA 序列间交换遗传信息的过程。与位点特异性重组（site-specific recombination）或转座重组（transpositional recombination）不同，同源重组不需要特定的 DNA 序列，它可以发生在任何两个有足够的同源性的序列之间。这也就是为什么在细胞内应该存在着大量的与同源重组相关的过程。

基因打靶（gene targeting）是通过同源重组将在一个基因打靶载体（targeting vector）上的一个失活基因去代替在染色体上的野生型基因的技术。因此，基因打靶技术是一种通过同源重组，按预期方式改变活细胞乃至生物有机体的遗传信息的实验技术。打靶载体常含有一个可选择性标记（selectable marker），如新霉素抗性基因（neomycin resistance, Neo^r），而两个与细胞内靶位基因两侧序列同源的同源臂（homology arm）位于其两侧。在同源重组事件中，由

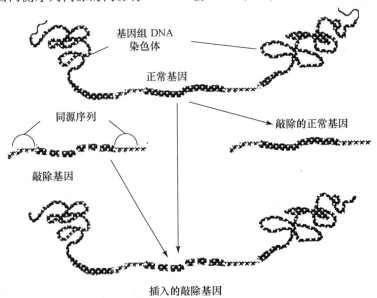

图 11-1 同源重组介导的基因敲除示意图

（引自 Biology100/101. Lecture 17. Biotechnology）

于外源序列的引入或部分取代,使靶基因原有的结构被破坏、失活。通过基因打靶使细胞内靶基因失活的操作又叫做基因敲除(gene knockout)。此外,当靶基因原有的序列为新的基因序列所取代(gene replacement),叫做基因敲入(knockins),以及用以产生可诱导的或组织特异性的基因打靶事件的载体。

图 11-1 给出同源重组介导的基因敲除图解,示用于敲除细胞染色体上正常基因(normal gene)的敲除基因序列(knock-out gene)的两侧具有与染色体内正常基因两侧同源的序列(homologous segments)。通过同源重组将敲除基因序列插入到染色体原正常基因的位点,而原正常基因则从染色体上被敲除(normal gene knocked-out)。

11.1.1　基因打靶载体

一个典型的基因打靶载体(gene targeting vector)一般由三部分组成,即含有要插入到受体细胞基因组中的用于打靶的基因(targeting gene)或外源基因,在外源基因两侧与细胞内靶基因座同源的 DNA 序列以及用于筛选的标记。通常用新霉素磷酸转移酶基因(neo)作为(+)选择标记,表达了新霉素磷酸转移酶基因的受体细胞可以通过在含 G418 的培养基上进行生长而筛选。单纯疱疹病毒的胸苷激酶基因 $HSVtk$ 常作为(−)选择标记,当受体细胞中含有 $HSVtk$ 基因时,$HSVtk$ 基因的表达产物 HSVtk 酶可将丙氧鸟苷(ganciclovir)转化成毒物使受体细胞致死;而不表达 $HSVtk$ 基因的细胞($HSVtk^-$),在含丙氧鸟苷的培养基中可以成活。此外,次黄嘌呤磷酸核糖转移酶基因($HPRT$)也是常用的标记基因,表达 HPRT 的受体细胞可在 HAT 培养基上生长,而 $HPRT^-$ 的细胞则对 6-硫代鸟嘌呤(6-TG)产生抗性,可用含 6-TG 的培养基进行筛选。由于用 $HPRT$ 标记可以进行双重筛选,所以 $HPRT$ 基因作为筛选标记得到越来越多的应用。

目前有两种类型的载体用于基因打靶,分别称为基因插入载体(gene-insertion vector,O-type)和基因置换载体(gene-replacement vector,Ω-type)。图 11-2 给出利用插入型载体(A)和置换型载体(B)进行基因打靶机制的示意图。通过插入载体进行基因打靶时,在基因组序列区(以暗影表示)和打靶载体两臂(以空白表示)同源序列间产生单交换而引起基因的重复,neo 作为(+)的筛选标记引入到靶位。当用置换型载体进行基因打靶时,这时基因组序列和载体上的同源序列间通过双交换产生同源重组,使基因组靶位上原有基因的完整性被打断。在打靶载体上的两个筛选标记 neo 和 $HSVtk$ 在重组过程中命运不同:neo 作为(+)的筛选标记被引入靶位;而 $HSVtk$ 由于处在载体的末端的同源区序列之外,在同源重组过程中不能整合入受体细胞基因靶位,因而往往丢失。如前面所述,由于 $HSVtk$ 基因的表达产物 HSVTK 酶可使丙氧鸟苷转变成为使受体细胞中毒死亡的毒性核苷酸,因而可用含丙氧鸟苷的培养基排除随机整合的细胞株(即此细胞含有因随机整合导入的 $HSVtk$ 基因),从而使成活的受体细胞中含所要的同源重组的序列的比例提高,也即提高了由打靶载体所产生的有效重组的效率。从图中可以清楚地看到,基因插入载体是通过单交换实现同源重组的,其结果是使得遗传物质重复(duplication)。置换载体是通过双交换实现同源重组,这样载体上的 DNA 序列置换了靶位上的 DNA 序列,使靶位上的基因失活并在靶位插入选择性基因(neo)。打靶载体在组建时常为环形,为了提高打靶效率,进行打靶时要使其线性化(图 11-2)。

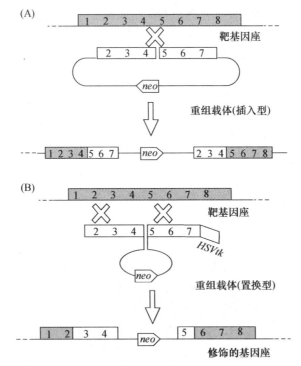

图 11-2 基因打靶的可能机制:插入型载体(A)和置换型载体(B)

(引自 Morrow A, et al, 1993)

11.1.2 影响基因打靶效率的因素

基因打靶要达到实用化,关键是有效、精确,即打靶过程必须定向、特异。影响基因打靶效率的因素很多,包括:

(1) 重组序列之间共有的同源序列的长度。通过染色体外质粒同源重组频率同它与靶基因同源性的程度成正相关这一事实,人们对同源性与重组效率之间的关系进行了各种比较研究。用小鼠的次黄嘌呤磷酸核苷转移酶基因作为靶目标进行同源重组,当靶基因两侧的同源性增加 1 倍时,同源重组效率提高 10 倍。将分别具有 2 kb 和 14 kb 同源性的两个载体相比,具有 14 kb 同源性载体的同源重组频率要比 2 kb 者高出 100 倍。实验指出寻靶效率的峰值是同源性为 14 kb。这一发现强调,在寻靶载体上同源性如达到最大限度,其同源重组的频率就会明显提高。

(2) 在有丝分裂的细胞中,同源重组具细胞周期依赖性。转染的 DNA 片段之间的同源重组在 S 期易发生,于是人们认为将受体细胞同步化到一个适当的时期,可有利于提高基因打靶的效率。

(3) 转染的方式可能影响基因打靶的效率。有证据表明,核显微注射比用磷酸钙共沉淀及电穿孔法可获得更高的打靶效率。Thomas 等人观察到,用显微注射法进行基因打靶时,同源重组和随机整合之间的比率为 1:100,在 1000 个细胞中有一个可以打靶重组,但核显微注射法不可能同时转染大量的细胞。

(4) DNA 分子的线性化可提高基因打靶效率。线性化的基因打靶载体比环化的载体的打靶效率要高。在转染分子中将与靶序列同源的序列处切断,使靶载体成为线性分子,对于提高打靶效率特别有用。

(5)阻断细胞内随机整合的概率。在转染哺乳动物细胞过程中,抑制 poly(ADP-核糖基)转移酶,可以抑制 DNA 的随机整合。过去常用 3-甲氧基苯酰胺(3-methoxy benzamine)作为抑制剂,但由于其对细胞有高的毒性,现在改用反义核酸或者核酶来使 poly(ADP-核糖基)转移酶的 mRNA 失活。

(6)转录可增加酵母和哺乳类细胞中的重组。由此想到,活跃的转录可增加打靶效率,所以在用于打靶的重组体中加上强的启动子,使转录活性提高,有利于提高打靶效率。

(7)用致癌物或胸苷酸类化合物处理哺乳类细胞,可以诱发同源重组。但这样做同样可使细胞基因组的突变提高几倍。

(8)加入少量的参与 DNA 重组的蛋白质(如 recA、recBCD、SSB 蛋白等)与要转染的 DNA 一起进入细胞,可以提高打靶效率。其方法是将要转染的 DNA 在 *in vitro* 先同这类蛋白混合,再进行转染。如 recA 蛋白可与 DNA 形成核蛋白纤维,再进入细胞。

11.1.3　转染 DNA 的方法及重组体的鉴定

很多方法可以将用于基因打靶的重组体导入受体细胞,如:显微注射法、化学法(磷酸钙共沉淀、DEAE 葡聚糖介导的转移法)、物理学方法(电穿孔、颗粒轰击等)以及生物学方法(脂质体法、病毒 DNA 及反转病毒载体、病毒空衣壳-DNA 复合体、重组装病毒蛋白外被作为运载体等),这些方法都可以作为基因打靶的手段。值得指出的是,利用电穿孔法以及化学法介导的基因转移易产生基因重排及整合不稳定。DNA 分子的转染过程包括很多步骤:首先是与细胞表面接触,然后被细胞膜摄取进入细胞质,进而通过核膜进入细胞核,在核中其同核蛋白相互作用,最终完成重组反应。由于很多病毒侵染细胞的过程与此相仿,所以,建立模拟病毒体系的运载体,可使重组 DNA 的转染效率提高。

由于在高等真核细胞中基因打靶的效率低,所以,建立有效的筛选重组体的方法是获得所需要的工程细胞的关键。目前所用的筛选方法有:通过基因打靶在基因组靶位引入可选择标记,如前面所介绍的 *neo*、*HSVtk*、*HPRT* 基因标记,通过筛选受体细胞表型的改变,对受体细胞进行筛选。如果已不再表达抗原蛋白的缺损基因通过基因打靶得到了校正,那么可利用特定的抗体-抗原的免疫反应筛选出又能产生此抗原蛋白的工程细胞;利用 PCR 方法,通过基因扩增的方法来鉴定出含有重组 DNA 的细胞等(Hooper M,et al,1987;Van Deursen J,et al,1991;Reid LH,et al,1990;McClelland A,et al,1987;Jasin M,et al,1998;Jasin M,et al,1990;Le Mouellic H,et al,1990;Kim HS,et al,1988)。

在哺乳类细胞中的基因打靶,已经成为一个对哺乳类细胞基因组进行分析的重要的遗传工具。人们可以利用这一技术对哺乳类细胞基因组进行准确的单碱基取代、外源基因的插入,乃至进行大片段 DNA(如 500 kb)的插入或缺失。通过这样的基因操作,可对哺乳类基因组中特定基因或一组高度相关的基因的功能进行研究。

11.1.4　利用基因打靶,通过胚胎干细胞产生纯合鼠

胚胎干细胞(embryonic stem cell,ES cell)是多潜能的细胞,当将 ES 细胞注入受体胚胎(blastocysts,哺乳运动着床前的囊胚)后,其能将它携带的遗传信息通过种系(germline)进行

传递。下面介绍如何利用基因打靶技术,通过 ES 细胞产生纯合鼠(homozygous mice)。此处是表示如何产生双隐性纯合鼠。

胚胎干细胞来源于雄鼠胚胎,含有野生灰毛基因(agouti)。通过基因打靶将此野生型基因破坏,利用 PCR 和分子杂交技术筛选出含有此缺损基因的细胞系;然后,将含有此突变的 ES 细胞注入含黑毛基因的胚泡中,再将此胚泡植入到假孕的雌鼠的子宫中发育,结果产生出黑白相间的嵌合鼠。当将嵌合鼠与黑毛的雌鼠(+/+)杂交后,可以产生出+/−的杂合鼠;最后,通过将杂合鼠间的交配可得到双隐性(−/−)纯合鼠(图 11-3)。

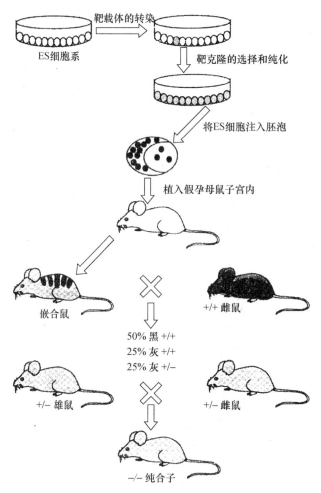

图 11-3　利用 ES 细胞产生纯合子小鼠的图解
(引自 Morrow A,et al,1993)

通过图 11-3 所示的方法确实可以得到某一特定基因突变的纯合子,这样的纯合动物作为一种研究基因功能的模型是很重要的。然而,利用整体动物对特定基因的功能进行研究就显得不方便。是否可产生纯合的细胞系呢? 研究指出,这条路是可行的,且非常有意义。随着在哺乳动物细胞中的基因序列可通过同源重组进行基因打靶技术的日臻完善,一些产生纯合突变细胞的方法相继出现。通过基因打靶及同源重组,可以使一个特定基因的两个拷贝(等位基因)都失活。利用这样的突变体细胞研究特定细胞的功能,比用整个动物或组织更方便。这些方法是利用包括 ES 细胞或其他类型的细胞来完成的(Mortensen RM,et al,1991;te Riele

H，et al，1990）。Mortensen 等人（1992）报道了利用单一的敲除构件（a single targeting construct）产生纯合突变 ES 细胞的方法。如图 11-4 所示，这个方法的特点是利用置换型打靶载体（图 11-4（A））对 ES 细胞基因组进行基因打靶，在 ES 细胞基因组的靶位点处发生同源重组，这样，靶位基因中的一个外显子（如 exon6）被打靶载体上的新霉素抗性基因（neo）打断，从而导致整个基因失活（图 11-4（B）），即同源重组后使目标基因（exon6）被 neo 抗性基因所破坏。如前所述，处于打靶载体同源区之外的（－）选择标记 HSVtk（图 12-4（A））则从靶位处丢失（图 12-4（B））。这一过程称为单一基因敲除（single knockouts）。通过第一次敲除，同源重组过程产生出对此特定基因而言的杂合（＋/－）细胞。这时，此基因的另一等位基因仍然存在；因此，要想得到纯合（－/－）细胞必须进行第二次基因敲除，这就是所谓的双敲除法（double knockouts）。为了区分两次基因敲除，一般是利用含不同阳性（＋）选择标记的置换型打靶载体对靶位进行敲除。最后，通过对受体细胞进行双标记（抗性）筛选获得（－/－）纯合细胞。Mortensen 方法是对双敲除法进行了改良，在单敲除（即第一次敲除，之后得到（＋/－）杂合细胞的基础上，将（＋/－）杂合细胞在高浓度的 G418 培养基中培养。很多在高浓度 G418 培养基中能生长的细胞就是纯合（－/－）细胞，但含有两个 G418 抗性基因（neoʳ）拷贝。此方法不但可以不用双敲除法获得纯合细胞，而且由于此法不依赖于基因的表型进行筛选，可应用于任何对细胞成活不造成影响的基因。此方法不但适用于 ES 细胞，也适用于其他细胞系，还可以应用于 2 个乃至多个基因的突变。

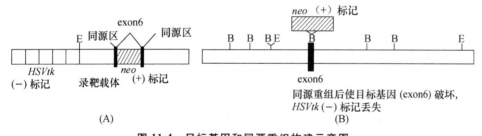

图 11-4 目标基因和同源重组构建示意图

（引自 Mortensen RM，et al，1992）

基因敲除小鼠可有多方面的用途。它们可用以检验各种特定基因的特异性功能，并阐明这些基因是如何被调控的过程。基因敲除小鼠的最重要的用途之一是用于生物医学研究中。以基因敲除小鼠为模型，在分子水平上对各种遗传病的机制进行研究；更好地了解某个特定的基因与特定疾病之间的关系，进而寻找、发现作用于这个基因的药物。

虽然基因敲除技术大大方便了生物医学和相关药物开发的研究，然而也存在着若干局限性。例如，由于发育上的缺陷，很多被敲除基因的小鼠在胚胎期死亡，减少获得足够动物模型的概率。即使获得了成活的小鼠模型，而某些敲除小鼠模型在物理和生理（或表型）特性方面与人类相比存在某些差异。例如，敲除 p53 基因的小鼠所患的肿瘤与 p53 缺损的人所患肿瘤谱有明显不同。这表明一个特定的基因在小鼠和人中可表现出不同的功能。这一现象限制了将敲除基因小鼠作为人类疾病研究模型的应用。

此外，敲除基因小鼠的费用高也限制了其应用范围。

11.2 组织特异性的基因打靶

组织特异性基因打靶（tissue-specific gene targeting）又称条件基因敲除（conditional knockouts)。常规的基因敲除技术的目的是将两个等位基因都敲除掉,使此基因在所有细胞中都被去除。与此相反,条件基因敲除的目的是使一个基因在一个特定器官、特定细胞类型或在特定的发育阶段中被缺失掉。

在生物有机体中,一类基因是在所有的细胞类型和所有发育阶段都表达,这类基因称为看家基因(house keeping genes);而另一类基因只在特定的细胞类型或特定的发育阶段,通过接受特定的信号(例如,激素等)才表达,这类基因表达称为细胞特异性基因表达(cell-specific gene expression)。研究人员已开发出组织特异性基因打靶技术,在特定的时间、特定的细胞类型中对这类基因进行敲除以研究其功能。在这些技术中Cre-LoxP重组酶系统(Cre-LoxP recombinase system)是最广泛应用的方法。

11.2.1 Cre-LoxP 系统

在介绍组织特异性基因打靶之前,首先要弄清何谓 Cre 和 LoxP。有一种称为 P1 的 *E. coli* 噬菌体中产生一种叫做 Cre(cyclic recombinase)的酶,其功能是将 P1 噬菌体 DNA 切割成适当的长度,以便将其包装进新的病毒颗粒中。Cre 属于重组酶家族,在不需任何辅助因子的条件下将特定的 DNA 序列进行重组。LoxP(locus of xover P1)是存在于 P1 噬菌体 DNA 上的一个位点,其由 34 个碱基对组成,为 Cre 酶蛋白所识别。LoxP 的结构如下:

13 bp   8 bp   13 bp

ATAACTTCGTATA—GCATACAT—TATACGAAGTTAT

此序列中间存在一个由 8 bp 组成的不对称(间隔)序列,而在其两侧分别有 13 bp 组成的回文序列。LoxP 序列具有方向性,这种方向性是由间隔区序列(即 8 bp)所决定。Cre 催化的重组事件发生在间隔区。当两个 LoxP 序列方向一致时,位于 LoxP 位点之间的序列被切除;当两个 LoxP 序列方向相反时,插于 LoxP 位点之间的序列被转向(反转)(图 11-5)。实验指出,Cre 重组酶不但能介导处于 LoxP 位点之间的分子内重组,也能介导 LoxP 位点之间的分子间重组。

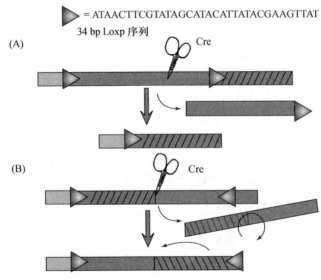

图 11-5　Cre-LoxP 系统

示 LoxP 位点可被插入到一个 DNA 序列的两侧。(A) 当 LoxP 方向一致时,位于 LoxP 之间的 DNA 序列被 Cre 切除,并将其余序列再连接。(B) 当两 LoxP 位点反向时,处于 LoxP 之间的 DNA 序列被切开,并反向重新插入。

11.2.2　组织特异性基因敲除小鼠

Cre-LoxP 系统作为组织特异性基因敲除的工具可以对组织分化过程中表达的基因功能进行研究。这是因为用常规基因敲除法常导致小鼠在早期胚胎发育过程中致死,从而限制了对这些基因的研究。此方法也可以用于剔除在特定组织中、在某一时间点过高表达的转基因(transgene),由此研究转基因表达下调的反向作用。

组织特异性基因敲除小鼠的建立需要首先建立两个小鼠品系:第一个品系是利用诸如前面所述的胚胎干细胞介导的常规方法产生 Cre 转基因小鼠。所不同的是,编码 Cre 的基因要在一个组织(或细胞)特异性的启动子(和增强子)调控之下,这些调控序列必须在组织(或细胞)特异性转录因子结合的情况下才能起始 Cre 基因的表达。第二个品系是产生在靶基因(内源基因或转基因)两侧插入方向一致的 LoxP 位点,即产生含 floxed 基因(靶基因)被 LoxP 序列标记的转基因小鼠(图 11-6)。当将这两种小鼠交配后产生子一代的转基因鼠细胞中含有在组织特异性调控序列控制下的 Cre 基因和插入到 LoxP 序列之间的靶基因(即要对其功能研究的基因)。如图 11-6 所示,只有在组织特异性细胞中才有 Cre 基因的表达,而只有 Cre 基因表达的细胞才能将靶基因敲除;而对于其他细胞由于不产生特异性的转录因子,故虽然含有 Cre 基因序列,Cre 基因也不能表达。

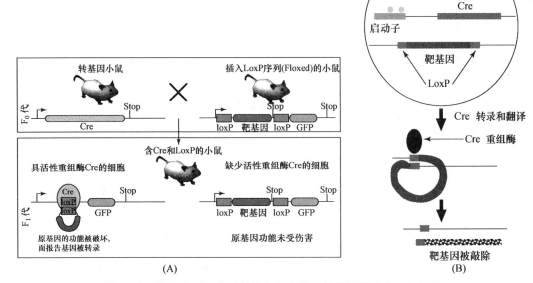

图 11-6　利用 Cre-LoxP 系统进行组织特异性基因敲除的工作原理

(A) 通过建立两个小鼠品系(F_0 代)产生组织特异性基因敲除小鼠(F_1 代)。(B) 在组织特异性细胞中,由于产生组织特异性转录因子,激活 Cre 基因上游的启动子使 Cre 基因表达,产生 Cre 重组酶,使特异性基因敲除。(即(A)F_1 代中左图的详解)

组织特异性基因敲除方法与常规方法相比不仅使基因敲除鼠成活期延长,而且敲除位点更精确。因为利用 Cre-LoxP 系统,Cre 只在某些特定类型的细胞中表达,所以靶位基因只有在这些细胞中,也只有当研究者需要时才可被敲除,因此更有利于对不同分化阶段的基因功能进行研究。值得指出的是,通过对各种功能的基因组件的构建,如当在启动子序列和转基因编码区之间事先插入转录终止序列,当需要此基因表达时,可利用 Cre-LoxP 的工作原理切除终止序列,从而开始外源基因(转基因)的转录和表达。Cre-LoxP 系统也可应用于转基因植物的遗传操作。

11.3　转座子介导的基因打靶

如前所述,用于基因打靶的载体通常是由一个选择性标记基因和位于其两侧的、与靶位基因同源的两个区域组成。在一个同源重组事件中,选择性标记取代了靶基因的关键元件(或序列)致使靶基因失活。人们将此过程称为基因敲除(gene knockout)。此外,基因打靶技术也可用于基因的取代(replacement),即基因敲入(gene knockin)和组织特异性基因敲除。组建基因打靶载体通常是一种费时、费力又费钱的工作,也需要相当熟练的技术。以转座子为基础构建的基因打靶载体为基因敲除提供了较简便的方法。

11.3.1　转座子简介

转座子(transposon)是可在细胞基因组中到处移动的 DNA 序列。在此移动过程中可引起基因突变以及增加或减少基因组中 DNA 的含量。这些可移动的 DNA 序列有时又称跳跃基因(jumping genes),它们有三种类型:① 反转转座子(retro-transposon)。其首先将 DNA 转录为 RNA,然后用反转录酶产生 RNA 的 DNA 拷贝并将其插入到新位点。如长散置核元件(long interspersed nuclear elements,LINEs)属于此类转座子。人类基因组中含有 868 000 个 LINEs,占基因组的 20.4%。绝大多数 LINEs 属于 LINE-1(L1)家庭,以此为基础构建的基因敲除载体将在后面介绍。② 第二类转座子仅由 DNA 组成,很多这类转座子通过“切除-粘贴”(cut and paste)机制在基因组中移动,即转座子序列从一个位置切下,又插入到新的位点,类似于计算机中“Ctrl+X”和“Ctrl+V”,此过程需要转座酶(transposase)。转座酶与转座子两端的反向重复序列结合。某些转座酶需要特定的序列作为其靶点,还有一些可将转座子插到基因组的任何地方,果蝇中的 P 元件(pelement)就属于这类转座子。③ 第三类转座子是所说的最小反向重复可转移元件(miniature invertedrepeats transposable elements,MITEs)。从水稻和巨线虫基因组序列分析得知,在其基因组中含有千万个重复拷贝,其长度约为400bp,其旁侧序列是由 15bp 组成的反向重复序列,如:

5′-GGCCAGTCACAATGG……CCATTGTGACTGGCC-3′

|←约 400 个 bp→|

3′-CCGGTCAGTGTTACC……GGTAACACTGACCGG-5′

MITEs 太小,不能编码任何蛋白质,它们是如何被拷贝又转移到新的位点,其机制尚不清楚。可能是较大的转座子可编码必需的酶并识别相同的反向重复序列。

在水稻基因组中含有 100 000 个 MITE 序列,占其整个基因组的 6% 左右,MITEs 的插入可引起某些突变。MITEs 序列也存在于人、爪蟾和苹果等基因组中。

在细菌中的转座子除了含有转座酶基因外,还含有一个或多个抗性基因,使细菌对抗生素产生抗性。当这样的转座子掺入到质粒中时,可以在细胞间转移,使细菌抗药性迅速蔓延。

在这些情况下转座是以“拷贝-粘贴”机制进行的。此过程需要一种拆分酶(resolvase)存在,它也被编码在转座子上。原初的转座子仍留在原位,而新的拷贝则插入到新的位点。

反转转座子的转座也采用"拷贝-粘贴"机制,所不同的是产生的是 RNA 拷贝而不是 DNA 拷贝。很多的反转转座子在其两侧含有长的末端重复序列(long terminal repeats,LTR),其长度可超过 1000 bp。

转座子可作为一类诱变剂或突变剂(mutagens)。当转座子插入一个功能基因中,将可能对此功能基因造成损害;插入外显子、内含子,甚至基因的旁侧序列,其可能含有的启动子和增强子都能破坏或改变基因的活性;此外,在切除和粘贴转座中,对留在原位的缺口的错误修复可导致在此处发生突变。这些就是利用转座子介导进行基因敲除的理论基础。

11.3.2 转座子介导的基因敲除

图 11-7 给出转座子介导的基因敲除的示意图,其中:(A)示转座子的基本结构。在转座酶基因的两侧分别是左臂和右臂(即上面所说的反向重复序列),可为转座酶所识别,在转座酶介导下负责转座子转座的 DNA 序列。(B)是工程化的转座子载体,转座酶基因处插入报告基因和抗生素抗性基因,分别用以观察和对转座子载体是否能成功插入受体细胞基因组进行观察和筛选。(C)显示转座子载体随机插入细胞基因组,导致靶基因失活。

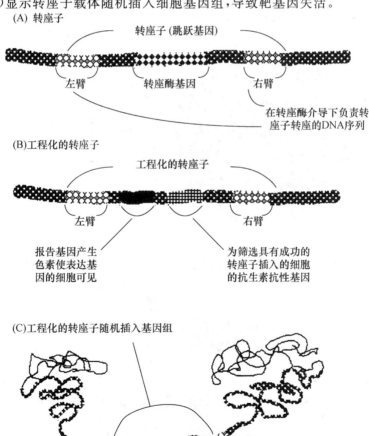

图 11-7 转座子介导的基因敲除示意图

(A),(B)分别示一般转座子结构,工程化的转座子载体;(C)显示转座子载体随机插入基因组,导致靶基因失活。

下面介绍两种转座子介导的基因敲除技术：

1. L1 反转转座子技术(L1 retrotransposon technology)

如前所述，反转转座子如 LINE-1(L1)是借助"拷贝-粘贴"机制进行转座的，这类转座子大量存在于很多真核生物中。L1 中存在三种组成成分：在其 5′非翻译区含有一个内部启动子(small internal promoter)，用以启动其下游基因的转录；在启动子下游存在两个开放读码框 ORF1 和 ORF2；在 3′端非翻译区存在 poly(A)序列。两个 ORFs 编码为自主反转转座所必需的蛋白质，ORF1 编码 RNA-结合蛋白；而 ORF2 编码具有核酸内切酶和反转录酶活性的蛋白质。这两种蛋白质能非常特异性地结合和作用于为其编码的 RNA 转录本(mRNA)上，能几乎专一地使亲本 L1 RNA 产生转座。

图 11-8(A)给出了 L1 反转录转座子的"生命周期"：在细胞核中，L1 转录出含 poly(A)的 mRNA，其转运到细胞质后翻译出 RNA-结合蛋白(ORF1 蛋白)和 ORF2 蛋白，并与自身的 mRNA 结合后输回到细胞核中。在核中，利用 ORF2 蛋白的反转录酶活性(RTase)，将转录出的 L1 RNA 通过一个"靶引发的反转录过程"(target primed reverse transcription，TPRT)(Luan DD, et al, 1993)产生它的 DNA 拷贝并将其整合到基因组中。所谓 TPRT，即为在细胞核中，ORF2 蛋白的核酸内切酶活性使靶 DNA 产生切口，暴露出一个 3′-OH，以此 3′-OH 为引物，以 L1 RNA(mRNA)为模板产生 L1 DNA 的过程。

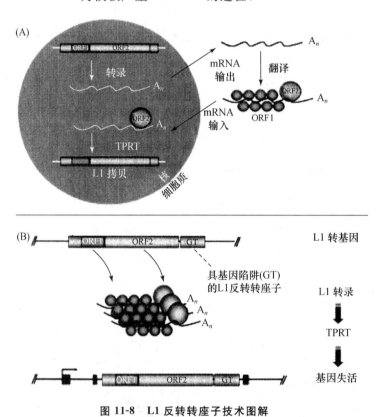

图 11-8　L1 反转转座子技术图解

(A) L1 反转转座子的生命周期；(B) L1 介导的基因敲除图解。●,ORF1 蛋白；●,ORF2 蛋白。

图 11-8(B)示 L1 反转转座子如何介导基因的敲除：利用基因工程技术在 L1 反转转座子 5′端融合基因陷阱(gene trap,GT)序列,此 GT 序列为一报告基因和(或)选择标记基因 (selectable marker,如,抗性基因),形成 L1 转基因(L1 transgene)。加入 GT 的目的是当 L1 转基因随机插入到基因组功能区后,L1 内部启动子可启动 GT 基因的转录,进而表达,以此来确定 L1 转座子是否插入到基因组中。产生 GT 的技术又称基因捕获(gene trapping) (Skarnes WC,et al,2004)。L1 转基因(即 L1 载体)转录后,再经过如上所述的 TPRT 过程插入到细胞基因组中,使被插入的基因失活(gene disruption),达到基因敲除的目的。

反转转座子介导的转座使 L1 具有某些独特的优点：由于 L1 可从其内部启动子连续地转录,可无限制地提供这类"插入突变剂"(insertional mutagen),这样,此类载体可使细胞基因组中产生大量突变。L1 可随机插入到基因组中的大量位点(Ostertag EM,et al,2002; Babushok DV,et al,2006;Cost GJ,et al,1998)。L1 在基因组中的插入也是不可逆的,这样很多由 L1 引起的突变事件都打上 L1 序列的标签,从而便于跟踪。

2. 睡美人(SB)转座技术

睡美人(sleeping beauty,SB)转座子像其他 DNA 转座子一样,是通过"切除-粘贴"机制进行转座的元件,是 1997 年从古硬骨鱼的序列组建的(Ivics Z,et al,1997),已用于对实验室脊椎动物进行基因转送和突变的工具。SB 转座子系统由两部分组成：① 转座子,在其侧面为两个约 230 bp 的反向重复序列(inverted terminal repeats,ITRs);② 转座酶,是具催化活性的 DNA 重组酶,其功能是识别和结合位于转座子旁侧的 ITR 序列并催化转座子从宿主基因组染色体的一个位点到新位点的转座。这一转座过程总是需要在靶位点存在 TA 二核苷酸序列(图 11-9(A)),而每一次的插入位点都是随机的。

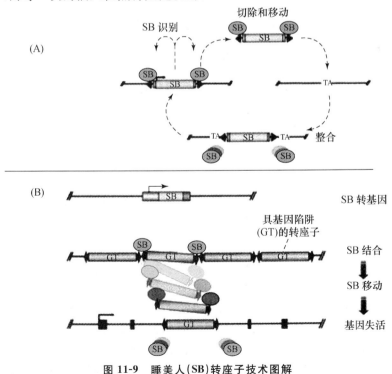

图 11-9　睡美人(SB)转座子技术图解

(A) SB 转座子的生命周期;(B) SB 介导的基因敲除图解。

图中"◀ ▶"代表 ITR 反向重复序列。

SB 转座子系统是一种有用的、可在很多脊椎动物中进行插入突变的工具,特别应用于大鼠和小鼠的生殖细胞系的突变。现以在大鼠中 SB 基因陷阱突变加以介绍。这一突变过程是由两个独立的转基因鼠来完成的。第一个转基因鼠品系称做 Pgk2-SB11 鼠,SB 转座酶的表达由生殖细胞特异性的磷酸甘油酸激酶 2(Pgk2)启动子调控。转座酶只在发育中的配子(gametes)中表达和催化转座(图 11-9(B)的上图给出 SB 转基因的简图,箭头指的是 Pgk2 启动子)。第二个转基因鼠品系是在一被称为给体位点(donor site)的大鼠染色体上的单一位点,携带多个拷贝的 Bart3 基因陷阱转座子(图 11-9(B)的中图给出多个拷贝的 Bart3 基因陷阱转座子简图,用 GT 表示每个 Bart3)。SB 转座子介导的基因敲除是使 Pgk2-SB11 和 Bart3 转基因鼠通过交配产生双转基因鼠(bigenic)来完成的(图 11-9(B)示存在于双转基因鼠精子细胞中的两种转座子)。如图 11-9(B)所示,SB 转基因(SB transgene)转录、翻译产生 SB 转座酶后结合到 GT 两端的 ITRs 序列,然后催化融合有基因陷阱序列的转座子(transposon with gene trap)转座,随机插入到基因组的靶位点使靶基因失活(gene disruption)(图 11-9(B)下图)。

图 11-10 示图 11-9(B)中 SB(上图)和基因陷阱(GT,中图)转座子(Bart3)的结构图。转座酶 SB11 是在大鼠磷酸甘油酸激酶启动子(PGK2)的调控下表达;而 Bart3 基因陷阱转座子可通过其剪接受体位点(splice acceptor)和 poly(pA)序列插入到靶基因的内含子或外显子中使靶基因失活,达到基因敲除的目的。

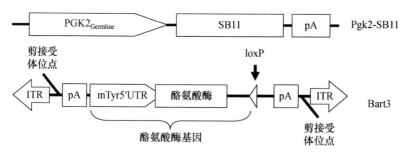

图 11-10 图 11-9B 中 SB 和 GT 结构图

转座酶 SB11 是在 PGK2 启动子调控下表达;基因陷阱(GT,即 Bart3 单体)是由 poly(A)酪氨酸酶 5′非翻译区(mTyr5′UTR)及酪氨酸酶基因、转录剪接受体序列、LoxP 及两侧的 ITR 组成。

SB 转座子在研究基因功能和发现新基因方面具有明显的优势。这是因为:① 其在特定基因组区内或在特异性识别序列内的插入很少有偏倚性;② SB 转座子的再插入提供了一个序列标签,为用简单的 PCR 克隆方法快速认定特异性突变提供了方便;③ *in vivo* SB 插入突变允许在一个动物和一个单一组织中快速且容易地产生多个突变。

11.4 RNA 干涉与基因敲除

在"分子生物学基础分册"中我们介绍了 RNA 干涉(RNAi)与基因沉默的机制。由于 RNA 干涉现象在生物界普遍存在,其以一种非常明确的方式抑制了基因的表达。RNA 干涉已成为一种快速、高效、极便于操作的使靶基因失活的技术。

在一些生物有机体中,当将双链 RNA 导入细胞中,可通过所谓的 RNA 干涉过程抑制基因的表达。然而在绝大多数哺乳动物细胞中这种操作引发了很强的细胞毒性反应。后来发现,用合成的短(21~22 个核苷酸长)的干涉 RNA(siRNA)能介导强的和特异性的基因表达抑制。然而,这样的基因表达抑制作用是瞬时的,因此严重限制了其应用。为了克服这一限制,研究人员设计出指导 siRNA 合成的载体。第一个表达载体是由 Brummelkamp TR 实验室所设计,用以在哺乳动物细胞中表达 siRNA 的载体 pSUPER。图 11-11 给出 pSUPER 载体的图谱及可能合成的 siRNA 的序列及结构图。siRNA 的合成是在 H1-RNA 基因启动子的调控之下完成。H1-RNA 是人核 RNase P 中的 RNA 组分,被一特定的基因编码并为 RNA 聚合酶Ⅲ所转录。之所以利用 RNA 聚合酶Ⅲ转录是因为其产生的小 RNA 转录物(如抗 CDH1 的转录物)不含 poly(A)尾、具有确定的转录起始和转录终止信号(如图 11-11(A)中的 T_5(T-T-T-T-T))。实验指出,pSUPER 所转录出的抗 CDH1 的 siRNA 能有效地抑制 CDH1 基因的表达,而 pSUPER 所转录出的抗 p53 序列也有效地抑制 p53 的表达,其抑制效率>90%。实验也指出人工设计的 siRNA 的序列中即使一个碱基的突变也严重影响其生物功能,因此精确地设计 siRNA 编码的 DNA 序列对于产生高活性的 siRNA 是十分重要的。

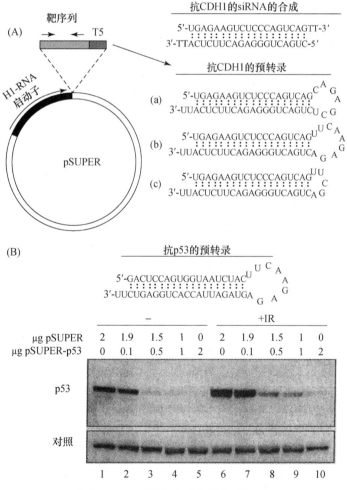

图 11-11 pSUPER 表达载体的结构图

(A) 示 pSUPER 图谱(未标出 *ori* 及选择标记)及化学合成的抗内源基因 CDH1 的 siRNA 和利用 pSUPER 转录出的抗 CDH1 的 siRNA 类似物结构。(B) 从 pSUPER 转录的抗 p53 的 siRNA 类似物结构及显示 pSUPER-p53 可抑制 p53 的表达。(引自 Brummelkamp TR, et al, 2002)

现在很多生物工程公司推出很多质粒型的 siRNA 表达载体,所用的启动子有 U6、H1、CMV 等启动子,而选择性标记则用新霉素抗性基因(neo^r)、潮霉素、Zeomycin、嘌呤霉素(puromycin)等抗性基因;还组建出可诱导的 siRNA 表达载体,如含有四环素操作子(tet operator,Tet01)序列的可诱导 siRNA 表达载体(见 Genscript corporation 样本等)。

siRNA 的细胞内的有效表达,为特定基因表达的抑制,即特异性基因敲除开辟了一条十分特异的、有效且更经济的手段,并在一系列基础研究中已得到广泛的应用。

11.5　反义核酸技术

从分子生物学的中心法则可以看到,无论是编码蛋白质的基因,还是编码 RNA 的基因,它们的精确复制、转录和翻译是以核酸分子之间正确的碱基配对为前提的。如果在基因的复制、转录、翻译过程中加入一个同目标基因互补的序列,它将会与目标序列进行杂交,影响其表达过程。这个互补的序列通常被称为反义序列或叫做反义核酸。反义核酸又可分为反义 DNA 和反义 RNA。实际上无论是原核细胞还是真核细胞中,都存在天然的反义 RNA (natural antisense RNA),它们在原核和真核基因的表达调控中可能起着重要的作用。

根据对各种基因序列(包括调控基因序列和为蛋白质或 RNA 编码的基因序列)的了解,可以合成一系列的反核酸序列,然后通过各种手段将其导入到细胞中,从而控制特定基因的表达过程。以此为依据而发展起来的生物技术就称为反义核酸技术。在实验室化学合成特定的寡核苷酸片段(DNA 或 RNA)虽然已是容易进行的工作,但当将这些序列导入细胞后,它们易受到各种核酸酶的降解。为了解决这一问题,人们研究出可以抗核酸酶降解、又能同目标 DNA 有效地进行碱基配对的类似物,如经修饰的寡核苷酸的出现(Reid LH, et al, 1990),使得这一问题得到一些解决。通过基因工程,即 DNA 重组的方式产生反义 RNA 的方法,应该说是反义技术的一个重大进展。

这种在细胞内表达反义 RNA 的原理实际很简单,就是将部分或全部正常基因的序列以相反的方向插入到一个启动子的下游区,使这个"反向基因"可以在启动子的调控下有效地转录。当将这样的一个重组体通过各种方法导入到宿主细胞中后,就可在细胞内产生反义 RNA。反义 RNA 如果是同 mRNA 互补,就抑制了 mRNA 的有效翻译;反义 RNA 如果能同特定基因的调控区互补,则就会妨碍调控区下游基因的正常表达;等等。还可以将反向基因插入到时空特异性、细胞组织特异性的启动子下,对具有时空特异性、细胞组织特异性的基因的表达调控进行研究和利用。通过反义核酸调控特定基因的表达已取得很大发展,在植物的抗病、保鲜、植物品种的质量控制以及基因治疗中都具有广泛的应用前景(Agrawal S, 1992; Cohen JS, 1992; Chubb JM, et al, 1992; Wickstrom E, 1992; Murray JAH, 1992)。

11.6　细菌基因敲除方法

在此介绍细菌中基因敲除的方法。几种不同的方法可在细菌中产生基因敲除突变。

(1) 随机突变,可通过随机插入诸如 Tn5 或 Tn916 等导致基因敲除突变。利用这种方法时,通常需要一个代谢标记(metabolic marker)进行表型选择(例如,突变体将不能在以麦芽糖作能源的培养基中生长),这样可从成千上万个克隆中筛选出产生正确突变的克隆。如用 Epicentre Biotechnologies 的 EZ-Tn5 转座体(transposome)就可以很方便地对微生物品系进行基因敲除的工程操作(图 11-12)。此 *in vivo* 转座系统的简便性依赖于其能产生稳定的转座酶-转座子复合体。图 11-12(A)给出转座酶-转座子的形成过程。此复合体可通过电穿孔法转入宿主细胞,转座子成分随机地插入到宿主基因组 DNA 中。最后通过表型筛选、DNA 测序等得到正确的突变菌株。这类突变菌株可用于新代谢途径、蛋白质表达及鉴定新基因等研究。

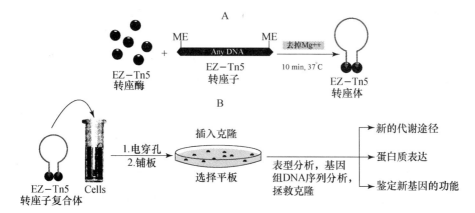

图 11-12　转座子 Tn5 介导的基因敲除过程

(A) 在无 Mg^{2+} 条件下,EZ-Tn5 转座子与 EZ-Tn5 转座酶形成稳定的复合体(EZ-Tn5 转座体)。ME 是指修饰的转座子末端序列。(B) EZ-Tn5 转座子复合体经电穿孔转入宿主细胞,在选择培养基上进行表型筛选以及其后的基因组 DNA 序列分析、拯救克隆,最终确定阳性克隆。

(2) 定位突变(site directed mutagenesis),也称等位(基因)交换(allelic exchange)。简单地说就是,如果目标基因的序列已知,通过遗传操作使载体在抗性基因(或选择标记)旁侧含有目标基因序列中的同源序列,即通过同源重组将抗性基因取代目标基因,达到基因敲除的目的。

(3) 利用反义 RNA 干涉,如图 11-5 所述。

最后要给出的信息是:可在 google 网上查找"GET recombination",获得有关在细菌中基因敲除的实验步骤。

11.7　基因打靶技术的应用

无论在理论研究还是实际应用中,基因打靶技术都有很大潜在的应用价值。在理论上,基因打靶技术为基因的结构和功能研究提供了重要的手段,例如用基因剔除的实验,使一个基因失活,用以研究特定基因的结构和功能。将基因打靶技术用于全能的胚胎干细胞(如小鼠的ES 细胞),再与杂交技术相结合,可以产生具有或缺失特定基因的转基因动物,用以研究在发育过程中和疾病病因学中特定基因的作用;建立各种疾病的动物模型,为遗传病的机理的研究以及基因治疗开辟新的途径(Verma IM, et al, 1990; Belmont JW, et al, 1986; Kay MA, et al, 1992)。例如:当将 *C-myc* 原癌基因打断,由于缺少生血性和髓样前体细胞,而导致严重的贫血症;当编码 IgM 重链的基因被打中(破坏),使 B 细胞严重缺少,从而导致免疫缺陷症;当剔除 *c-scr* 基因时,导致骨质石化病;当破坏 β_2-微球蛋白,导致主要组织相容抗原(MHC)分子的缺陷(Mucenski ML, et al, 1991; Hsu IC, et al, 1991; Koller BH, et al, 1990; Zijlstra M, et al, 1990)。

基因打靶技术具有广泛的应用前景,如在动植物新品种(新品质)的培育方面,可通过基因打靶技术,去除牛奶中的特殊成分或水果及谷物中特殊的酶类,从而改良食品的品质;随着外源基因导入技术的不断完善,将基因打靶用于基因治疗也有着十分诱人的前景(Vega MA,1995)。图 11-4 给出一个最有前途的利用基因打靶技术生产大量人源单克隆抗体的方法。首先利用基因打靶技术对小鼠的 ES 细胞染色体上为鼠免疫球蛋白的重链和轻链编码的 Ig 基因进行基因打靶,使小鼠的 Ig 基因失活。与此同时,利用含有人抗体的重链和轻链基因的酵母人工染色体 YAC,将人的 Ig 基因导入另一鼠的 ES 细胞中。然后通过图 11-3 所描述的方法,分别获得不能产生鼠抗体的工程鼠和获得既可产生鼠抗体也可产生人抗体的工程鼠,进而将此两种鼠进行交配,则可产生出只生产人抗体的工程鼠(图 11-13)。

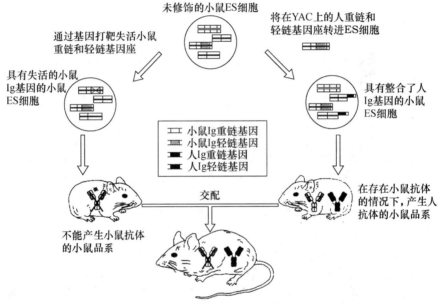

图 11-13　产生用于生产人抗体的工程鼠的示意图

(引自 Jakobovits A,1995)

12　DNA 序列分析

DNA 序列分析技术是分子生物学中一项极为重要的技术。它的出现和技术的日臻完善，大大地促进了基因的分离鉴定、基因的表达调控及基因的结构与功能的研究。DNA 序列分析技术现在已从手工操作发展到自动分析。DNA 序列分析技术主要由三部分组成：

（1）产生具有不同长度的 DNA 片段，这些长度之间的最小差异是一个碱基，且被特定的标记化合物标记，便于其后的检测。

（2）在变性的聚丙烯酰胺凝胶上进行电泳分离，变性胶的分辨率为一个碱基。

（3）DNA 序列的显示，即对完成的测序胶进行放射自显影、银染或在自动测序仪上通过自动记录标记在不同碱基上的不同荧光信号读取 DNA 序列。

目前 DNA 测序的具体方法很多，但其原理是来源于两个基本的方法，即 Sanger 发明的双脱氧链终止法（一般称为酶法）及由 Maxam 和 Gilbert 发明的化学降解法。由于 Sanger 的酶法测序技术操作比较简便，目前绝大多数实验室采用 Sanger 法测序，而 DNA 序列自动分析也是以 Sanger 法为基础发展起来的。

12.1　Sanger 的双脱氧链终止测序法

12.1.1　Sanger 的双脱氧链终止测序法原理

Sanger 测序法的原理实际上是在对 DNA 复制延伸（*in vitro*）机制深刻了解的前提下提出来的。在 DNA 模板、引物和 4 种 dNTP 及合适缓冲液的存在下，DNA 聚合酶可以从引物的 $3'$ 端开始按碱基配对的原则进行延伸。但当一反应混合物中除了存在 4 种 dNTP 外，还存在一种 $2'$ 位和 $3'$ 位都脱氧的脱氧核苷三磷酸（即 $2',3'$-双脱氧核苷三磷酸，$2',3'$-ddNTP）时，由于 $2',3'$-ddNTP 与普通的 dNTP 不同之处在于它们在脱氧核糖的 $3'$ 位置缺少一个 -OH，虽然它们可以在 DNA 聚合酶作用下，通过其 $5'$-三磷酸基团掺入到正在增长的 DNA 链中，但由于没有 $3'$-OH，它们则不能与后续的 dNTP 通过脱水缩合形成 $3',5'$-磷酸二酯键。因此，正在延伸的 DNA 链在此处就提前终止。这样，在一个序列分析反应混合物中，链延伸将同由于 $2',3'$-dNTP 的随机掺入发生的十分特异的链终止展开竞争，所形成的反应产物是一系列的核苷酸链，其长度取决于从用以起始 DNA 合成的引物末端到出现链终止的位置之间的距离。在 A、C、G、T 四组独立的酶反应中，除了四种不同浓度的 dNTP 和一种特定的标记化合物（如 $[\alpha\text{-}^{32}\mathrm{P}]$-dATP 或 $[\alpha\text{-}^{32}\mathrm{P}]$-dCTP 等）外，分别加入一定量的 $2',3'$-ddATP、$2',3'$-ddCTP、$2',3'$-ddGTP 和 $2',3'$-ddTTP，结果将产生四组核苷酸片段，它们分别随机终止于模板链的每一个 T、G、C 和 A 的位置上。由于 DNA 上的每一个碱基出现在可变终止端的机会均等，因此上述每一组产物都是一些不同长度寡核苷酸片段的混合物。然后,将上述四组反应混合物,按A、C、G、T 的顺序分别加入到变性聚丙烯酰胺凝胶的样品槽中进行高压电泳,最后,通过放射自显影等方法读出 DNA 上的核苷酸序列(图 12-1)。

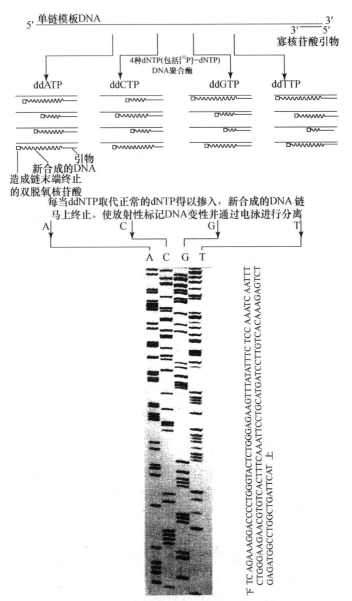

图 12-1 Sanger 的双脱氧链终止测序法原理及序列分析放射自显影图

12.1.2 关于 Sanger DNA 测序法的试剂

所有的测序试剂都有市售,测序反应混合物可以根据需要进行配制,这是一项需要经验的工作。各种事先匹配好的试剂盒,一般都可以给初学者提供满意的结果。

(1) 模板 DNA。测序模板 DNA 是含有待测核苷酸序列的 DNA 分子,可以是单链,也可以是双链 DNA 分子。模板的质量与测序的结果密切相关,模板要纯净,没有其他 DNA、RNA

及小分子核酸片段的污染。要想得到满意的测序结果,模板 DNA 分子同引物分子的比例很关键,一般其摩尔比为 1∶2 为宜。对于特定的测序反应,有时需要做预备实验,以确定最佳比例。模板与引物的变性和退火要充分。一般而言,利用小心制备的 M13 或其他噬菌粒的单链模板比双链 DNA 更容易操作,测序结果也较清晰。近年来,由于 T₇ 测序酶和耐热 DNA 聚合酶商品化,利用双链 DNA 经碱或热变性后作为测序模板也同样得到很好的结果。

（2）引物。酶法测序反应中利用一个与模板链特定序列互补的寡核苷酸片段作为 DNA 合成的引物。通常将要测序的 DNA 片段克隆到 M13 或噬菌粒载体上,这样测序的引物可利用市售的通用引物。引物一般长度为 15~29 个核苷酸。当需要自己合成引物时,特别要注意引物的特异性和引物自身的结构特性（如要避免自身序列互补）。

（3）DNA 聚合酶。目前最广泛使用的测序酶为 T₇ DNA 聚合酶。经常看到的 Sequenase™ 是一种经过化学修饰的 T₇ DNA 聚合酶,该酶原来具有很强的 $3'→5'$ 外切核酸酶活性,经化学修饰后,大部分被消除。这种被修饰过的测序酶持续合成能力可达 2000 个核苷酸,合成速率为 300 个核苷酸/s。测序酶 2.0 版是利用基因工程得到的重组酶,它完全去除了 T₇ DNA 聚合酶中的 $3'→5'$ 的外切核酸酶活性,比经化学修饰的 T₇ DNA 聚合酶比活性高 2 倍,且极其稳定,它的持续合成能力可达 3000 个核苷酸,聚合速率为 300 个核苷酸/s。

高温 DNA 聚合酶（如 *Taq* DNA 聚合酶）适用于测定在 37℃ 形成大段稳定二级结构的单链 DNA 模板序列。这是因为 *Taq* DNA 聚合酶在 70~75℃ 活性最高,这一温度下,即使富含 G-C 的模板 DNA 也无法形成二级结构。其持续合成能力可大于 7600 个核苷酸,而聚合速率为 35~100 个核苷酸/s。

来源于 *E. coli* 的 DNA 聚合酶Ⅰ大片段（Klenow 酶）是过去常用的测序酶,用此酶做的测序试剂盒目前仍有市售。此酶的不足之处是持续合成能力较低,为 10~15 个核苷酸,聚合速率为 45 个核苷酸/s,且对模板中同聚核苷酸段或其他含牢固二级结构的区段进行复制的效率很低。由于其售价较便宜,对于测定从引物 $5'$ 端开始的 250 个核苷酸长的 DNA 片段还是可取的。对于 DNA 片段较长,且具有二重对称和（或）同聚核苷酸段的 DNA 序列测定,应选用其他 DNA 聚合酶。

此外,有时为了解决一些由于模板 DNA 中存在 A-T 或 G-C 同聚核苷酸区段引起的问题,也采用反转录酶。但由于 T₇ DNA 聚合酶来源的测序酶的广泛采用,利用反转录酶进行测序已经不多。

（4）放射性标记的 dNTP。三种同位素标记的 dNTP 可用于 DNA 的序列分析,它们是 ^{32}P、^{35}P 及 ^{33}P。$[α-^{32}P]$-dATP 或 $[α-^{32}P]$-dCTP 是经常用的放射性标记化合物。^{32}P 半衰期较短（14.29 天）,且是一种强 β 粒子。^{32}P 标记的测序样品由于易发生散射,使放射自显影片上的条带远比凝胶上的 DNA 条带更宽,更为扩散。因此,这将影响到所读取的序列的准确性并将制约从单一凝胶上所读出的核苷酸序列的长度。再者,^{32}P 的衰变会引起样品中 DNA 分子的辐射降解。因此,用 ^{32}P 标记的 DNA 测序样品只能保存一两天;否则,DNA 分子将被严重破坏,影响测序的质量。但由于 ^{32}P 能量大,故放射自显影所需的时间相对短,可以较快地得到实验结果。

$[α-^{35}S]$-dATP 或 $[α-^{35}S]$-dCTP 是另一种放射性标记化合物,可以替代 ^{32}P 标记的 dATP 或 dCTP。与 ^{32}P 相比,^{35}S 的半衰期长得多,大约为 87 天。这样,可以避免用 ^{32}P 标记化合物很快衰变的问题,也可以减少实验室每年订购同位素的次数,用起来相对经济,且无 ^{32}P 的外照射危险。由于 ^{35}S 衰变产生弱 β 粒子,其散射有所减弱,利用 ^{35}S 标记不但使放射自显影条带清晰,且测序反应混合物可在 -20℃ 下保存 1 周,分辨率并不降低。^{35}S 标记的不足之处是,在电泳后要对凝胶进行固定并用水浸泡去除胶中的脲；否则，脲会使放射活性淬灭，使放射自显影效果欠佳，也给操作带来不便。近年来^{33}P标记的化合物上市，^{33}P的半衰期比^{32}P长，能量比^{35}S高，但却比^{32}P低，可以说是优于^{32}P和^{35}S的标记化合物，但目前售价偏高。

（5）dNTP类似物dITP($2'$-脱氧次黄苷-$5'$-三磷酸)或7-脱氮-dGTP在测序中的应用。在测序反应中加入上述dNTP类似物，可以防止由于在具有二重对称序列的DNA区段，特别是富含G-C的区段，形成链内二级结构，使在变性凝胶电泳时不能充分变性而使测序凝胶某些区段上的压缩带得以分开。当用这些dNTP类似物时，T_7来源的测序酶是测序反应中的首选酶，这是因为它对dITP和7-脱氮-dGTP具有广泛的耐受性。

12.1.3 PCR-Sanger 测序法

将PCR方法引入Sanger的双脱氧链终止法，使得测序更加简便快捷。PCR测序法可以直接利用PCR扩增引物对其PCR产物进行测序，而不需要对PCR产物进行亚克隆。PCR的热循环反应可以使得λ噬菌体和黏粒载体像质粒一样可直接作为测序模板。由于PCR测序对模板的质量要求不是太高，质粒和噬菌体模板可以分别从细菌克隆和小体积的噬菌体裂解液制备。

值得指出的是，$[^{32}$P$]$或$[^{35}$S$]$标记的dATP、dCTP可以作为放射性标记化合物，而PCR测序法更倾向于用^{32}P标记的ATP，即$[\gamma\text{-}^{32}$P$]$-ATP。测序引物先用T_4多核苷酸激酶(T_4 polynucleotide kinase)，在$[\gamma\text{-}^{32}$P$]$-ATP的存在下使测序引物$5'$端磷酸化，并标记上放射性。这样操作，会提高PCR测序的分辨率。

12.2 Maxam-Gilbert DNA 化学降解法

化学降解法测序的最大特点是，一个末端标记的DNA片段(可是$5'$或$3'$标记，且做成一端标记)在5组互相独立的化学反应中分别得到部分降解，其中每一组反应特异地针对某一种或某一类碱基。因此生成5组放射性标记的分子，从共同起点(放射性标记末端)延续到发生化学降解的位点。每组混合物中均含有长短不一的DNA分子，其长度取决于该组反应所针对的碱基在原DNA全片段上的位置。然后经变性聚丙烯酰胺凝胶电泳分离、放射自显影后读取DNA序列。DNA片段的降解反应分两步进行：第一步是先对特定碱基(或特定类型碱基)进行化学修饰，而第二步是用特定试剂使修饰碱基从糖环上脱落，修饰碱基$5'$和$3'$磷酸二酯键断裂(表12-1)。在每种情况下，这些反应要控制在确保每个DNA分子平均只有一个靶碱基被修饰，其后用哌啶裂解修饰碱基的$5'$和$3'$位置，得到一组长度从一至数百个核苷酸不等的末端标记分子。比较G、A+G、C+T、C和A>C各个泳道上放射自显影结果，读出测定的DNA序列。

表 12-1 Maxam-Gilbert DNA 化学降解法所用的化学修饰技术

碱基	特异修饰方法*
G	在pH 8.0下，用硫酸二甲酯对N_7进行甲基化，使C_8—C_9键对碱裂解具有特异的敏感性
A+G	在pH 2.0下，哌啶甲酸可以使嘌呤环的N原子质子化，从而导致脱嘌呤，并因此削弱腺嘌呤和鸟嘌呤的糖苷键
C+T	肼可打开嘧啶环，后者重新环化成五元环后易于除去
C	在1.5 mol/L NaCl存在下，只有胞嘧啶可同肼发生明显可见的反应
A>C	在90℃下，用1.2 mol/L NaOH处理，可使A位点发生剧烈的断裂反应，而C位点的断裂反应较微弱

* 热哌啶溶液(90℃，1 mol/L溶于水)可以在经过化学修饰的位点使DNA的糖-磷酸链发生裂解。

值得指出的是,在化学降解法测序凝胶上决定 DNA 序列要比从 Sanger 法测序凝胶上读取序列困难。从表 12-1 可见,因为化学裂解反应并不完全是绝对碱基特异性的,需要通过从 C+T 泳道出现的条带中扣除 C 泳道的条带而推断 T 碱基的位置,而 A 碱基的位置也要通过从 A+G 泳道条带中扣除 G 泳道的条带推断出来。如果 A>C 泳道中出现较强的条带,则可确证 A 碱基的存在。为了使放射自显影清晰,末端标记的目标 DNA 片段的放射计数至少要在 5×10^4 以上。化学法测序可达 200～250 个核苷酸长度,对寡核苷酸测序尤为方便。目前,此法多用于蛋白质-DNA 相互作用的研究。

12.3　关于变性聚丙烯酰胺测序凝胶

所谓变性胶,是指在聚丙烯酰胺凝胶中含有 7～8 mol/L 脲。其胶浓度按所测 DNA 序列的长短而定,可采用 4%～8%丙烯酰胺凝胶浓度。

DNA 序列分析技术的发展,为人们最终解译人类基因组序列开辟了道路。目前这一技术已从手工操作到全自动化。如果说 20 世纪 50 年代每人每年可以测出一个碱基对的序列,那么到 80 年代,每人每年可测 15 000 个碱基对序列;而到 90 年代,增加到 100 000 个;到 1995 年,则达到了 1 000 000 个碱基对序列。

详细操作,请参阅有关参考文献。

12.4　全基因组 DNA 序列的分析

谈到生物有机体全基因组 DNA 序列分析,就不能不提到人类基因组计划(human genome project)。为什么要进行全基因组 DNA 序列分析呢? 其目的是:

(1) 从序列的水平来了解染色体的基因结构特点和基因的功能。

(2) 已知遗传病大约有 4000 种,这都是由于基因突变改变了基因的表达或改变了蛋白质基因的产物,从而导致生理问题的出现。对人类基因组 DNA 序列分析的完成为遗传病机制的探求奠定基础。

(3) 有助于开发出对遗传病的治疗方法。通过基因组 DNA 序列分析可以了解:哪个基因的改变产生遗传病? 这个基因正常情况下产生什么蛋白质? 改变了的基因或蛋白质能否被修复和取代?

当然,在实际的有关基因的结构和功能的理论研究中不可能都用人来做为研究对象,于是就出现了对各种模式动、植物(如巨线虫、拟南芥(*Arabidopsis thaliana*)等)和微生物基因组 DNA 序列分析。某些物种的基因组非常巨大,即使较小的拟南芥的基因组也由 1.2 亿个碱基对组成,而人类基因组则由 30 亿个碱基对组成,是拟南芥的 30 倍。因此,全基因组的测序是非常复杂的工作。图 12-2 给出对拟南芥全基因组测序的过程图解,其基本步骤是:

(1) 利用适当的酶将染色体 DNA 切割成 100 kb 大小的片段,这种来自于很多不同细胞的 DNA 片段具有重叠末端。

(2) 将每个片段重组(插入)进细菌人工染色体(BAC)或酵母人工染色体(YAC)中。

(3) 将 BAC 导入细菌细胞以产生大量(数千)拷贝。

(4) 测定重叠片段末端的序列,将所得的序列数据输入数据库并按重叠序列进行拼接。

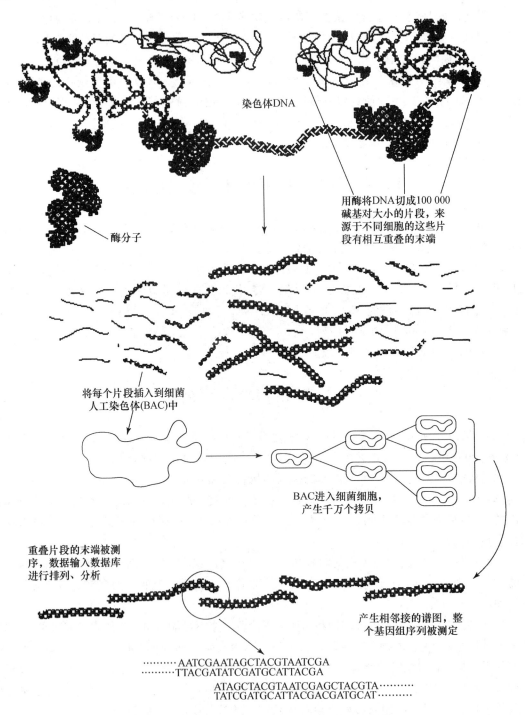

染色体DNA

用酶将DNA切成100 000
碱基对大小的片段,来
源于不同细胞的这些片
段有相互重叠的末端

酶分子

将每个片段插入到细菌
人工染色体(BAC)中

BAC进入细菌细胞,
产生千万个拷贝

重叠片段的末端被测
序,数据输入数据库
进行排列、分析

产生相邻接的谱图,整
个基因组序列被测定

·········AATCGAATAGCTACGTAATCGA
·········TTACGATATCGATGCATTACGA
                  ATAGCTACGTAATCGAGCTACGTA··········
                  TATCGATGCATTACGACGATGCAT··········

图 12-2　生命有机体全基因组的序列分析过程图解

(引自 Biology 100/101 Lecture 17：Biotechnology：DNA genome sequencing)

(5) 得出相邻近序列图谱,最后获得全基因组 DNA 序列。

所有的测序都是自动化操作并通过计算机的帮助来实现。DNA 测序只是基因组计划的
一个基础部分。

　　"人类基因组工程"首先测定出组成人类基因图谱的 30 亿个核苷酸序列。根据此序列,科学家绘制出基因与疾病的关联图。例如,科学家们研究了不同人群的核苷酸序列的变异,即单核苷酸多态性(single nucleotide polymorphism,SNP),并从中找出规律性,用于对相对应的疾病进行诊断,从而完善了人类基因组图谱。后来,科学家绘制出另一种人类基因组图谱,称为拷贝数突变(copy number variations,CNV),其目的是想解释基因与常见疾病的关联。这个图谱并没有展示每个人与众不同的变异,而是探索了 DNA 片段的复制与缺失,即拷贝数突变,这可能有助于解释为什么有的人特别容易患上艾滋病等疾病,而有的人则不容易染病。研究指出,抵御艾滋病病毒的能力在一定程度上取决于多拷贝基因 *CCL3L1*,这种基因在 SNP 图谱上是看不到的。CNV 图谱使研究人员可以分辨基因的增加、减少和变化,从新的角度看待基因与疾病的关联。研究者发现了 1447 种 CNV,约占人类基因的 12%,其中约 285 种与疾病有关。CNV 的复制与精神分裂症、牛皮癣、冠状动脉心脏病和先天性白内障都有关系。研究指出,除了缺失和复制以外还有更复杂的形式,人体内的某种基因可以多拷贝串联排列。

13 基 因 突 变

基因突变技术是研究基因表达调控和蛋白质的结构功能的重要方法。根据其特点,可将基因突变技术分为两大类:位点特异性突变和随机突变。位点特异性突变又分三种类型:一类是通过寡核苷酸介导的基因突变(oligonucleotide-mediated mutagenesis);第二类是盒式突变(cassette mutagenesis)或片段取代突变(fragment replacement);第三类是利用 PCR,以双链 DNA 为模板所进行的基因突变。它们都可以在给定的 DNA 序列上产生包括核苷酸序列的插入、缺失、取代等特异性的定点突变。本章将重点介绍这些技术的原理。

13.1 寡核苷酸介导的基因突变

13.1.1 寡核苷酸介导的基因突变的操作步骤

(1) 将要进行突变的目标基因(或 DNA 片段)克隆于 M13 噬菌体载体或噬菌粒载体。

(2) 从重组的 M13 或噬菌粒中制备单链 DNA。

(3) 将设计好的寡核苷酸突变引物的 5′ 端用 T₄ 多核苷酸激酶进行磷酸化。

(4) 将上述突变引物与目标基因(单链的 DNA 模板)进行退火(annealing)。

(5) 在存在 DNA 聚合酶和 dNTP 的情况下,使退火引物沿单链 DNA 模板延伸,然后新生链的末端用 T₄ DNA 连接酶连接。

(6) 转染易感细菌。

(7) 筛选出带有突变的目标基因的噬菌斑。

(8) 从突变的重组噬菌体制备单链 DNA,通过 DNA 序列分析确认突变位点的正确性。

(9) 从重组的 M13 噬菌体复制型双链 DNA 中回收突变的目标基因(DNA 片段)。

(10) 将突变了的基因(DNA 片段)重组入表达载体进行表达。

寡核苷酸介导的基因突变的操作步骤可以用图 13-1 来表示。

13.1.2 寡核苷酸介导的基因突变中应注意的各种因素

1. 关于单链 DNA 模板的制备

所有寡核苷酸介导的突变方法都要求一段至少是部分单链的目标 DNA。只要首先把目标 DNA 有效地克隆到 M13 噬菌体或噬菌粒的载体(见 1.3.4 节)中,即可制备单链。在任何一本基因工程的书中都有制备单链 DNA 模板的方法,此处不再赘述。用 M13 噬菌体载体制备单链模板 DNA 时要注意的问题是,克隆到 M13 载体中的目标 DNA 区段应尽可能小一些,一般要小于 1 kb。这是因为在单链 M13 载体中大段 DNA 不稳定,易发生自发缺失;而且随着目标 DNA 的增大,突变寡核苷酸与不适当位点而不是目标序列杂交的机会也增大。其次,为了确认突变位点的正确,在完成突变后必须对整个片段进行测序,因此,目标 DNA 越短,测定其全序列的工作就越容易。当用噬菌粒作为插入目标 DNA 的载体时,在制备单链模板 DNA 时要用辅助噬菌体(helper phage)进行超感染。

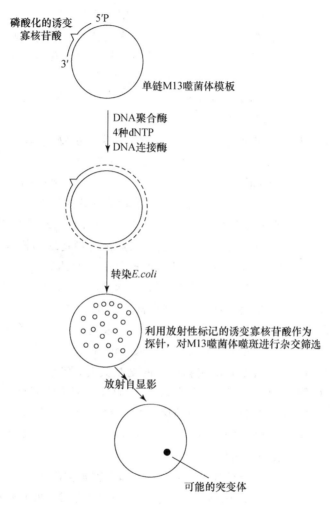

图 13-1 寡核苷酸介导的基因突变的示意图

值得指出的是,用于突变的单链 DNA 模板要足够纯净,即使污染有小的 RNA 分子(来源于裂解细胞),也可能造成随机延伸起始(prime randomly)。模板的这种"自我引发活性"(selfpriming activity),可以用核酸酶 A(RNase A)消化掉小分子 RNA 来清除。

2. 关于寡核苷酸突变引物的设计和选择

用于定点突变的寡核苷酸引物必须具备如下特性:

(1) 它们必须与在模板链上的目标 DNA 序列互补。

(2) 它们必须足够长,以便特异地与目标 DNA 序列退火(anneal)。

(3) 突变引物应尽可能避免形成稳定二级结构的回文序列、重复序列或自身互补序列。因为形成这种结构的趋势越大,突变引物与模板 DNA 中的目标序列杂交的效率就越低。在极少数情况下,寡核苷酸引物(或与之互补的目标 DNA 序列)的二级结构十分稳固,以致不能产生突变体。在这种情况下,为了得到突变体,要加长引物的 5′和 3′端与目标 DNA 的互补序列,一般是以发生问题的区段为中心,将引物分别向 3′和 5′端加长 15～20 个核苷酸的长度。为了便于杂交筛选,可用一包含错配碱基序列的、长度为 17～19 个碱基的寡核苷酸探针对突变体进行筛选,而错配的碱基应位于该核苷酸序列的中央为好。

(4) 所选用的寡核苷酸突变引物不能同 M13 噬菌体 DNA 载体或噬菌粒载体以及目标 DNA 片段的非突变区段形成稳定的杂交体。这可以利用计算机软件的同源性分析程序来确定。如果它们之间的序列有连续 8 个以上的碱基完全配对,就需对寡核苷酸突变引物同模板 DNA 的杂交特异性进行分析,以确定突变引物的可用性(Zoller MJ, et al, 1987)。

突变寡核苷酸序列的设计取决于所要产生的突变类型:

(1) 对用于取代、插入、缺失单个核苷酸的寡核苷酸突变引物,一般的长度为 17～19 个核苷酸,其突变位点距其 5′端为 8～10 个核苷酸,距其 3′端为 7～9 个核苷酸。这种设计可保证寡核苷酸的 5′端和 3′端同模板形成完全稳定的杂交体,使突变效率提高。

(2) 对用于产生多处缺失、插入或取代两个以上毗邻核苷酸的寡核苷酸突变引物,一般长度为 25 个核苷酸以上,其突变区的两侧至少要有 12～15 个同模板 DNA 完全配对的核苷酸,以确保在引物延伸的温度下,突变寡核苷酸引物的两边都能稳定地与模板 DNA 退火,进行碱基配对。根据公式:$T_m = 4(G+C) + 2(A+T)$,可推算引物两侧翼区之一的热稳定性。当错配碱基侧翼或待删除的环圈序列侧翼的双链区的 T_m 均为 35～40℃时,引物介导的突变将卓有成效。一般而言,所要构建的突变区越大,则寡核苷酸介导的突变效率就越低。为了得到正确的突变 DNA 片段,在突变工作完成后,要对目标 DNA 的全长进行序列分析,以排除在其他位点出现错误突变。寡核苷酸长度的最大工作限度(maximum working limit)至少是 100 个核苷酸,曾报道利用 105 个核苷酸长的引物进行的复杂突变:包括在目标基因序列中插入 21 个核苷酸序列、产生 24 个点突变以及产生数个新的特异性的限制性核酸内切酶的位点(Carter P, 1991)。如果可能的话,在引物的设计中要尽量避免在引物的 5′端出现富含 A-T 的连续序列。这种富含 A-T 序列的出现,增加了 $E. coli$ DNA 聚合酶大片段(Klenow 酶)在异源双链构建中出现置换反应的可能性。

3. 关于寡核苷酸突变引物与模板 DNA 的退火和引物延伸的条件

(1) 突变引物与模板 DNA 的比例。在标准的双引物方法中,两个寡核苷酸,即磷酸化的突变引物和通用测序引物(不必磷酸化)与模板 DNA 的摩尔比为(10～50):1。引物同模板 DNA 之间的退火通过将二者的混合物加热到推算的 T_m 以上 20℃,以使二级结构区变性;然后缓慢冷却到室温,当反应混合液的温度降到相应 T_m 以下时,即可形成突变引物与 DNA 模板的杂交体。对于 A+T 含量多的引物,为保证退火完全,可使之在加热后降至较低温度(如 12～16℃)以稳定引物和模板复合体。

(2) 引物的延伸。退火反应完成后,再加入含某种 DNA 聚合酶、dNTP、DNA 连接酶(T₄ DNA 连接酶)、ATP 等的混合液,在所用聚合酶的适宜作用温度下进行 2～15 h 的延伸反应。DNA 合成将在寡核苷酸突变引物的 3′端和其上游的通用测序引物的 3′端同时开始,测序引物在 DNA 聚合酶作用下延伸,直至新生链的 3′-OH 同突变引物的 5′-磷酸相遇。在此,被 DNA 连接酶连成磷酸二酯键,这就是所谓的双引物突变法。现在如图 13-1 所示的单引物突变法已不多用。双引物突变法中的通用测序引物保护了突变引物的 5′端,使其不被新生链所置换,也避免了在 DNA 转染 *E.coli* 后对错配核苷酸的 5′外切校对作用(5′-exonucleolytic editing)。通过引物的延伸反应,形成突变体与野生型的异源双链体。图 13-2 给出了利用双引物法进行寡核苷酸介导的定点突变的示意图。

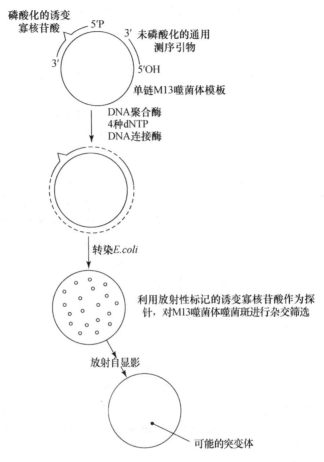

图 13-2 利用双引物法进行寡核苷酸介导的定点突变的示意图

(引自 Sambrook J, et al, 1989)

4. 关于 DNA 聚合酶的选择

E.coli DNA 聚合酶的大片段即 Klenow 酶经常用于突变反应。特别是 Klenow 酶,它在较低的反应温度下(5~10℃),表现出较高的聚合酶活性,对于富含 A-T 的突变引物介导的有效突变尤为必要。但 Klenow 酶在沿 DNA 模板全程延伸之后,可引起突变引物的置换,在突变引物的 5′端富含 A-T 序列时更易发生。下列方法可以防止这一问题的发生:

(1) 将反应混合物中的 T₄ DNA 连接酶对 Klenow 酶的比例提高。

(2) 避免在突变引物的 5′端出现富含 A-T 的序列。

(3) 使延伸和连接反应在较低的温度(10~14℃)下进行。

(4) 或者改用不易产生置换反应的 DNA 聚合酶,如 T₄ 或 T₇ DNA 聚合酶。

如果在 DNA 模板中存在广泛的二级结构区,Klenow 酶在富含二级结构的区段可能受阻,从而使延伸反应(即 DNA 的合成)不能有效地进行。为了解决这一问题,将能同单链

DNA 结合的 T_4 噬菌体基因 32 蛋白和 T_4 DNA 聚合酶联合使用,可改善突变体的产率。近年来,T_7 DNA 聚合酶越来越多地用于基因突变反应。与 Klenow 酶相比,T_7 DNA 聚合酶在异源双链构建中有如下几个优势:

(1) T_7 DNA 聚合酶具有高的持续合成能力,可持续合成数千个核苷酸而不从 DNA 模板解离下来。

(2) 不易产生链置换。

(3) 异源双链 DNA 可在几小时内构建完成并在同一天转化入 *E. coli* 受体菌;而 Klenow 酶要经过过夜保温,才能得到较好的结果。

天然的 T_7 DNA 聚合酶比经化学修饰的 T_7 DNA 聚合酶测序酶(sequenase)更适于基因突变反应,因为测序酶缺少 $3' \rightarrow 5'$ 的核酸外切酶活性(即校对活性,proof-reading),降低了反应的保真性,增加了核苷酸错误掺入的概率。

5. 关于存在于 dNTP 中的 dUTP 对离体 DNA 合成反应的影响

dCTP 氧化脱氨可以产生微量的 dUTP,当其在 DNA 合成时掺入新生 DNA 链的脱氧胸苷酸的位置。在多核苷酸链中掺入 U 后,当转化受体菌时,受体菌中的尿嘧啶-N-糖基化酶(uracil-N-glycosylase)可以在 U 的位置切断 DNA 链,而细胞内的 DNA 聚合酶可以产生切口平移(nick-translation),从而降低突变体的产率。利用经 HPLC 纯化的高质量的 dNTP,可以减轻 U 碱基的错误掺入,提高突变体产生的比率。

6. 受体细胞对突变体产率的影响

引物延伸反应完成后,所得到的异源双链 DNA 被转化入 *E. coli* 受体细胞后,如下几个因素可以影响到突变体的产率:

(1) *E. coli* 中存在几个错配修复系统(mismatch repair systems),这其中之一是被 GATC 位点甲基化所指导的错配修复系统。当异源双链 DNA 转染 *E. coli* 后,dam 甲基化酶将指导错配修复反应,使产生的突变被去除(Kramer B,1984;Brier G,et al,1986)。

(2) 当用 M13 作为克隆载体时,M13 DNA 可能出现不对称复制。如果突变链复制效率较低,则可影响突变体的产率。

(3) 在形成异源双链后,如果新生的 DNA 链的末端未被 T_4 DNA 连接酶所连接,那么错配的碱基很可能被细胞内的 $5' \rightarrow 3'$ 的核酸外切酶所去除,造成突变率下降。

为了提高突变体的回收率,即提高突变效率,利用在点错配修复缺失的菌株作为受体菌(如含有 *mutL* 或 *mutS* 突变的 *E. coli*),可使突变产率提高近 10 倍(Kramer B,1988)。

13.1.3 几种寡核苷酸介导的基因突变的方法

图 13-1 和 13-2 分别给出单引物和双引物突变法的示意图。前面对它们的操作原理也进行了介绍,此处不再赘述。单、双引物法的不足之处在于,在突变反应混合物转染 *E. coli* 后,为了获得阳性突变体,必须利用突变引物为探针进行杂交筛选。在得到可能的阳性突变体后,还必须通过序列分析对突变体进行确证。杂交筛选是一种费时、费力的工作,因此出现不少较方便、高效的突变方法,下面予以介绍。

1. Kunkel 突变法

(1) 原理。当 *E. coli* 发生 dUTP 酶缺陷突变时(dut⁻),由于这类细胞不能把 dUTP 转移为 dUMP,因此细胞内的 dUTP 大为增加,其中一些 dUTP 可掺入 DNA 中由胸腺嘧啶占据的位置。在正常情况下,*E.coli* 可以合成尿嘧啶-N-糖基化酶,它可以去除掺入 DNA 中的尿嘧啶残基。然而在 ung⁻ 的菌株中,此酶失活,故尿嘧啶不能从 DNA 链中被剔除,使细菌 DNA 中一小部分胸腺嘧啶残基被尿嘧啶所取代。在 dut⁻ ung⁻ F' 菌株中,这一比例有所提高,以致生长于这一菌株的 M13 噬菌体,其 DNA 中将含有 20～30 个尿嘧啶残基。用这些噬菌体感染 ung⁺ 菌株,尿嘧啶将被迅速除去,并因而产生一些可阻断 DNA 合成且对特定核酸酶敏感的位点。病毒(＋)链 DNA 的破坏,导致其感染力下降约 5 个数量级。

Kunkel 定点突变法正是利用上述的机制,首先在 dut⁻ ung⁻ F' 的 *E.coli* 菌株中培养适当的重组 M13 噬菌体,制备出带 U 模板 DNA;然后以含 U 模板的单链 DNA 作为模板,按上述标准双引物突变方法产生杂交体分子,其中模板链含 U,而在体外反应中合成的链则含胸腺嘧啶。用该 DNA 转化 ung⁺ 菌株,结果模板链被破坏,野生型噬菌体的产生受到抑制。因此,大部分(可达 80％乃至更多)的后代噬菌体是由所转染的不带 U 的负链复制而来的。由于该链的合成引物是突变寡核苷酸,因此后代噬菌体多带有突变的目标基因。这样,用 Kunkel 法所产生的突变体不必利用标记的寡核苷酸探针来筛选阳性噬菌斑,可直接通过序列分析来确定突变体,从而免除了繁杂的杂交程序。

(2) 利用 Kunkel 法进行寡核苷酸介导的突变的步骤。如图 13-3 所示,这里不再详细地介绍具体的操作,只介绍此方法实施的注意事项。详细步骤可从 Kunkel 等人的文章中找到 (Kunkel TA , et al, 1987; Yuckenberg PD, et al, 1991)。

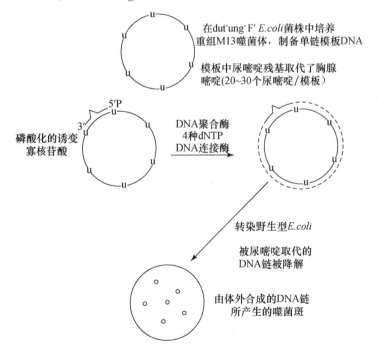

图 13-3 利用 Kunkel 法,以 M13 噬菌体 DNA 为载体进行寡核苷酸介导的位点特异性突变
(引自 Sambrook J, et al, 1989)

Kunkel 方法成功的关键是要得到好的含 U 的单链模板 DNA,为此,要用含目标基因的 M13 双链载体 DNA 转染 *E.coli* CJ236 品系(dut⁻、ung⁻、thi、relA,pCJ105(cmʳ))。如前所述,dut⁻、ung⁻ 保证 U 模板形成,F' 质粒 pCJ105 含有组建菌毛的信息,而菌毛是 M13 噬菌体进入细菌细胞所必需的。因为 F′ 质粒在没有选择压力的情况下可能丢失,所以菌体要生长在有氯霉素的培养基中。为了保障 U 模板的质量,必须用 $E.\ coli$ CJ236 和一野生型菌株(如 $E.\ coli$ MV1190)测定 U 模板 DNA 的效价,在 MV1190 培养物中得到的噬菌斑至少要比在 CJ236 中少 $10^4 \sim 10^5$ 倍,否则,必须重新制备含 U 的模板 DNA。一旦得到高质量的 U 模板,即可以按常规进行突变反应。

如前所述,当外源大片段 DNA 插入 M13 载体后,含外源大片段 DNA 的 M13 单链 DNA 不稳定,为此,Kunkel 方法可以用噬菌粒及其相应的辅助噬菌体(helper phage)进行操作(Yuckenbery PD, et al, 1991)。

2. 硫代磷酸寡核苷酸介导的突变

硫代磷酸寡核苷酸介导的位点特异性突变的方法设计,建立在某些限制性内切酶不能水解硫代磷酸(酯)核苷酸间连键的基础之上。如果在双链 DNA 分子中,其一条链含有硫代磷酸(酯)键,而另一条链是由天然的磷酸二酯键相连,那么,限制性核酸内切酶只能在不含硫代磷酸(酯)键的链上打开切口。在利用此方法进行突变时,先将含有错配碱基的寡核苷酸突变引物同一单链环化的噬菌体 DNA 的(+)链相退火;在引物用 DNA 聚合反应延伸时,四种脱氧核苷三磷酸中的一种用相应的脱氧核苷 5′-O-1-硫代三磷酸(deoxynucleoside 5′-O-1-thiotriphosphate, dNTPαS)所代替。图 13-4 示脱氧胞苷 5′-O-1-硫代三磷酸(dCTPαS)的结构。这样在引物延伸反应中,硫代磷酸基团只掺入到新合成的噬菌体复制型 DNA(如 RF-IV DNA)的(−)链中,形成多核苷酸链的不对称性。当用

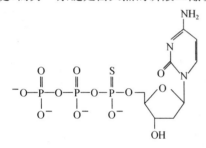

图 13-4　dCTPαS 的分子结构
S 代替了非桥连 O

某一特定的限制性核酸内切酶去酶解这一不对称分子时(如用 Nci Ⅰ 酶),只有(+)链上被打开切口,此切口用适当的核酸外切酶(如 exo Ⅲ 或 T_7 exo)扩展成大的缺口,致使与突变引物相对的野生型序列被核酸外切酶水解掉。当重新进行聚合反应时,在(+)链上所产生的缺口将以含突变的(−)链为模板进行修复,这样使(+)/(−)两条链都含有突变序列,形成完全互补的同源双链。当用上述反应中所得到的 DNA 转染受体菌时,85% 的噬菌体分子都是突变了的分子。图 13-5 给出了利用硫代磷酸寡核苷酸介导的突变的示意图。这一过程是由退火—聚合反应—打开切口—扩展切口成缺口—重聚合反应—转染等过程组成。对于突变体的最后确证,也要经序列分析完成。

由于篇幅所限,此处略去具体操作,有兴趣者可以参阅参考文献(Sayers JR, 1991)。

3. 利用缺口异源双链质粒 DNA 进行的位点特异性突变

利用单链 M13 噬菌体 DNA 或噬菌粒 DNA 为模板所进行的突变,从具体操作来看有其不足之处:要对目标 DNA 片段进行克隆、插入到 M13 或噬菌粒载体中后再制备用以突变的单链 DNA 模板;在突变后还要将目标 DNA 片段切下来,再重组入适当的表达载体中进行表达。以缺口异源双链质粒 DNA 进行的位点特异性突变可以弥补这些不足之处。图 13-6 给出利用缺口异源双链质粒 DNA 进行位点特异性突变的示意图。利用这一方法,可以在重组质粒上直接进行突变,突变后的目标基因可以直接转化入受体菌进行表达。如图 13-6 所示,此法可以分如下几步进行:

(1) 制备质粒 DNA 片段 Ⅰ 和 Ⅱ。重组质粒上有 A、B、C 三个限制性核酸内切酶识别位

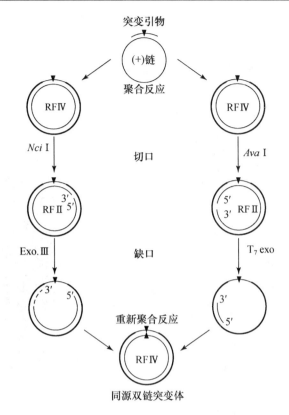

图 13-5　硫代磷酸寡核苷酸介导的突变的示意图

单链 DNA 与一个错配引物退火后,用 Klenow 大片段、T₄ DNA 连接酶和 dCTPαS 转化成复制性 DNA
(RFⅣ)。在图中新合成(一)链用粗线表示。含硫代磷酸的 DNA(+)链用限制性核酸内切酶如 *Nci*Ⅰ或
*Ava*Ⅰ打开切口。野生型序列再用 3′→5′或 5′→3′外切酶降解,最后完全互补的,带有突变位点的同源双链
突变体通过另一次聚合反应得到。(引自 Sayers J, et al, 1991)

点,要突变的目标基因要在 A、B 位点之间,其长度最好是小于 2 kb;C 位点至少要距 A 和 B 位点
几百个碱基对,但 C 位点不必须是单一的位点,只要用限制性核酸内切酶酶解 C 位点时不产生太
大的缺口和不与被 A、B 酶切所产生的缺口相重叠即可。C 位点最好处于载体 DNA 的抗性基因
内(但并不必须)。为制备质粒 DNA 片段Ⅰ和Ⅱ,分别用识别 C 和 A、B 位点的限制性核酸内切
酶酶解质粒 DNA(A、B 位点可以相同)。经识别 C 位点的限制性核酸内切酶切过的质粒,用
Klenow 酶或核酸酶 Sl 去除经酶切后产生的单链序列。如果 C 位点位于质粒抗药基因内的话,
这样处理后所得到的片段Ⅰ即使用 DNA 连接酶连接形成闭合环状 DNA,也失去抗药性,可以减
少转化体筛选时的本底;用细菌碱性磷酸酶(BAP)处理,是防止片段Ⅰ自身环化。

　　(2) 设计突变寡核苷酸片段引物。设计引物的原则如 13.1.2 所述。对于碱基取代的突
变中,引物长度为 15 个碱基即可,使错配碱基位于引物序列中央;如要产生大的缺失突变,例
如要从目标基因中缺失掉 10～50 个碱基,其引物长度可用 25～30 个碱基,缺失位点的每一侧
为 12～15 个碱基。含有缺失序列的寡核苷酸可以作为探针筛选突变体,凡是与此探针杂交的
克隆为野生型的重组体,此即所谓的负筛选(negative screening)。寡核苷酸引物的纯化请参
阅第 6 章。

　　(3) 变性和复性。这就是退火过程,目的是使 DNA 片段Ⅰ、Ⅱ及突变引物之间形成异源

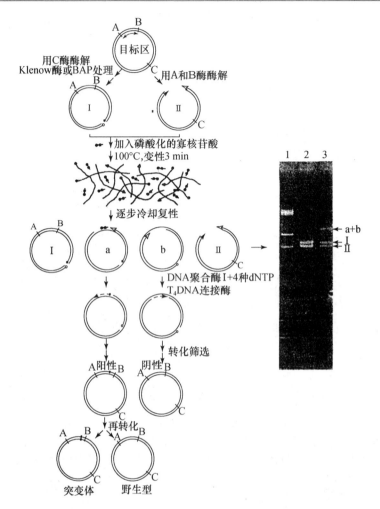

图 13-6　利用缺口异源双链质粒 DNA 进行位点特异性突变的示意图

图右侧的琼脂糖电泳检测反应混合物复性后是否已形成双链结构：Ⅰ、Ⅱ代表酶切后质粒
DNA 片段,a＋b表示已形成异源双链结构。(引自 Inouye S, et al, 1991)

双链结构,将等摩尔的 DNA 片段Ⅰ、Ⅱ及 100～500 倍过量的突变引物混合(引物要事先进行 5′-磷酸化)。混合物在 100℃加热 3 min,使 DNA 片段完全变性伸展,然后慢慢冷却,使变性的 DNA 片段重新退火,形成异源双链。为了确定片段Ⅰ、Ⅱ是否已重新退火形成双链结构,必须用琼脂糖凝胶电泳进行检查(Olsen DB, et al, 1990)。

　　(4) 引物的延伸和转化。当检测 DNA 片段确已形成异源双链后,加入 DNA 聚合酶、T_4 DNA 连接酶、4 种 dNTP,进行引物延伸反应。如用 Klenow 酶,将反应混合物在 14℃过夜保温即可完成延伸反应。还应指出,当 A、B 是相同限制性核酸内切酶识别位点时,在延伸反应混合物中不加 T_4 DNA 连接酶,可避免片段Ⅱ的自连接,也可能增加突变体的产率。然而,当 A、B 是不同限制性内切酶识别位点时,不加 DNA 连接酶则可减少转化体的数目和突变体的产率。延伸反应完成后,可按常规的氯化钙法进行转化。

　　(5) 突变体的筛选和确证。通过(4)所得到的转化体,首先利用合适的寡核苷酸为探针(一般用突变引物即可)经克隆杂交(colony hybridization)筛选出阳性克隆,然后提取出突变质粒,直接以质粒为模板,经序列分析确证已经获得正确的突变体。关于分子杂交方法,请参阅第7章。

4. 基于硫代磷酸(酯)双链质粒突变

此方法是将硫代磷酸寡核苷酸介导的突变方法用于双链 DNA。其原理是:首先在质粒 DNA 上产生一特异性的单链区段,含有一个或多个碱基错配的寡核苷酸引物能与此区段进行退火,在存在一种硫代磷酸 dNTP(如 dGTPαS)和其他三种天然 dNTP 的情况下,再通过 DNA 聚合酶延伸、限制性核酸内切酶打开切口以及外切核酸酶酶解等步骤,最后经 DNA 聚合酶再延伸,T₄ DNA 连接酶连接,形成具有突变的同源双链体。从理论上讲,经过上述步骤处理,所有野生型的 DNA 都被水解或线性化,使之不能进行转化。这样,产生突变体的效率与用单链 DNA 模板相同。

图 13-7 给出了基于硫代磷酸(酯)双链质粒突变的示意图。目标基因的突变过程按如下步骤进行:

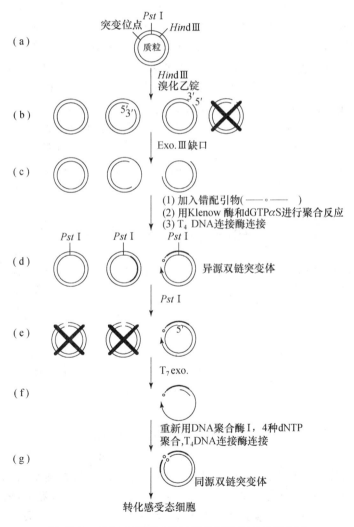

图 13-7 基于硫代磷酸(酯)双链质粒突变的示意图

符号"o"代表在错配寡核苷酸中的突变;粗线指出硫代磷酸核苷酸已掺入的区段;粗线 ✕ 表示被线性化的质粒不能稳定地进行转化,可在转化过程中去除。(引自 Olsen DB, et al, 1991)

(1) 制备出带有目标基因的双链 DNA 模板。此种突变法对双链 DNA 模板的纯度要求较高,不能有小的 RNA 片段的污染,因为 RNA 片段的污染可能与突变引物竞争单链模板或与引物结合降低反应体系中的引物量。双链质粒 DNA 的制备,要采用 CsCl-EB 密度梯度离心进行纯化。由于制备方法较复杂,费用大,所以实验室很少用此方法进行突变。

(2) 在 EB(溴化乙锭)存在下,用适当的限制性核酸内切酶在质粒 DNA 的一条链上打开切口。

(3) 用外切核酸酶(如 Exo Ⅲ)使切口扩展,在要突变的目标基因区产生出特异性的单链区段(即单链缺口,gap)。

(4) 加入突变引物、DNA 聚合酶(如 Klenow 酶)、dNTPαS、3 种 dNTP、T_4 DNA 连接酶,以产生突变的异源双链体。

(5) 用适当的限制性核酸内切酶在生成的异源双链 DNA 上打开切口。由于新合成的链含有硫代磷酸(酯)核苷酸间连键,这样,限制性核酸内切酶只能在模板链(即不含突变序列的链)上打开切口。

(6) 以上述的切口为起点,再用外切核酸酶(如 T_7 外切核酸酶)对上述模板链进行控制酶解。

(7) 在 4 种 dNTP 存在下,用 DNA 聚合酶、T_4 DNA 连接酶以突变链为模板,以外切酶酶解后存留的原模板链片段为引物进行聚合和连接反应,产生突变的同源双链体。将同源双链体转化受体菌,最后用序列分析确定是否得到所要的突变体。具体操作请参阅文献(Olsen DB, et al, 1991)。

综上所述,利用寡核苷酸介导的突变可根据不同的情况采用不同的方法,研究者需要对所要突变的基因、载体进行分析(如酶切位点、抗药性等)并结合实验室的条件来确定。而突变体的筛选则无外乎利用寡核苷酸探针杂交、引入或去除特定的限制性核酸内切酶位点(Suggs, SV, et al, 1981),最后经 DNA 序列分析来敲定。千万不要根据基因表达产物的活性来推测基因突变的结果。

13.2　盒式突变法

盒式突变法又称片段取代法。方法的要点是利用目标基因中所具有的适当的限制性核酸内切酶位点,用具有任何长度、任何序列(或任何混合序列)的 DNA 片段来置换或取代目标基因上的一段 DNA 序列。这样,人们不仅可以通过改变几个氨基酸序列来研究蛋白质的功能结构之间的关系,也可以通过盒式突变法产生嵌合蛋白,在这个嵌合蛋白中,蛋白质分子中的整个结构域都可以用完全不同的氨基酸序列来置换。盒式突变最有用武之处是能产生各种特异性的突变或突变家族,在这些突变体中各种不同的序列被集中在目标基因的一个特定区域,从而为研究蛋白质特定结构区段或特定结构域的结构和功能提供了一个切实可行的方法(Richards JH, 1991)。

要进行盒式突变,首先需解决两个关键问题:

(1) 在目标基因序列中要有适当的限制性核酸内切酶识别位点,使得用以取代天然 DNA 序列的盒式突变序列可以有效地插入。然而对于一个天然蛋白质基因而言,其所含可供利用的限制性核酸内切酶位点相当少,影响盒式突变的操作。为了在目标基因的特定位置产生合适的酶切点,可以利用遗传密码的简并性,在不改变氨基酸序列的前提下,通过改变某些核苷酸的序列,产生合适的内切酶位点。PCR 方法以及基因(或寡核苷酸片段)的化学合成方法都可以有效地解决这一问题。对于化学合成的基因或基因片段而言,可以利用密码子简并的原则,在合成基因的设计阶段,就设计好合适的内切酶识别位点,便于盒式突变法的操作。

(2) 如何得到各种合适的、用以取代目标基因中特定 DNA 片段的突变 DNA 片段,现已不是困难的事情。利用 PCR 技术产生具有特定限制性核酸内切酶位点的、具有各种突变位点的盒式突变 DNA 片段的技术已经成熟,此外,利用 DNA 的化学合成、引物指导的 DNA 合成技术等都可以得到用于盒式突变的 DNA 片段。值得指出的是,为确保盒式突变序列能按正确的方向插入,突变序列的两端必须分别具有与目标基因上相匹配的,但彼此之间不相容的限制性核酸内切酶识别位点。

13.3 利用 PCR 进行 DNA 序列的突变

PCR 为基因序列的突变和重组提供了一个非常有用的方法,其优点是快捷,不受限制性核酸内切酶识别位点的限制。

1. 利用 PCR 方法在基因的 5′ 或 3′ 末端产生突变

此方法是利用在 PCR 反应中,寡核苷酸引物被掺入到所产生的 DNA 分子的末端,这些引物的 5′ 端可以含有任何想要的核苷酸序列,只要引物的 3′ 端核苷酸序列能足够好地与模板序列相匹配,能引发 PCR 反应即可。所以,可以通过改变引物 5′ 端的核苷酸(或碱基)组成,使基因的 5′或 3′ 末端产生所要的突变。然而,对于基因的中心区段,不能用简单地改变 PCR 引物的方法直接产生各种突变,因为如果这样,需要用非常长的引物才能达到基因的中心区段。重叠延伸(overlap extension)的方法为在目标基因的中心区段产生突变提供了有力的手段。

2. 重叠延伸和基因突变

重叠延伸的概念使得人们可以利用 PCR 技术在目标基因的中心区段引入位点特异性突变和产生重组 DNA 分子。当将重叠延伸方法用以将不同的基因进行剪接和组合在一起时,人们就将这一过程称为"gene SOEing",即通过重叠延伸进行剪接(splicing by overlap extension)。

重叠延伸过程的依据是:加到 PCR 引物 5′ 端的核苷酸序列掺入到 PCR 产物的末端。通过加上适当的序列,一个 PCR 的扩增片段可与另一个 PCR 扩增片段上的序列相重叠。这样,在其后的反应中,这段重叠序列可以作为引物被 DNA 聚合酶所延伸,由此而产生一个重组分子,详见图 13-8。

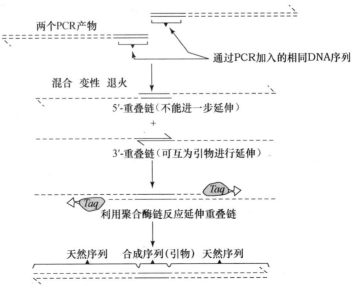

图 13-8 重叠延伸 PCR 对 DNA 片段进行剪接的原理示意图

正是利用上述原理,可以通过重叠延伸 PCR 技术对基因的中心区段进行取代、插入、缺失的突变:

(1) 取代突变。如图 13-9 所示,为在基因的中部区段产生取代突变,可利用所谓双侧重叠延伸(two-sided overlaps)法,需要 a、b、c、d 四个引物,其中 b、c 引物序列相重叠并含有突变碱基。首先分别用 a、b 和 c、d 为一对引物进行 PCR 反应,产生 AB 和 CD 扩增片段。然后,将制备出的 AB、CD 片段混合、变性、退火,通过二者之间的同源序列相重叠产生重叠延伸结构 E,再经 PCR 进行扩增产生突变基因。

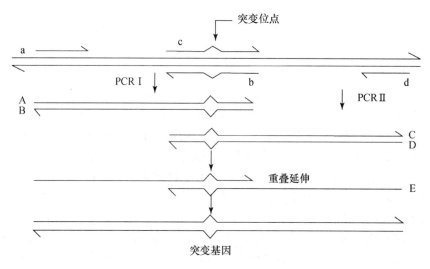

图 13-9　利用双侧重叠延伸 PCR,产生取代突变

(2) 插入突变。如图 13-10 所示,引物 b 和 c 的 5′端含有要插入的序列和重叠序列(插入序列可以等于重叠序列或大于重叠序列)。分别用 a、b 和 c、d 为一对引物进行 PCR 反应,产生了包括插入的核苷酸序列在内的两组 DNA 片段 AB 和 CD,最后通过 AB 和 CD 片段之间的重叠序列进行 PCR 延伸、扩增,得到具有插入序列的产物 AD。

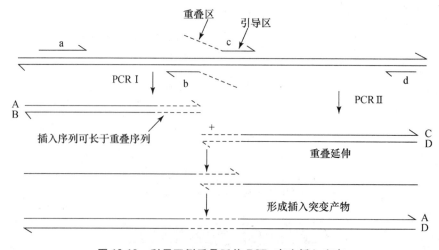

图 13-10　利用双侧重叠延伸 PCR,产生插入突变

（3）缺失突变。利用双侧重叠延伸 PCR 同样可以进行缺失突变。图 13-11 给出了产生缺失突变的示意图。

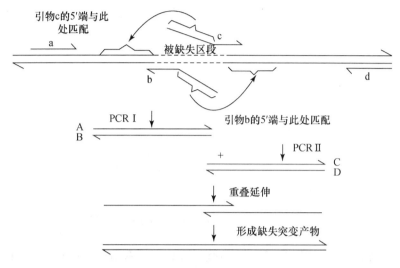

图 13-11　利用双侧重叠延伸 PCR，产生缺失突变

由上述图例可以看出，利用 PCR 反应不但可以在基因的 $5'$ 或 $3'$ 末端产生特定的突变，也可以在其中心区段产生特定的突变。值得指出的是，上面所述的产生突变的机制都只集中在其 $3'$ 端具有重叠的核苷酸链，因为只有这些链才能被 DNA 聚合酶所延伸（被 DNA 聚合酶催化的 DNA 链聚合反应总是从 $5' \rightarrow 3'$ 进行）。那么，在重叠延伸反应中非生产链（nonproductive strands）的命运如何呢？人们提出这样的假设：第一，如果上述图例中所用的旁侧引物（flanking primers, a 和 d）是包括在反应中，那么非生产链可以作为模板产生更多的生产链。第二，如果非生产链同重组产物杂交，它将位于从旁侧引物正向前进行工作的 DNA 聚合酶的下游区，这将使其对 DNA 聚合酶 $5' \rightarrow 3'$ 的外切酶活性敏感而被降解。虽然 *Taq* DNA 聚合酶无 $3' \rightarrow 5'$ 的外切酶活性，它却有与 *E. coli* DNA 聚合酶 I $5' \rightarrow 3'$ 外切酶活性结构域的同源区。这样，非生产链在重叠延伸反应中可能被降解掉。非生产链的存在并不妨碍重叠延伸反应。

对用于重叠延伸中进行基因剪接的寡核苷酸片段，其不同部位在反应中执行不同的功能。寡核苷酸的 $3'$ 端必须含有使它在其模板上作为引物的序列，这通常被称为引导区（priming region）；在寡核苷酸的 $5'$ 端应含有要被结合的序列重叠的序列，称为重叠区（overlap region）（如图 13-10 所示）。在这两个序列区段之间，可包括用做插入突变的插入区（insertion region）。一般而言，寡核苷酸的引导和重叠区大约 16 个核苷酸长。对于某些引物，在决定重叠区长度时要考虑到序列中的 G-C 碱基的含量。由于缺少更适当的决定引物长度的公式，一般还是用片段的熔点温度来决定引导和重叠序列的长度，即 $T_m = 4(G+C) + 2(A+T)$（参见第 9 章）。对于引物的设计，也请参见相关章节。简言之，引物序列内不能形成明显的发卡结构，不能与同一反应中的其他引物杂交。如果是作为引物的序列，其 $3'$ 末端的 4 或 5 个碱基必须与其模板匹配；如果错配碱基太接近 $3'$ 端，将阻止引导反应（priming）。

3. 产生分子嵌合体

利用双侧重叠延伸法，可以在不需要分子间具有相容的限制性核酸内切酶位点的情况下，将 2 个 DNA 分子重组到一起，形成一个 DNA 分子嵌合体。其原理如图 13-12 所示。

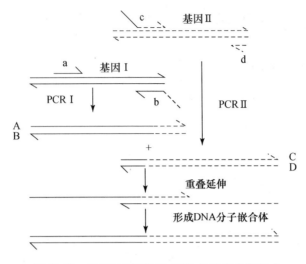

图 13-12　双侧重叠延伸及 DNA 分子嵌合体形成

　　根据相同的原理,可以利用单侧重叠延伸法将两个 DNA 分子拼接在一起:首先按图 13-12 中的 PCR 反应 Ⅰ,以基因 Ⅰ 为模板产生 AB 产物,其中一条链的 5′端含有基因 Ⅰ 的序列,而其 3′端含有与基因 Ⅱ 匹配的序列。这样,此序列就形成了一个所谓的巨大引物(megaprimer)。然后以此为引物,以基因 Ⅱ 为模板进行延伸反应,形成了一条含有基因 Ⅰ、Ⅱ序列的一条链;最后,以一对分别与基因 Ⅰ、Ⅱ特定序列相匹配的一对旁侧引物进行 PCR 扩增,即得到一个包含有两个基因特定序列的嵌合分子。利用单侧重叠法,可以节约一个引物(引物 c),图 13-13 给出这一反应过程的原理。

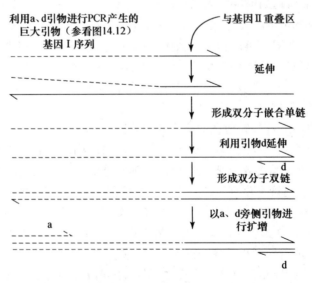

图 13-13　单侧重叠延伸及 DNA 分子嵌合体形成

　　需要指出的是,在利用重叠延伸的方法产生突变体或重组分子时,PCR Ⅰ和 PCR Ⅱ的产物要分别用琼脂糖凝胶电泳分离,再经电泳洗脱、基因净化(gene clean)(Suggs SV, et al, 1981)或冻压法(freeze-squeeze)(Tautz D, Renz M, 1983)等方法进行制备,然后将两种产物混合、变性、退火,利用 PCR 进行延伸反应。这样,可以提高特异性 DNA 片段的产率,减少非特异性 DNA 片段的生成。

13.4　关于随机突变

离体进行基因特异性位点的突变已成为研究基因表达调控和蛋白质结构与功能关系研究中的一个非常有用和常规的方法。但更有效地应用此方法的前提是要知道在 DNA 分子中或蛋白质分子中哪些位点应该被详细地研究。如果缺少必要的结构信息,定点突变的方法就不太适用。比如,即使一个蛋白质的三维结构已知,也往往难于推断出哪些特定的氨基酸残基在决定蛋白质的功能和保持蛋白质分子特定的结构中起关键作用。随机突变(random-mutagenesis)则是确定和研究蛋白质和核酸序列中在功能上有意义的位点的有用方法。从另一个角度讲,随机突变可以作为进行特异性位点突变的一个"先行官",通过随机突变,为特异性位点突变提供大量必要的指导信息。

13.4.1　利用化学试剂进行的随机突变

经常使用的化学试剂有亚硝酸、亚硫酸盐、羟胺、肼以及弱酸(经常用约为 10.8 mol/L 的甲酸)等五种诱变剂,而这其中以溶液肼和弱酸水解法较易控制且产生所有可能的碱基取代的可能性高,重复性好。

1. 亚硝酸突变的机制

亚硝酸与在嘌呤和嘧啶上的胺反应生成相应的重氮化衍生物,这些衍生物在溶液中不稳定,很快被分解成酮或烯醇水解产物。这样,G→X(xanthine,黄嘌呤),A→I(inosine,次黄嘌呤),C→U,其脱胺反应的比率是 1(G)∶2(A)∶6(C),且随 pH 降低快速增加。亚硝酸处理过的 DNA 在复制时是进行 C-I,T-X,A-U 的碱基配对。因而,亚硝酸所产生的突变是转换型(嘌呤→嘌呤,嘧啶→嘧啶)的突变(Schuster H,1960)。

2. 羟胺突变的机制

在 pH<2.5 的强酸性条件下,羟胺是很强的羟基给体,反应结果是胞嘧啶脱氨形成尿嘧啶。在 pH 为 6 的条件下,胞嘧啶脱氨形成羟氨基胞嘧啶,这是一种稳定成分,可与 A 形成非 Watson-Crick 碱基配对。在上述两种条件下,羟胺所产生的突变是 C-G 到 A-T 的转换突变(Lawley PD,1967)。

3. 亚硫酸盐突变的机制

由于亚硫酸盐同胞嘧啶(C)的反应比与嘌呤的脱氨反应要快近 10^3 倍,所以用亚硫酸盐处理 DNA,将产生同羟胺处理相同的转换点突变(Shapiro R,et al,1973)。

4. 肼(联氨)突变的机制

无水的肼和溶液的肼都能特异性地与 DNA 的嘧啶碱基反应,导致了杂环被切开。伴随自发的水解,被修饰的碱基产生脱嘌呤(depurination)反应。这样,用肼处理后的 DNA 的多核苷酸链上留下的不是脱氧核糖,而是 1-腙衍生物。胞嘧啶(C)和胸腺嘧啶(T)分别以 1∶3 的比率被肼作用,阳离子浓度越高,对胞嘧啶的作用速率就越快(Brown DM,et al,1966)。

5. 弱酸突变的机制

在嘌呤碱基和脱氧核糖 C_1 间的配糖键(N_7-glycosidic bond)对弱酸水解十分敏感,用弱酸(如甲酸)处理 DNA 可引起脱嘌呤化(Shapiro HS，et al，1957)。

值得指出的是，在实际应用中，化学突变剂由于受 DNA 构象、碱基相邻效应等影响，要做到完全的随机突变也不是容易的事。突变时，用单链 DNA 比用双链效果好。为了给出一个直观的结果，我们以弱酸水解为例，了解如何进行突变反应：首先将单链 DNA 溶于 TE 缓冲液(10 mmol/L Tris-HCl，pH 8.0，1 mmol/L EDTA)中，浓度为 $1\,\mu g/\mu L$；将 $40\,\mu L$ 的 DNA 溶液放在离心管中，然后加入 $60\,\mu L$ 的 18 mol/L 的甲酸，混合后，在室温保温至 10% 的靶 DNA 被作用(一般对于 150 个碱基对长的片段，要做到 10% 被作用，需要保温 10 min)；最后，加入 $200\,\mu L$ 的 2.5 mol/L 的乙酸钠(pH 5.5)、$100\,\mu L$ 的水、$20\,\mu g$ 的 tRNA 和 1 mL 的冷乙醇，在 $-70℃$ 经 30 min 沉淀 DNA。突变的目标 DNA 片段可以用制备变性胶电泳进行富集(Walton C，et al，1991)，将片段切下后进行重组。

利用化学突变剂进行随机突变已有 40 多年的历史，这种方法到现在仍然在使用。

13.4.2 酶法随机错误掺入突变法

随机错误掺入(random misincorporation)突变法(Knowles J，et al，1991)，如图 13-14 所示。它可分如下几步进行：

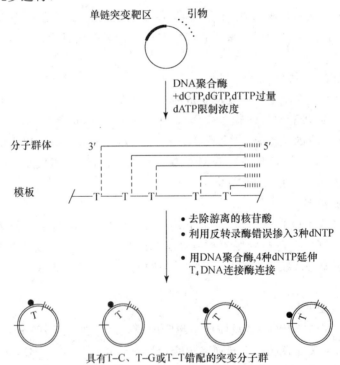

图 13-14　酶法随机错误掺入进行突变的原理

(引自 Knowles J，et al，1991)

(1) 按 Kunkel 法制备含 U 的单链模板，使寡核苷酸引物在目标基因(DNA 区段)的下游与模板杂交，模板及引物要非常纯，引物 5′端要磷酸化。

(2) 进行碱基特异性的限制延伸。利用 DNA 聚合酶(Klenow 酶)，在 3 种 dNTP 过量、1 种 dNTP 浓度被限制的情况下，使引物进行限制延伸，从而，沿目标 DNA 区段产生所有可能的被延伸了的引物的 3′端(即形成如在双脱氧终止法序列分析中所形成的类似的分子群体,不同之处在于这些 3′端可以在其后的错误延伸反应中被进一步延伸)。在碱基特异性的限制延伸中,唯一的限制因素是 4 种 dNTP 中的 1 种 dNTP 的浓度(如在图 13-14 中,就是 dATP 的浓度)。准确地控制限制 dNTP 的浓度,可以有效地限制延伸反应中所形成片段的长度。

(3) 碱基错误掺入和延伸。为了得到各种可能的随机突变性,从上述有限制延伸反应中得到的四个样品组分,即 A⁻、C⁻、G⁻、T⁻,分别进行错误掺入反应。为进行这一反应,首先通过酚抽提,乙醇沉淀去除样品中残留的自由 dNTP,然后利用无校对功能的反转录酶进行错误掺入反应(一般的,dNTP 的浓度:在 A⁻ 反应中为 50~100 μmol/L dCTP、0.4 μmol/L dGTP 和 200 μmol/L dTTP;C⁻ 反应中为 200 μmol/L dATP、50 μmol/L dGTP 和 1 μmol/L dTTP;G⁻ 反应中为 50 μmol/L dATP、250 μmol/L dCTP 和 100 μmol/L dTTP;T⁻ 反应中为 50 μmol/L dATP、100 μmol/L dCTP 和 200 μmol/L dGTP),最后,再通过加入 4 种 dNTP 对延伸产物进行追加补齐和连接后,将反应混合物进行转化。

(4) 对转化体通过 DNA 序列分析进行确证。利用这种方法,所有 12 种可能的点突变都应该被得到:

$$A \to \begin{matrix} C \\ G \\ T \end{matrix} \qquad C \to \begin{matrix} A \\ G \\ T \end{matrix}$$

$$G \to \begin{matrix} A \\ C \\ T \end{matrix} \qquad T \to \begin{matrix} A \\ C \\ G \end{matrix}$$

这种方法的优点是:① 碱基取代是随机的;② 在错误掺入反应中,避免拷贝野生型序列;③ 优化了各种碱基取代之间的平衡;④ 保证只有目标基因部分被突变。

13.4.3 其他产生随机突变的方法:易错 PCR 和 DNA 改组

1. 通过易错 PCR 产生随机突变

易错 PCR(error prone PCR)是一种简单、快速及廉价的随机突变方法。其原理是利用某些缺少 3′→5′核酸外切酶活性的低保真耐热 DNA 聚合酶可产生较高碱基错误掺入的特性(如 Taq 酶)通过提高缓冲液中 Mg²⁺ 浓度(从 1.5 mmol/L→7 mmol/L)、加入适当 Mn²⁺(0.5 mmol/L)以及提高 dCTP、dTTP 的浓度(到 1 mmol/L)和降低 dATP、dGTP 的浓度(到 0.2 mmol/L)或用 dITP(脱氧次黄嘌呤核苷三磷酸)代替 dATP/dGTP,从而提高 PCR 反应中碱基错误掺入的概率,使基因产生随机突变(Eckert KA, et al, 1990)。下面给出一个进行易错 PCR 的方案可供参考:

7 mmol/L MgCl₂, 50 mmol/L KCl, 20 mmol/L Tris-HCl(pH8.4)缓冲液(终浓度),0.5 mmol/L MnCl₂, 1 mmol/L dTTP, 1 mmol/L dCTP, 0.2 mmol/L dGTP, 0.2 mmol/L dGTP, 100 ng 模板 DNA, 2 μmol/L 引物 s, 2 μmol/L 引物 as, 1 μL Taq 酶 加灭菌重蒸水→100 μL。

PCR 反应程序:

95℃	3 min	
94℃	45 s	
58℃	45 s	} 30 次循环
72℃	3 min	
72℃	10 min	

在上述配方中退火温度是 58℃,然而在具体反应中要与设计的引物相匹配。Taq 酶 2～5 U/μL。

2. DNA 改组(DNA shuffling)

DNA 改组中的英文"shuffling"一词原意是"洗牌"之意,用"洗牌"这个词可形象地表述出"DNA shuffling"方法的特点,这比我们将其翻译成"改组"要好理解得多,但中文翻译成"DNA 洗牌"又实为不雅。试想,当我们将单个基因或基因家族看做一副扑克牌,而每张牌看作随机切割而成的 DNA 片段,我们不断地洗牌过程就使这 54 张牌出现大量的不同组合,增加了整个一副牌中每张牌所在位置(顺序)的多样性。然而无论排列有多少多样性,其仍处于这一副扑克牌中。这就是 DNA 改组技术的基本原理。所以,DNA 改组是指 DNA 分子的体外重组,通过改变原有单个基因或基因家族的核苷酸序列,在分子水平上创造分子的多样性,创造新基因并赋予表达产物新的功能。当将所有这些多样性的 DNA 分子一一转入宿主细胞中,就形成了一个巨大的突变文库。当然,如同我们在第 10 章中所说的那样,DNA 改组要结合灵敏的筛选技术,才能得到理想的变异体。DNA 改组的效果也必须由改组后的基因表达产物的功能来验证。因此,灵敏可靠的选择和筛选方法是 DNA 改组技术成功的关键所在。图13-15 给出了 DNA 改组技术原理的图解。从图可见,DNA 改组有如下步骤:

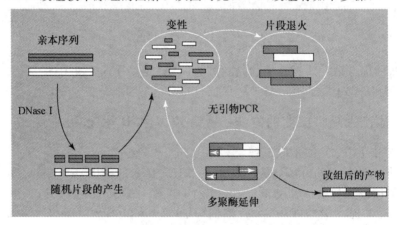

图 13-15　DNA 改组技术原理的图解

(1) 亲本基因或基因家族序列经 DNase Ⅰ 酶处理产生随机的片段(random fragments)。

(2) 使(1)得到的混合物变性产生单链 DNA 片段(如同一副扑克牌的每张牌)。

(3) 使(2)所得到的变性混合物退火,使具有碱基重叠的片段形成双链区。

(4) 利用自我引发 PCR(即无引物 PCR,PCR without primers)使(3)中的单链区在聚合酶的作用下延伸(extension via polymerase)。

(5) 再将(4)变性(即重新洗牌,然后重复上述过程)。

(6) 最后得到具有各种 DNA 片段匹配的改组产物(shuffled products)。这实际是一个突变文库。

DNA 改组技术的优点是:可利用现有的有利突变,快速积累不同的有利突变;DNA 片段间的重组可以伴随点突变同时发生;可以删除个体中有害突变和中性突变。DNA 改组与随机诱变相比,明显地提高了良性突变的频率,随机诱变的方法所产生的良性突变率只是 DNA 改组技术所产生的良性突变率的 1/13。此处只给出 DNA 改组技术的基本原理,具体的操作步骤可查阅相关文献(Stemmer WPC，1994；Gram H，et al，1992；Cherry JR，et al，1999；Matsumura I，et al，1999)。

在本章最后需要指出的是，对于基因的定点突变，需要了解必要的序列和其所编码的蛋白质的结构信息，对其少数部分的功能进行分析；而对随机突变而言，可能不需要知晓基因的结构与功能，通过突变产生突变文库，最后通过有效的筛选获得想要的突变体。这种方法常用于所谓的基因或蛋白质的定向进化(directed evolution)研究或蛋白质工程的研究。

无论是定位还是随机突变，其主要的目的是用于：蛋白质功能的分析；蛋白质结构的分析；蛋白质工程的研究，包括蛋白质结构与功能关系的分析，酶催化中心的分析以及设计具有新功能特性的蛋白质，这是蛋白质工程最核心的研究课题。

还需要指出的是，序列分析是确定突变成功的最可靠手段，这是任何筛选基因突变的手段所不能取代的。

14　寡核苷酸的化学合成

寡核苷酸(DNA、RNA)的固相合成技术的成熟,使寡核苷酸化学合成技术日臻精确、高效和自动化。如果说重组 DNA 技术以及外源基因在各种受体细胞中的表达为 DNA 结构及基因表达调控机制的研究打开了新局面,使生物学研究发生了革命性的变化,那么,寡核苷酸的化学合成为人们对特定基因进行遗传工程操作,选择性地对基因进行改造、序列测定、扩增以及鉴定(杂交探针)等提供了崭新的手段。寡核苷酸的化学合成还为基因的化学合成、反义核酸的应用创造了条件。本章以脱氧寡核苷酸的化学合成为例,介绍寡核苷酸固相合成的原理以及寡核苷酸的各种纯化方法。

14.1　寡核苷酸片段固相合成的原理及步骤

寡核苷酸片段的固相合成有两种基本方法,即磷酸三酯法和亚磷酸三酯法。前者的基本步骤是将活化了的核苷酸,在存在特定的偶联试剂的条件下依次同与固相载体相连的核苷 5′-OH 产生偶联反应,从而在参加反应的两核苷酸之间形成磷酸三酯键。合成的整个过程包括偶联反应、封闭反应、去 5′端保护基反应。对于亚磷酸三酯法而言,除了上述几个步骤外,还包括一个氧化反应,使亚磷酸三酯键转化成为磷酸三酯键。现在,磷酸三酯法已不再应用,在 DNA 自动合成仪上所用的方法都是亚磷酸三酯法,其原因是亚磷酸三酯法具有高的偶联效率,且其起始单体稳定性高。

14.1.1　用于寡核苷酸化学合成的单体

亚磷酰胺(phosphoramidite)是化学修饰的核苷,用做 DNA 片段合成的单体。有两种类型的亚磷酰胺:甲基化的亚磷酰胺(methyl)和 β-氰乙基-亚磷酰胺,其基本结构如图 14-1 所示。

为了保证正确有效的偶联和足够高的可溶性,每个核苷都进行如下的修饰:

(1) 在三价的磷酸部位有一个二异丙胺基团。这一修饰使亚磷酰胺非常稳定,易被四唑所激活,具有高反应性。

(2) 在 3′-磷酸基团的部分分别有甲基保护基(甲基亚磷酰胺)和 β-氰乙基(β-氰乙基亚磷酰胺)保护基。其作用是防止副产物形成,增加在有机溶剂中的可溶性。合成后,此基团易被去除。

(3) 二甲氧三苯甲基保护基处于核糖的 5′-OH 上。

(4) 在腺嘌呤和胞嘧啶的外向环胺基上有一苯甲酰基(Bz)保护基,在鸟嘌呤的外向环胺基有一异丁酰保护基(Ib)。这些保护基的作用是防止反应过程中副产物的生成。由于胸腺嘧啶分子无外向环胺基,所以胸腺嘧啶在此不需特殊保护。在寡核苷酸片段合成后,这些保护基团将被完全去除。

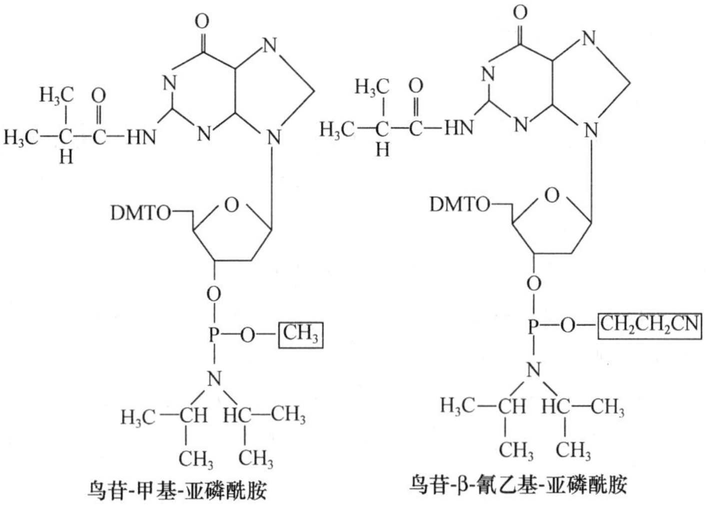

图 14-1   甲基-亚磷酰胺和 β-氰乙基-亚磷酰胺

鸟苷-甲基-亚磷酰胺

鸟苷-β-氰乙基-亚磷酰胺

14.1.2   用于寡核苷酸化学合成的固相载体

聚苯乙烯同 1% 的二乙烯苯的共聚物以及聚二甲基丙烯酰胺的衍生物以及硅胶都可作为固相载体,而近年多用可控孔径的玻璃砂(CPG)作为固相载体。CPG 是有孔而非溶胀的颗粒,直径为 $125 \sim 177\ \mu m$,孔径为 50 nm 或 100 nm。CPG 上具有有机接头,其靠硅氧烷键(siloxane bond)连到 CPG 的表面;而 A、T、G、C 核苷的 3'-OH 借酯键与接头相连接,此键是碱不稳定的,故合成后的寡核苷酸易从固相载体 CPG 上切除,产生 3'-OH 的 DNA 片段。核苷与 CPG 固相载体的产生如图 14-2 所示。

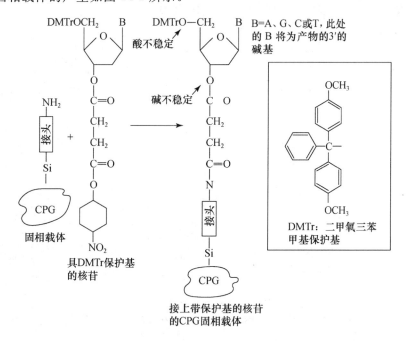

图 14-2   CPG 固相载体的产生

14.1.3 寡核苷酸片段合成的步骤

以 β-氰乙基-亚磷酰胺为单体的 DNA 片段的合成过程,有 4 个基本步骤:

(1) 脱三苯甲基(detritylation)。此步为固相合成的第一步,在固相载体上,用二甲氧三苯甲基保护的 5′-OH 经三氯乙酸溶液(TCA-二氯甲烷,3%,m/V)处理后,脱去 DMTr 保护基,暴露出 5′-OH,为下一步的偶联反应做准备。

(2) 加成或偶联反应(addition)。此步将反应室中加入溶于无水乙腈中的四唑和按核苷酸序列确定的亚磷酰胺。四唑是亚磷酰胺的激活剂,使加入的单体与在固相载体上的核苷的 5′-OH 发生反应,形成亚磷酸三酯键。

(3) 封闭反应。为保证下一次偶联反应的效率维持在高水平,避免更多非全长的寡核苷酸片段副产物的生成,利用在 N,N-二甲氨基吡啶催化下的乙酰化反应,利用乙酸酐将暴露出来的、但没有进行偶联反应的核苷酸 5′-OH 封闭。

(4) 氧化反应。此步是利用碘溶液将在偶联反应中生成的不稳定的三价磷酸键,氧化生成稳定的五价磷酸键。

DNA 片段的化学合成是以上述四步反应循环进行,每一次循环就加上一个新的核苷酸。DNA 片段的化学合成是从 3′→5′方向进行。为保证反应有效进行,每步反应完成后都要用乙腈清洗,用氩气吹干,尽可能高的无水环境是保证高偶联效率的关键。用于清洗的乙腈含水量不得高于 $1×10^{-4}$,否则使偶联效率严重降低。图 14-3~14-6 分别给出脱三苯甲基、偶联反应、封闭反应、氧化反应的反应过程。一次循环过程大约 7~9 min。

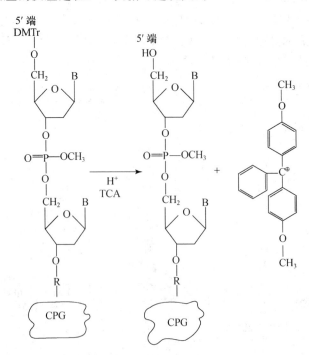

图 14-3 脱三苯甲基(DMTr)反应

三氯乙酸用以从 5′端去除 DMTr,产生 5′-OH,为进入偶联反应做准备。

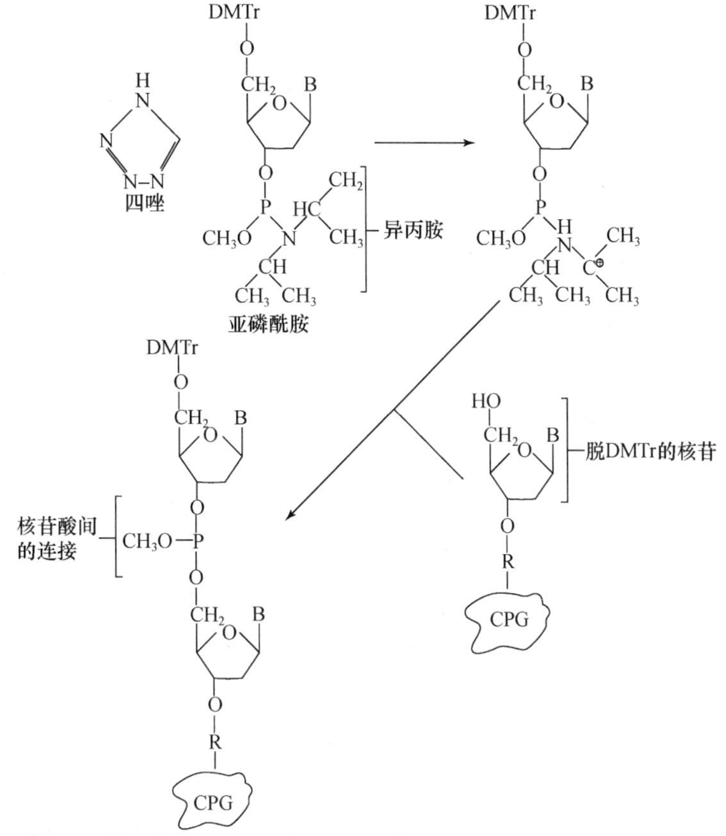

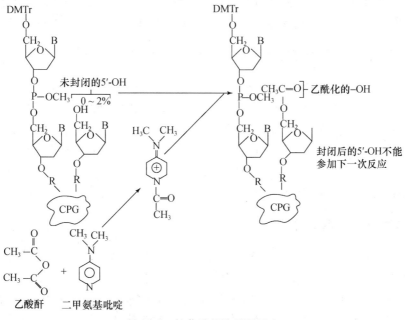

图 14-4　核苷酸间的偶联反应

亚磷酰胺和四唑同时进入含结合了核苷酸的固相载体的反应室中,二异丙胺被取代,核苷酸间形成亚磷酸二酯键。

图 14-5　核苷酸间的封闭反应

通过乙酰化将未参加反应的 5'-OH 封闭。

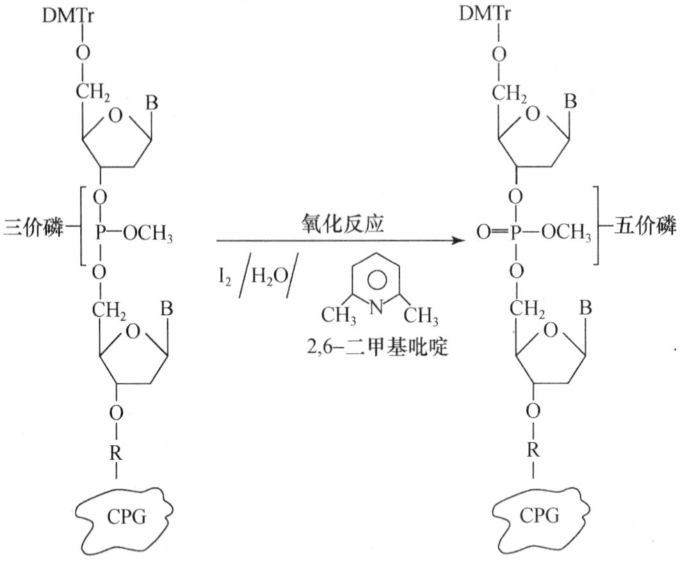

图 14-6 氧化反应

使不稳定的三价磷转化为稳定的五价磷。

14.2 寡核苷酸片段的纯化及鉴定

在 DNA 片段合成完毕时,DNA 片段的 3′端与固相载体 CPG 相连,5′端仍然被 DMTr 基团保护,磷酸基团、外向环氨基也仍被相应的基团所保护。当利用凝胶电泳或离子交换 HPLC 纯化时,在合成结束后,寡核苷酸 5′端的 DMTr 基团首先经三氯乙酸去除;而采用反相 HPLC 纯化时,则 DNA 片段的 5′端仍保留 DMTr 基团,DMTr 基团在纯化后去除。

14.2.1 寡核苷酸片段从固相载体上切离和去保护基

β-氰乙基-亚磷酰胺寡核苷酸片段从固相载体上切离和脱去在磷酸基团、外向环上的保护基,可用 32%的浓氨水在 55℃处理 8 h,一步去除。国产氨水一般浓度在 25%左右,为保证切离和去保护基反应完全,可将保温时间延长到 20~24 h。可将干燥的合成产物,用 80%的乙酸处理 20 min(室温)去除 DMTr 基团。值得指出的是,所用氨水必须是新鲜的,已经开过盖的氨水瓶要放在 4℃存放。开过盖后的氨水放在室温下或 4℃超过一个月的,不可再用。DMTr 基团的存在并不影响用紫外吸收对寡核苷酸进行定量测定。

14.2.2 寡核苷酸片段的脱盐

用标准的亚磷酰胺法合成的 DNA 片段除了寡核苷酸片段外,还混有诸如苯酰胺、异丁酰胺、乙酸铵以及其他有机物的污染,这些杂质可以通过凝胶过滤(gel filtration)、过商品的 OPC 柱(oligonucleotide purification cartridge)、乙醇沉淀来去除。乙醇沉淀法对于大量的寡核苷酸的脱盐是一种快速有效的方法。只需一次沉淀而不需载体 RNA 即可达到脱盐的目的,但较小分子的片段(<15 个核苷酸)不易被沉淀下来,故可达到部分的纯化分离的目的。

其不足之处是回收率较低,重复性较差。对于<15个核苷酸的片段,用异丙醇代替乙醇,可有效地将小的核苷酸片段沉淀脱盐。

标准的乙醇沉淀法按下述步骤进行:

(1) 每ODU(A_{260})的寡核苷酸片段溶于30 μL的灭菌水中,加入5 μL的3 mol/L乙酸钠(pH 8.0)中。

(2) 每ODU加入100 μL的无水乙醇,混匀。

(3) -20℃或-70℃放置沉淀30 min,高速离心5 min。如DNA片段<15个核苷酸,用异丙醇代替乙醇。

(4) 弃上清液,避免搅动沉淀。如样品量少(<100 μg),此步可能看不到沉淀物(无妨)。

(5) 用同样量的乙醇洗样品,离心去上清液。

(6) 用旋转真空离心使样品干燥后,将样品溶于适当缓冲液或灭菌水中,用紫外分光光度计定量。

用光径为1 cm的石英比色杯,在260 nm测寡核苷酸样品的光吸收值,1个A_{260}吸收单位相当于每毫升含33 μg的寡核苷酸片段。

14.2.3　寡核苷酸片段合成产率的估计

寡核苷酸片段合成产率受各种因素的影响,如各种合成试剂的质量、乙腈中的含水量等。对于ABI的DNA自动合成仪而言,每一循环,其产率在98%是不成问题的。如果片段长为32个核苷酸,每步产率为98%,用的是0.2 μmol的合成柱,按1 μmol的单链DNA含大约10A_{260}/碱基计算,其最后的产量应为45A_{260}。

市售的合成柱有40 nmol、0.2 μmol、1 μmol、10 μmol等不同规格。对于一个含20个核苷酸的片段,其典型的粗产量见表14-1。正如上面所述,产率受各种因素影响,一般而言,小规模的合成效率较高,纯度较好。

表 14-1　在不同合成柱上合成的寡核苷酸片段的粗产量

合成柱的规格	A_{260}	粗产量
40 nmol	5～10	165～330 μg
0.2 μmol	20～30	660～1000 μg
1.0 μmol	100	3.3 mg
10.0 μmol	800	26.4 mg

14.2.4　寡核苷酸片段的纯化

1. OPC柱的纯化

OPC柱是一种市售的、用于寡核苷酸片段纯化的装置,可以从ABI公司购买。OPC柱用于合成的寡核苷酸的快速纯化。经过OPC纯化的寡核苷酸片段的纯度,可满足于作为序列分析的引物、PCR的引物和杂交探针的要求。

OPC柱内装有对5′端带有DMTr-寡核苷酸片段产生非常强的特异性亲和的物质。溶于氨水中的DMTr-寡核苷酸粗制品直接上到OPC柱上,只有DMTr-寡核苷酸结合到柱上,其他杂质被洗脱出来。结合到OPC柱上的寡核苷酸上的DMTr基团用2%的三氟乙酸去除,寡核苷酸片段用 20％乙腈溶液洗脱回收。此方法的优点是快捷、高效,只需 15～20 min 即可完成一个样品的纯化。不足之处是对于较长的片段回收率不高,例如,用 OPC 柱纯化 20 个核苷酸长的片段,可以得到 $5A_{260}$ 单位的制品;而对 100 个核苷酸长的片段,最终回收率只有 $1A_{260}$。根据 OPC 柱纯化的原理,我们会发现,这一纯化方法的纯度与化学合成时的质量密切相关,如果合成过程中封闭反应不好,或偶联效率低的话,会产生相对多的长短不一的 DMTr-寡核苷酸片段。用 OPC 柱纯化后,纯化产物中也同样会含有不同长度的寡核苷酸片段,造成合成产物的不均一性。用这样的产物进行基因合成时,往往效率极低,有时甚至得不到重组体。

2. 用变性的 PAGE 法来纯化寡核苷酸片段

用变性 PAGE 法纯化 DNA 片段时,合成的片段必须预先去除 5′端的 DMTr 基团。一般根据 DNA 片段的长度采用10％～20％的含 7 mol/L 尿素的聚丙烯酰胺凝胶(配方与 DNA 序列胶相同)。合成的样品完全去保护基后,经旋转真空干燥仪抽干,加入变性溶液(1 份的 TBE 缓冲液＋9 份的去离子的甲酰胺溶液)溶解样品后,上样,进行电泳。在变性胶上可以将相差一个碱基的片段分开。电泳完成后,将凝胶转移到一食品保鲜膜上,以放射自显影用的增感屏为背景,在 254 nm 的紫外照射下,可以直接观察到 DNA 片段形成的电泳带。用无 DNase 污染的刀片切下所要的带。为了获得 DNA 片段,将含片段的凝胶带切成碎片,放入1.5～2.0 mL 的离心管中,在室温用灭菌水浸泡 20～24 h,离心吸出上清液(为保证回收率,可再浸泡一次);用旋转真空干燥仪抽干后,用少于 1 mL 的无菌水溶解,经 Sephadex G25(medillm,1 cm×30 cm)凝胶过滤脱去尿素,用灭菌水洗脱下来的组分,在 260 nm 下进行检测,将主峰合并、抽干,即得到长度均一的寡核苷酸片段纯品。此种纯化方法看似繁琐且回收率也不是太高,但是纯度绝对有保证,加之一切纯化步骤都在水溶液中进行,保证了 DNA 片段的生物活性。利用化学合成法获得基因的工作,应首推此法纯化,以得到满意的结果。

变性 PAGE 既可对 DNA 片段进行制备,又可以对合成的质量进行监测。如果片段的 5′-OH 经 $[\gamma-^{32}P]$-ATP 和多核苷酸激酶进行标记后,可在电泳后,经放射自显影进行检测。

在无菌水中纯化后的 DNA 片段,可放在 −70℃ 长期保存。根据我们的保存情况看,8 年后未发现降解。

3. HPLC 纯化

利用高压液相层析(HPLC)可以对合成的寡核苷酸片段进行纯化。当用反相柱(reverse-phase column)时,DNA 片段要带 DMTr 基团;当用离子交换柱(ion-exchange column)时,则要去掉 DMTr 基团。HPLC 只能用于对少于 50 个核苷酸大小的 DNA 片段进行纯化。对于较长的片段,就得用变性 PAGE 或微胶毛细管电泳。具体的纯化操作,请参阅 Applied Biosystems 的 *Evaluating and Isolating Synthetic Oligonucleotides* 一书。

14.2.5 DNA 寡核苷酸片段的鉴定

经分离纯化后的 DNA 片段,应对其质量(包括长度和核苷酸序列)进行鉴定。鉴定 DNA 片段的序列的方法:

1. Wandering Spot 法

适用于长度在 20 个核苷酸以下的片段(Rossi JJ, et al,1979)。寡核苷酸片段 5′端经 $[\gamma-^{32}P]$-ATP 用 T_4 多核苷酸激酶标记后,经蛇毒磷酸二酯酶进行部分水解,标记混合物于 pH 3.5的条件下在醋酸纤维素薄膜上电泳,然后在 DEAE-纤维素板上进行同系层析。寡核苷酸的序列通过这一标记消化产物的特定迁移率来测定。此方法的好处在于,不仅可测出寡核苷酸的序列,也可以检出不纯物的污染。

2. Maxam 及 Gilbert 化学裂解法

同 Wandering Spot 法相比,Maxam 和 Gilbert 法用于对 DNA 片段的序列进行测定时,无法检测出合成产物中少量的不纯物(≈10%)。

3. 测定合成产物的长度的方法

以上两种方法都是测定 DNA 片段的碱基序列。如果有分子大小标准,将合成片段与分子大小的标准并排进行变性 PAGE 电泳,可通过比较,推断出合成片段的长度是否正确。值得指出的是,由于片段的碱基组成不同,在变性胶上的迁移率可能有差别(Jing GZ, et al, 1986)。

以上介绍了 DNA 片段的化学合成原理和分离纯化方法,对于含稀有碱基的片段的合成以及 RNA 片段的合成,其原理是相同的,此处不再赘述。

15 蛋白质相互作用及其分析方法

15.1 蛋白质相互作用的重要性

研究蛋白质相互作用对于了解蛋白质如何在细胞中执行其功能是极其重要的。人类基因组测序的完成和基于蛋白质组的蛋白质谱图(protein profiling)研究催生了对蛋白质相互作用的分析。阐明在一给定的细胞蛋白质组中各种蛋白质相互作用的网络及特征将是在认识细胞生物化学道路上的另一个里程碑。

人类基因组序列分析表明,人类基因组中大约有 30 000 个基因为蛋白质编码。这些基因在其表达过程中通过一系列翻译后的修饰和基因剪接机制大约能产生 1×10^6 种蛋白质。虽然这些蛋白质群体(a population of these protein)在执行功能时可能相对独立,但绝大部分蛋白质是彼此间形成复合体和网络,通过大量的协调相互作用的过程作用于细胞的结构和功能。这些过程包括细胞周期控制、分化、蛋白质折叠、信号转导、转录、翻译、翻译后的修饰以及转运等。

通过蛋白质相互作用的研究可以发现未知蛋白的功能。这是基于用已知功能的蛋白质通过蛋白质之间的相互作用捕获未知蛋白质,进而推断未知蛋白质的功能。

15.2 蛋白质相互作用所产生的结果

两个或多个蛋白质与一特异性功能客体相互作用所产生的效应可用几种不同的方法来验证。Phizicky 和 Fields 对蛋白质相互作用所产生的效应归纳如下(Phizicky EM, et al, 1995):

(1) 蛋白质相互作用能改变酶的动力学性质。这可能是在底物结合水平或在变构效应水平上细微的变化所引起的。

(2) 蛋白质相互作用能产生底物通道(substrate channeling)(Huang X, et al, 2001)。这种底物通道是当一个酶的产物不经释放到溶液中这一步,而是直接通过两种酶蛋白相互作用形成的通道进入另一个酶或活性中心。通道(channeling)使一个代谢途径比当这些酶蛋白随机散布在细胞浆中时更快和更有效,或能防止不稳定中间体的释放;也能保护中间体不被其他酶所催化的竞争反应所消耗,有利于终极产物的形成。

(3) 蛋白质相互作用能产生新的结合位点,典型的是产生小效应分子(small effector molecule)的结合位点。

(4) 蛋白质相互作用能使一个蛋白质失活或损坏。

(5) 通过与不同的结合伙伴的相互作用,能改变一个蛋白质对其底物的特异性;例如,表现出蛋白质单独存在时没有的新功能。

(6) 在基因的上游区或下游区行使调控作用,如在基因表达调控中所述的中介子蛋白因子。

15.3 蛋白质相互作用的类型

蛋白质相互作用按其特性基本上可分为稳定和瞬时相互作用。无论稳定还是瞬时相互作用都存在强和弱两种。稳定相互作用是指蛋白质相结合,可以作为多亚基复合体的形式被纯化。复合体中的亚基可以是由相同或不同的多肽链(蛋白质)组成。血红蛋白和核心 RNA 聚合酶就是两个稳定多亚基复合体相互作用的例子。稳定相互作用可以用共免疫沉淀(co-immunoprecipitation)、pull-down 亲和层析或类似于免疫印迹技术的 far-Western 方法来进行研究分析。

瞬时相互作用是参与对大多数细胞过程的调控。顾名思义,瞬时相互作用在本质上是参与开/关或暂时的相互作用,并需要一套启动这一相互作用的条件。瞬时相互作用的强度是可强可弱,在速度上是可快可慢。当接触到它们的结合伙伴时,参与瞬时相互作用的蛋白质被认为其参与全范围内的细胞过程,包括蛋白质的修饰、转运、折叠、信号转导、细胞周期等等。瞬时相互作用可被交联(cross-linking)或标记转移(label transfer)等方法所捕获。

15.4 酵母双杂交系统

酵母双杂交系统(yeast two-hybrid system)是利用转录过程预测蛋白质的相互作用。众所周知,蛋白质分子是由一个或多个独立的折叠单位——结构域(domain)组成。这些结构域的存在使得同一个蛋白质可执行不同的功能。如前所述,DNA 转录需要转录激活蛋白因子(transcriptional activator,TA),其含有两个特异性的功能结构域:即与基因编码区上游的调控序列(如启动子 promoter)结合的 DNA 结合结构域(DNA-binding domain,BD)和能够激活 DNA 转录的激活结构域(activation domain,AD)。因此,转录激活蛋白因子(TA)的活性既需要 DNA 结合结构域又需要激活结构域。如果缺少任何一个结构域,基因转录也不能进行(图 15-1)。进而,结合结构域和激活结构域不必须位于同一个蛋白质上。事实上,当融合了一个 DNA 结合结构域的蛋白质与另一个含有一个激活结构域的蛋白质相结合时能够激活转录;这一原理形成了酵母双杂交技术的基础。

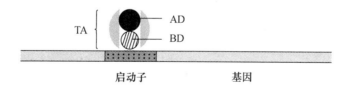

图 15-1 正常的转录需要转录激活蛋白因子(TA)的 DNA 结合结构域(BD)和激活结构域(AD)
(引自 Two-hybrid analysis of genetic regulatory net works-online protocol)

在双杂交测试中需要组建两个融合蛋白:一个 DNA 结合结构域融合到目标蛋白质 X 的 N 末端,X 蛋白质的潜在结合伙伴(蛋白 Y)被融合到激活结构域。如果蛋白质 X 和蛋白质 Y 相互作用,这两个蛋白质的结合将形成一个完整的、具功能的转录激活蛋白因子(Fields S,et al,1989)。这个新形成的转录激活蛋白因子将起始一个报告基因(reporter)的转录,报告基因的翻译产物能很容易地被检测。这样,通过检测报告基因的蛋白产物的量就可计算出 X 和 Y 两种蛋白质相互作用的程度(图 15-2)。

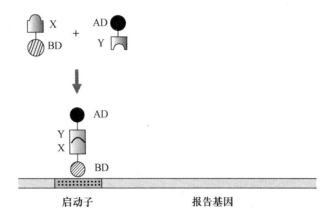

启动子   报告基因

图 15-2   酵母双杂交转录

酵母双杂交技术测定蛋白质相互作用是通过测定一个报告基因的转录来完成的。如果蛋白质 X 和 Y 相互作用,那么与它们融合的 DNA 结合结构域(BD)和激活结构域(AD)将相互结合,从而形成一具功能的转录激活蛋白因子(TA)。TA 将使报告基因转录。

(引自 Two-hybrid analysis of genetic regulatory net works-online protocol)

1. 用酵母双杂交系统研究蛋白质相互作用的一个实施方案

　　首先必须要做的事是构建"诱饵"(bait)和"猎人"(hunter)融合蛋白。"诱饵"融合蛋白是将一个转录激活蛋白因子 GAL4 的结合结构域融合到目标蛋白质 X 的 N 末端,产生 GAL4 BD-X。其基因操作过程如图 15-3 所示,即将目标蛋白质 X 的编码基因(gene of interest)与编码 GAL4 BD 的基因相融合插入到表达质粒当中,当融合的基因被转录并通过翻译后产生的融合蛋白,即是在目标蛋白 X 的 N 末端融合了 GAL4 BD 的"诱饵"融合蛋白 GAL4 BD-X(图 15-3)。同样的步骤用以构建表达"Hunter"融合蛋白的质粒,其表达产物即是 X 蛋白质的潜在结合伙伴(Y)与 GAL4 激活结构域(AD)形成的融合蛋白 GAL4 AD-Y。

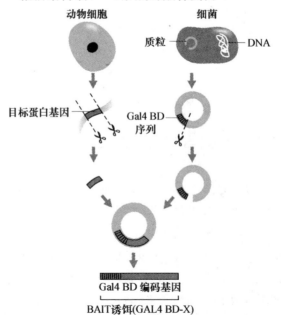

图 15-3   Bait 和 Hunter 融合蛋白表达质粒的构建

(引自 Two-hybrid analysis of genetic regulatory net works-online protocol)

除了含有为上述融合蛋白编码的基因外,这些质粒还含有选择基因,使得细胞能在特定的环境中成活。如含有抗生素抗性基因可使细胞在存在相应的抗生素条件下生长。用于酵母双杂交体系中的选择性基因是能够合成氨基酸,如组氨酸、亮氨酸和色氨酸的酶蛋白基因(图 15-4)。

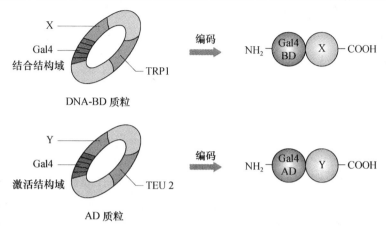

图 15-4 Bait 和 Hunter 质粒

示在 DNA-BD 质粒中含有编码 GAL4 BD-X 的基因,在 AD 质粒中含有编码 GAL4 AD-Y 的基因,
两个质粒中分别含有合成色氨酸的基因(*TRP1*)和亮氨酸的基因(*LEU2*)。
(引自 Two-hybrid analysis of genetic regulatory net works-online protocol)

一旦质粒被组建好,它们将被转染(transfection)到具色氨酸和亮氨酸双营养缺陷型的酵母细胞中,其中,只有含有 Gal4 BD-X 和 Gal4 AD-Y 质粒的细胞才能在缺少色氨酸和缺少亮氨酸的选择性培养基中生长(图 15-5)。

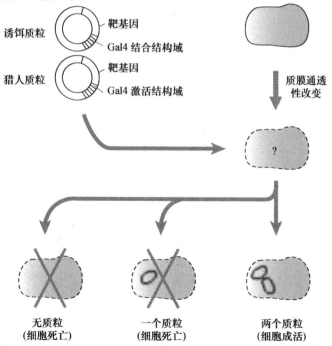

图 15-5 质粒的转染过程示意图

只有含有 Bait 和 Hunter 两种质粒的酵母细胞才能在最低选择性培养基上生长。
(引自 Two-hybrid analysis of genetic regulatory net works-online protocol)

如果在宿主细胞中 Bait 和 Hunter 之间相结合则转录活性将得以恢复并产生正常的转录激活蛋白因子 Gal4 活性。在此酵母双杂交测试中经常用的报告基因是来自于 *E. coli* 的 *lac Z* 基因,其为 β-半乳糖苷酶(β-glactosidase)编码。在此酵母双杂交系统中,*lac Z* 基因被插入到紧靠 Gal4 启动子的下游,使之能在 Gal4 启动子调控下转录、进而表达。如果 Bait 和 Hunter 之间产生结合,则 *lac Z* 基因被表达,如前面所述,β-半乳糖苷酶的表达在存在X-gal时可使克隆变蓝色。因而只需检测克隆的颜色(即是否为蓝色)即可确定 Bait 和 Hunter 间是否产生相互作用。

详细的操作步骤请用在线的 protocol 查阅 Two-hybrid analysis of genetic regulatory networks(detail)。

2. 酵母双杂交系统的应用

一般而言,酵母双杂交系统能 *in vivo* 鉴定出新的蛋白质—蛋白质相互作用。利用若干不同的蛋白质作为潜在的结合伙伴(hunter),有可能检测出以前未知特性的相互作用(Fields S, et al, 1994)。其次,酵母双杂交测试系统能用于分析已知要发生的相互作用的特性,如用截短的蛋白质来测定哪个蛋白质的结构域参与蛋白质之间的相互作用,或用改变细胞内环境,检测相互作用在什么条件下能发生。

最近,人们用酵母双杂交系统,通过研究蛋白质—蛋白质相互作用来认识生物学相关性。很多失调疾病(disorder)是由于突变引起蛋白失去功能或改变功能所引起的。如在某些癌变中,原生长途径中的一个突变使负调控蛋白不能结合,从而导致原生长途径(pro-growth pathway)永不关闭。酵母双杂交可测定突变是如何影响一个蛋白质同其他蛋白质相互作用的。当影响蛋白质结合的突变被检出后,这个突变的重要性可以通过创建一个含有此突变的生物有机体和确定其表型特性进行研究。

15.5 利用绿色荧光蛋白(GFP)片段重组装研究蛋白质相互作用——细菌双杂交法

在细胞内探测蛋白质相互作用对于了解生物学过程是极其重要的。上面介绍的酵母双杂交方法是通过已知"诱饵"(bait)蛋白和未知"猎人"(hunter)或又称"猎物"(prey)之间的相互作用而导致转录因子活性的恢复来研究蛋白质的相互作用(Fields S, et al, 1989)。然而,酵母双杂交法也有其局限性:① 局限于酵母细胞;② 需要核定位(nuclear location requirement);③ 存在着探测出非直接相互作用的倾向(即产生假阳性)。细菌双杂交方法去除了核定位的需要并使很多技术步骤得以简化(Joung JK, et al, 2000)。一个研究蛋白质相互作用的新方法是通过报告蛋白质片段的重组装(reassembly of protein fragment)直接报告蛋白质的相互作用。为了选择适当的报告蛋白质,要对候选蛋白质在基因水平上进行详细的分析。报告蛋白的片段通过基因工程操作同"诱饵"和"猎人"或"猎物"相融合(见本书第 3 章),然后将其在细菌细胞中共表达。Bait 和 Hunter 的相互作用将报告蛋白质的片段相拉近,促成活性报告蛋白质的重组装,通过报告蛋白质功能的恢复可直接了解目标蛋白 Bait-Hunter(prey)的相互作用。这种方法已经用二氢叶酸还原酶(dihydrofolate reductase)(Pelletier JN, et al, 1998;Pelletier JN, et al, 1999),泛素蛋白(Johnsson N, et al, 1994)和绿色荧光蛋白(GFP)作为报告蛋白加以研究。由于 GFP 的 N 末端片段和 C 末端片段相缔合时(实际就是蛋白质片段互补效应)发生可检测的荧光，很容易被观察到，因此，这种方法成功地用到探测蛋白质相互作用中。Magliery TJ 实验室在建立了 GFP 系统（Wilson CGM，et al，2004）的基础上，又以 GFP 稳定性增强突变体 sg100 为报告蛋白建立了 *E. coli* 双杂交系统（Magliery TJ，et al，2005）。

此处只给出这一方法的原理，详细实验步骤请查阅参考文献（Magliery TJ，et al，2005；Wilson CGM，et al，2004）。

图 15-6 给出 GFP-片段重组装载体和克隆接头序列。

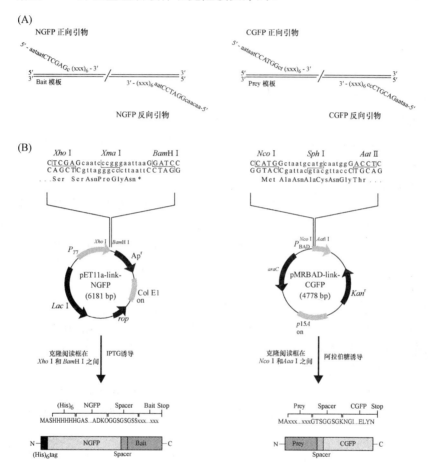

图 15-6 GFP-片段重组装载体和克隆接头序列

（A）示用于扩增目标（靶）Bait 和 Prey DNA 的寡核苷酸接头序列。N 端-GFP 片段（NGFP）通过正向引物（NGFP forward primer）中的 *Xho* I 酶切位点（CTCGAG）按正确的读码框与 Bait 基因融合。反向引物要含有终止密码子（taa），紧接其后是 *BamH* I 酶切位点（GGATCC）。克隆进 pMRBAD-link-CGFP 需要一个正向引物，与在 *Nco* I 位点中的 ATG 处于正确的读码框中，与 GFP C 端片段（CGFP）的融合是通过处于正确读码框的 *Aat* II 位点引物序列完成的。符号（XXX）代表着被扩增的模板基因和克隆进载体的密码子序列。6 个密码子[（XXX）6,18bp]通常足以得到绝大多数靶序列的特异性扩增。处于各引物 5′端的 6 个碱基的延长（5′-aataat）是为保证酶切位点能被相应的限制性核酸内切酶有效切割。

（B）克隆接头位点和 GFP-片段载体的关键特性。pET11a-link-NGFP 含有青霉素抗性基因标记（*Amp*r）和 Col E1 复制起始点（*ori*），在克隆过程中，接头中的 *Xma* I 位点被丢失；这样，用 *Xma* I 酶解可去除由于重新连接产生的本底（background）。融合表达是在 BL21-DE3 受体细胞中在 IPTG 诱导下进行（参考 T7 Vector）。*rop* 基因的产物调控着 Col E1 复制起始点（*ori*）质粒的拷贝数（参见本节 2.3.1 节），*lac* I 基因产物 Lac 阻遏蛋白，减少了在 DE3 宿主菌中的渗漏（leaky）表达。

pMRBAD-link-CGFP 含有卡那霉素抗性基因（*Kan*r）和 p15A 复制起始位点（*ori*）。在克隆过程中，接头中的 *Sph* I 位点被丢失；这样，用 *Sph* I 酶解可去除由于重新连接产生的本底。融合表达是在 P_BAD 启动子（为 *araC* 基因产物所调控）调控之下进行，并为 L-（＋）-阿拉伯糖所诱导。（引自 Wilson CG，et al，2004）

值得指出的是,pETlla-link-NGFP 和 pMRBAD-link-CGFP 表达质粒含有不同来源遗传背景的 DNA 复制起始位点(*ori*),这保证了两种质粒在宿主菌中的相容。从图 15-6 可见,表达的 GFP 融合蛋白相对于 GFP 片段有不同的取向:NGFP 位于融合蛋白的 N 端,而 CGFP 则位于融合蛋白的 C 端,这可能影响 GFP 片段的重组装。

15.6 蛋白质相互作用分析的 *in vitro* 方法

15.6.1 共免疫沉淀法

免疫沉淀(immunoprecipitation,IP)的原理非常简单。一个抗特异性的靶抗原的抗体(单抗或多抗)同在样品中(如细胞裂解液)的靶抗原能形成免疫复合体。然后,免疫复合体被固定到固体介质上的蛋白 A(protein A)或蛋白 G(protein G)所捕获。这个从溶液中捕获抗体-抗原免疫复合物的过程叫做"沉淀"。任何没有被固相蛋白 A 或 G 所"沉淀"的蛋白质被冲洗掉,最后,结合到固体介质上的免疫复合体被从介质上洗脱下来,在 SDS-PAGE 上进行分析,然后通常再进一步通过 Western blot 免疫印迹法对所得抗原进行检测。

共免疫沉淀(coimmunoprecipitation,co-IP)是研究蛋白质相互作用的常用技术。co-IP 的实施步骤与 IP 基本相同。然而,在 co-IP 中被固相化的蛋白 A 或 G 捕获到的是除了与抗体结合的靶抗原外,还有与靶抗原相互作用的蛋白质。这些被"共沉淀"下来的蛋白质在细胞水平上可能具有与靶抗原功能相关的功能。当然,这只是一种假设,"共沉淀"下来的蛋白质的功能还要进一步确证。

传统的 co-IP 方法最通常遇到的问题是在凝胶分析中出现抗体带干扰的问题。在洗脱过程中共洗脱下来的抗体的重链和轻链(在还原的 SDS-PAGE 胶上 M_r 为 50 000 和 25 000)可能污染靶抗原及与其相互作用的蛋白质。为了避免这一问题的出现,人们提出各种改进的方法:

(1) 利用专用的 co-IP 试剂盒所提供的离心杯或离心管设备增加冲洗效率,更有效地洗脱下靶抗原及与其结合的蛋白质,避免常规冲洗过程中倾倒缓冲液所造成的固体介质(树脂)的损失,使结果更一致。

(2) 抗体固相化。利用化学方法将抗体固定到固相介质上,形成固相抗体。这样可避免抗体污染靶抗原及其相互作用的蛋白质。

(3) 抗体的循环使用。利用固相抗体和温和的洗脱条件不但允许只将靶抗原及与其相互作用的蛋白质洗脱回收,固相化的抗体介质可被重新用缓冲液平衡并可循环使用多次。

为了防止在实施共免疫沉淀中抗体干扰,Pierce Biotechnology 公司利用各种策略完善抗体或抗体片段的固相化,进而避免或减少在操作过程中产生抗体污染。具体可参阅其样本,在此不再赘述。

最后需要指出的是,在共免疫沉淀实验中要注意:

① 必须要确认,共沉淀的蛋白质是唯一通过抗靶抗原的抗体所获得的,即试剂中不能有其他抗体污染。

② 必须证明抗靶抗原抗体本身并不识别共沉淀的蛋白质。

③ 要确定所产生的免疫沉淀反应是直接的(抗体-靶抗原-共沉淀蛋白),还是间接的(如抗

体-靶抗原-X-共沉淀蛋白）。一定要避免间接免疫沉淀的发生。

④ 要确定这种相互作用是发生在细胞中,而非细胞裂解的结果。

为进一步了解,请阅读下列相关文献:

● Liebler D C. 2002. Identifying protein-protein interactions and protein complexes. // Introduction to proteomics,tools for the new biology. New York：Humana Press,151—165。

● Adams P D, et al. 2002. Identification of associated proteins by coimmunoprecipitation. // Golemis E, ed. Protein-protein interactions—a molecular cloing macual. New York：Cold Spring Harbor Laboratory Press, 59—74。

● Phizicky E M, et al. 1995. Microbiological Reviews,59：94—123。

15.6.2　交联试剂法

当两个或多个蛋白质间具有特异性的亲和性时,这种特异性亲和性使它们在生命体系(细胞)中彼此接近。在细胞中绝大多数蛋白质-蛋白质结合是瞬时的和仅发生在短暂地促进信号转导或代谢功能的过程中。捕获或"冻结"这些瞬间的接触(相互作用)可以帮助我们探测哪些蛋白质参与了这些生命过程以及它们又是怎样地通过相互作用而执行其功能的。

交联试剂法是在蛋白质相互作用时,通过将交联剂(cross-linking reagent)加入使蛋白质间产生共价交联来捕获蛋白质-蛋白质复合体的一种方法。交联剂上的功能基因所具有的快速反应特性可使得即使是处于瞬间相互作用的蛋白质也被原位"冻结",或使弱相互作用的蛋白质分子可以足够稳定的复合体形式被捕获。因此,交联试剂法可用于对相互作用的蛋白质复合体的分离和特性分析。

值得指出的是,当将同源双功能(homobifunctional)或异源双功能(heterobifunctional)交联剂加入到细胞悬液或细胞裂解液中时,将引起很多蛋白质分子间的交联的形成,这些交联并不仅限于那些直接参与靶蛋白-蛋白质相互作用的分子。因此,如何得到与靶蛋白之间产生相互作用的蛋白质(即特异性相互作用复合体)是对这一方法的最大挑战。为了解决这些问题,人们设计出更复杂的交联剂,如光反应性交联剂(photo reactive crosslinkers)等,这种交联剂能更有效地原位"冻结"任何以复合体形式存在的相互作用的蛋白质。交联试剂与质谱一起使用,广泛用于蛋白质结构和蛋白质相互作用的分析。

交联试剂的应用步骤请参阅 Pierce Biotech 的说明书。交联剂与质谱在蛋白质结构和蛋白质相互作用研究中的应用请参阅参考文献(Sinz A, 2003；Dihazi GH, et al, 2003；Muller DR, et al, 2001；Pearson KM, et al, 2002)。

15.6.3　Far-Western 分析

Far-Western 印迹法(Far-Western bloting)最初是用[32]P 标记的谷胱-S-转移酶(GST)—融合蛋白筛选蛋白质表达文库,而现在被用于确定蛋白质-蛋白质相互作用。近年来,Far-Western 印迹法也被用于测定受体-配体相互作用和用以筛选相互作用蛋白文库。用此方法也可能研究翻译后的修饰对蛋白质-蛋白质相互作用的影响,以及用合成的肽作为探针研究相互作用的序列和不用抗原-特异性抗体来确定蛋白质的相互作用。

Far-Western 印迹法与 Western 印迹法(Western bloting)十分相似。在 Western 印迹法中是用抗体检测在转移膜上的相对应的抗原。在经典的 Far-Western 法中,一个标记的或可用抗体检测的 Bait("诱饵")蛋白被用以探测和检测在转移膜上的 Prey("猎物")蛋白。含有未知 Prey 蛋白的样品(通常是细胞裂解物)在 SDS-PAGE 或天然 PAGE 上进行分离后转移到膜上,使 Prey 蛋白变得易为探针所检测。在转移到膜上后,膜用与 Western 印迹法相当的方法封阻(blocked),然后用已知的 Bait 蛋白(通常是纯化的)检测。在 Bait 与 Prey 蛋白相结合后,用 Bait 特异性的检测体系(a detection system specific for the bait protein)来确定相应的蛋白质带。

非常重要的是,在 Far-Western 法中 Prey 蛋白要尽量地保持天然构象(native conformation)和适当的相互作用的条件。变性的蛋白可能不能相互作用,从而导致不能确定是否存在相互作用。另外,处于非天然构象的蛋白质也可能以另一种方式与其他蛋白相互作用,从而产生"假阳性"相互作用。特别是经过一系列制备过程所得到的 Prey 蛋白可能对检测蛋白质-蛋白质相互作用有很大的影响。当然,这并不意味着验明有效的相互作用是不可能的,而只是强调在确认蛋白质相互作用时要小心和有对照的重要性。

在 Far-Western 分析中应注意的事项:

(1) 用 SDS-PAGE 分离蛋白质(有还原剂或无还原剂下的变性条件)可以给出更多的关于 Prey 蛋白相对分子质量、是否存在二硫键和亚基等相关信息。但如前所述,变性条件可能致使 Prey 蛋白不能被 Bait 蛋白所识别,在这种情况下对含有 Prey 蛋白的细胞裂解液的分离要使用非变性,即天然条件(非变性 PAGE 和无还原剂)。

(2) 蛋白质的膜转移。经凝胶电泳分离后,蛋白质用电转移的方法从胶上转到膜上(有专门电转移仪器)。膜(例如硝酸纤维素膜或 PVDF)的类型是关键,因为有些蛋白质选择性地结合到特定的膜上(Reddy VM, et al, 2000)。蛋白质转移的效率和速率与蛋白质的大小成正比。在某些情况下,转移的条件可引起蛋白质形状的改变、破坏或妨碍了蛋白质上的相互作用位点。对于 Far-Western 分析,重要的是,至少 Prey 蛋白的相互作用结构域不在膜转移中被破坏,或在转移到膜上后可重折叠成含有完整相互作用位点的三维结构(Burgress RR, et al, 2000)。一般而言,在去除 SDS 后,绝大多数的蛋白质都可复性,使之易被 Far-Western 印迹法检测出。当碰到蛋白质不能重折叠产生完整结合位点时,必要时加上"变性/复性"步骤或在胶上直接进行蛋白相互作用的测试。变性/复性通常用盐酸胍方法来完成(Einarson MB, et al, 2002)。

(3) 封阻缓冲液(blocking buffer)。在蛋白质转移到膜上后,在膜上的非反应的结合位点要用不相关的蛋白溶液封阻。除了封阻在膜上的所有剩余的结合位点外,封阻缓冲液可减少非特异性结合,有助于在探测过程中蛋白质的复性。很多不同的蛋白质都可用作封阻剂,但没有哪一个蛋白质可适用于所有印迹实验。任何给定的蛋白质封阻剂可能有交叉反应或破坏特异性的探测相互作用。选择有效的封阻缓冲液主要靠实践经验而确定。牛血清白蛋白(BSA)经常作为首选用于膜探测反应。不充分的封阻可导致实验产生高本底,而过长的封阻可导致阳性信号减弱或掩盖了应有的信号。在封阻过程中,可能发生蛋白质复性,因此优化封阻条件对于获得最好的信噪比是很重要的。

(4) 结合和冲洗条件。蛋白质之间的相互作用随相互作用的蛋白质的性质的不同而不同。相互作用的强度依赖于 pH、盐浓度和在 Bait 蛋白质保温时某些辅助因子的存在。某些蛋白质间的相互作用也可能需要额外蛋白质的存在。在实验的整个过程中都要保持能够高效检出蛋白质特异性相互作用的条件。这些条件可能影响冲洗液的配方。

（5）检测的方法。依照 Bait 蛋白质上是否存在标记或标签（tag），可选下列四种方法之一用于 Far-Western 印迹蛋白质-蛋白质相互作用的检测。

① 用放射标记的 Bait 蛋白直接检测 Prey 蛋白。

② 用 Bait 蛋白的抗体进行间接检测。

③ 用抗融合蛋白（tag-bait）中 tag 标签的抗体进行间接检测。

④ 用生物素标记的 Bait 蛋白和用抗生物素蛋白（avidin 或 streptavidin）标记的酶（辣根过氧化物酶/碱性磷酸酶，HRP/AP）进行检测。

这里需要指出的是，每种方法都有各自的优缺点。到底选择哪种检测方法要根据实验的设计和 Pierce 等公司的试剂盒说明书确定，此处不赘述。

（6）关于实验对照

当利用 Far-Western 印迹法检测蛋白质-蛋白质相互作用时，最重要的是要用适当的对照去区分真的相互作用和非特异性相互作用。例如，在用重组的 GST 融合蛋白检测实验时，要用 GST 作对照。对照的蛋白应该与所研究的蛋白质具有相似的大小和荷电特性，且与 Bait 蛋白无非特异性相互作用（Einarson MB，et al，2002）。

在用次级系统（secondary system）来检测 Prey 蛋白的方法中，例如，用生物素标记的 Bait 蛋白和用抗生物素蛋白（如链霉亲和素）标记的酶（如 HRP/AP）进行检测时，只用被标记的抗生物素蛋白（链霉亲和素）作探针对一个复制的膜进行检测作为对照。这样，可以显现在样品中由于内源生物素所产生的带（band）或对被标记的抗生物素的非特异性结合。

总之，为得到有意义的结果，在凝胶电泳、膜转移和检测中都要设计好平行的检测和对照实验（Edmondson DG，et al，2001）。

（7）凝胶 Far-Western 检测

因为膜转移过程、封阻以及 Bait 蛋白与膜上不相关条带非特异性结合等限制，有时候在胶上直接进行 Far-Western 印迹。Prey 蛋白在天然或变性胶上分离后，胶用 50％的异丙醇和水处理，以除去 SDS，使 Prey 蛋白在胶上复性。然后胶与纯化的 Bait 蛋白一起保温。如果 Bait 蛋白被生物素化，就用抗生物素标记的 HRP（辣根过氧化物酶）来检测。详见 Pierce 的产品说明书。

15.6.4　标记转移法

标记转移法（label transfer）的原理如图 15-7 所示：转移试剂（LTR）可用 ^{125}I 放射标记，也可用生物素以及其他的荧光或生色基团标记。被标记的转移试剂首先与 Bait 蛋白（图中为 Protein 1）反应后将其标记，这个标记了的 Bait 蛋白加到测试样品中，在适当条件下与其他蛋白相互作用（图中第 2 步）；实验样品在紫外光下产生光交联，生成相互作用复合体（图中第 3 步）；通过还原 LTR 中的—S—S—键，将标记物（L）转移至与 Bait 蛋白相互作用的蛋白质 Prey 上（图中第 4 步）；最后，用标记 L 去纯化或检测相互作用的蛋白质（图中第 5 步）。从图 15-7 可见，被标记的转移试剂 LTR 是一种双功能试剂，可分别与 Bait 和 Prey 蛋白相交联。由于这一方法能够检测蛋白质间的弱相互作用或瞬时相互作用，故有特别的应用价值。除了放射标记外，现已开发出更方便的非同位素标记试剂，如荧光标记的转移试剂（SAED）和 Sulfo-SBED 标记转移试剂（见 Pierce 样本）。

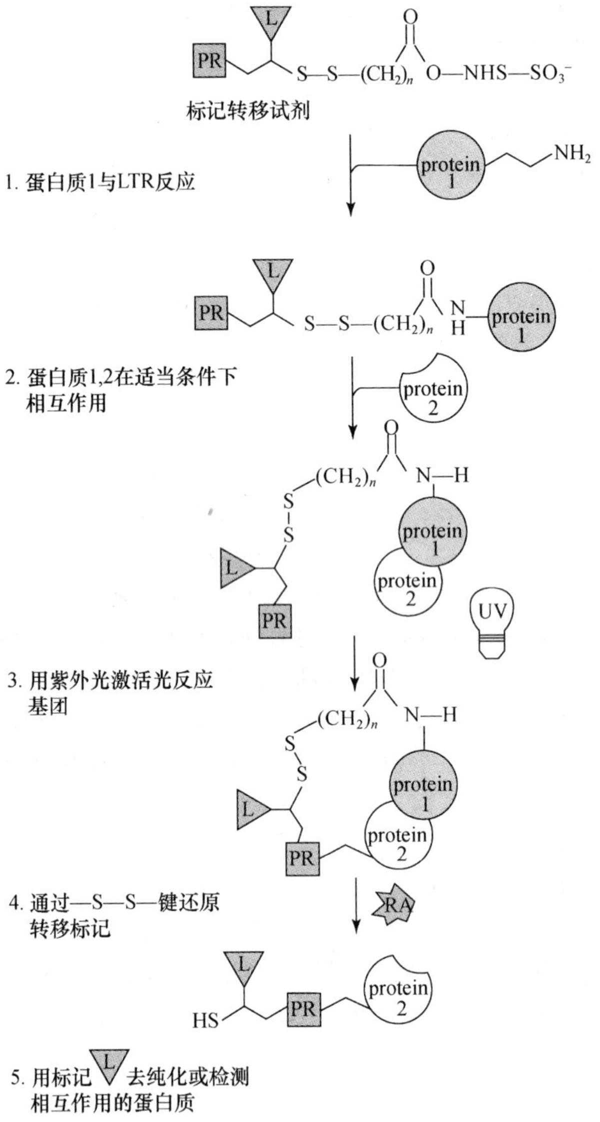
标记转移试剂
1. 蛋白质1与LTR反应
2. 蛋白质1,2在适当条件下
相互作用
3. 用紫外光激活光反应
基团
4. 通过—S—S—键还原
转移标记
5. 用标记 L 去纯化或检测
相互作用的蛋白质
PR
L
S—S—(CH2)n O—NHS—SO3-
protein 1
protein 2
NH2
UV
RA
HS

图 15-7　标记转移法工作原理

$NHS\text{-}SO_3^-$	L	PR	RA
胺反应试剂	碘标记或生物素标记,或其他荧光、生色基团标记;	光反应部分	还原剂

图 15-8 和图 15-9 分别给出 Sulfo-SBED 双功能标记转移试剂的结构式和工作原理。从图中可见 Sulfo-SBED 双功能标记转移试剂是用生物素标记(biotin)。这样通过上述步骤后生成的标记-Prey 蛋白可用链霉亲和素介质分离纯化,最后通过 Western 印迹法、序列分析及质谱进行鉴定(图 15-9)。

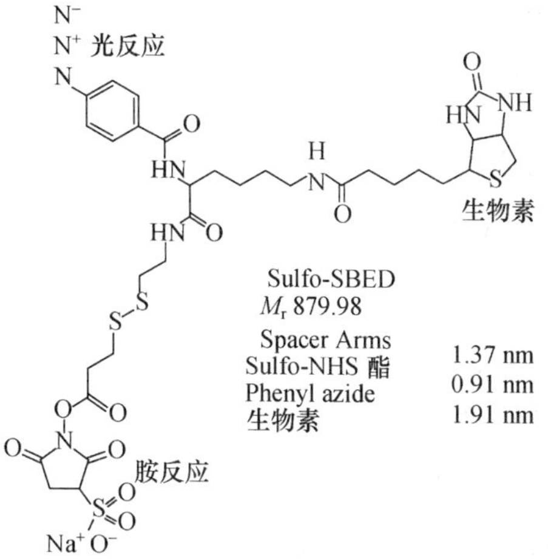

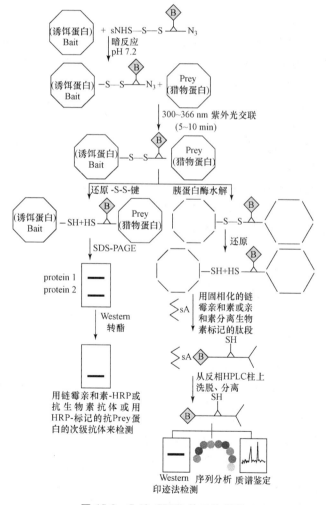

图 15-8　Sulfo-SBED 双功能标记（生物素）转移试剂结构式

Sulfo-SBED
M_r 879.98
Spacer Arms
Sulfo-NHS 酯　　　1.37 nm
Phenyl azide　　　0.91 nm
生物素　　　　　　1.91 nm

图 15-9　Sulfo-SBED 的工作原理

示 Sulfo-SBED 用生物素标记，形成相互作用复合体后，Bait 蛋白（protein 1）及 Prey 蛋白（protein 2）用胰蛋白酶处理。sNHS：Sulfo N-Hydroxy Succinmide ester；S—S：二硫键；N3：Phenyl azide；ⓑ：生物素

Sulfo-SBED 广泛应用于蛋白质相互作用研究:

(1) 探查可能与 Bait 相结合的伙伴蛋白。

(2) 建立相互作用的谱图。

(3) 研究复合体组装的机制。

(4) 确定停靠位点及相互作用所需的辅助因子。

(5) 测定结合常数。

(6) 研究重折叠相互作用。

(7) 检测低丰度的受体蛋白。

(8) 评价药物-受体相互作用。

详细内容请查阅 Sulfo-SBED 产品信息。

15.6.5 Pull-Down 检测

Pull-Down 检测(Pull-Down assay)是一个用于测定两个或多个蛋白质之间物理相互作用的 *in vitro* 方法(Einarson MB,et al,2002;Vikis HG,et al,2004)。Pull-Down 技术既可确认被其他方法(如共免疫沉淀、酵母双杂交和密度梯度离心等)所预测的蛋白质相互作用的存在,也可从头检测未知的蛋白质相互作用。这一检测方法仅需要一个纯化的、含有检测标签的或被标记(tagged or labeled)的 Bait 蛋白,通过 Bait 蛋白上的标签(tag)与固相介质上的标签特异性亲和配体相结合,将 Bait 蛋白固定到固相介质上,形成 Bait-亲和介质。这样可通过亲和层析法从细胞裂解液或其他蛋白混合物中结合、纯化与 Bait 蛋白相互作用的 Prey 蛋白。Pull-Down 检测既可作为确认蛋白质相互作用的方法,又可作为发现蛋白质相互作用的方法。

值得指出的是,在所有 Pull-down 检测中仔细地设计对照实验对于获得在生物学上有意义的结果是绝对必需的。由未经处理的亲和介质(无 Bait 蛋白样品,加上 Prey 蛋白样品)组成的阴性对照(negative control)能有助于鉴定和去除由于蛋白质非特异性结合到亲和介质上所引起的假阳性结果。固相化的 Bait 蛋白对照(加上 Bait 蛋白样品,无 Prey 蛋白样品)有助于鉴定和去除由于蛋白质对 Bait 蛋白的标签(tag of the bait protein)非特异性结合所引起的假阳性结果。固相化 Bait 对照也可作为证明亲和支持介质具有捕获加标签的 Bait 蛋白(the tagged bait protein)功能的阳性对照。

市售的 Pro Found Pull-Down protein:Protein Interaction Kits(试剂盒)为实施 Pull-Down 检测提供了方便。

15.6.6 蛋白质阵列/蛋白质芯片

蛋白质阵列/蛋白质芯片(protein array/protein chip)的基本原理是将各种蛋白质(抗体、蛋白质、蛋白质片段、肽等)有序地固定在固相载体(如玻片,尼龙膜等)上,成为检测用的芯片。然后用此芯片去筛选、检测实验样品中与芯片上蛋白质相互作用的蛋白质。

蛋白阵列的类型主要有以下几种:

1. 抗体对-蛋白质阵列(antibody pair-protein arrays)

抗体微阵列(antibody microarrays)有两种亚型,一种为三明治型检测;另一种则利用单一抗体和样品标记方法进行检测。图 15-10 给出三明治型抗体对-微阵列检测原理,此种技术也称三明治免疫检测微阵列。此型微阵列是将捕获抗体(capture antibody)固定到载体表面

（array surface），然后加入被检测的样品，样品中能与相应抗体产生免疫结合反应，最后加上标记的检测抗体（labeled detector antibody）。检测抗体要么用一个可直接检测的标记物修饰（如图 15-10 所示），这些标记物包括酶、荧光分子、同位素等；要么被生物素化（biotinylated）后用标记的链霉亲和素（labeled streptavidin）检测。

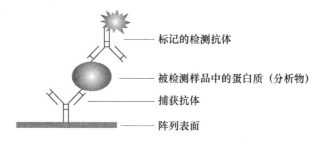

标记的检测抗体

被检测样品中的蛋白质（分析物）

捕获抗体

阵列表面

图 15-10　三明治型抗体对-微阵列检测原理图

抗体对-微阵列技术本质上是多重 ELISAs。市售的 ELISA 就适用于微阵列。三明治型抗体对-微阵列可用于被检测样品中相应蛋白质的定性和比较研究。当用适当的标准样品作出校正曲线时，此方法也可用于定量研究。

2. 单一抗体-标记样品蛋白质阵列（single antibody-labeled sample protein arrays）

当缺少匹配的抗体对时，可用单一抗体-标记样品蛋白质微阵列检测技术。如图 15-11 所示，首先将捕获抗体固定到载体表面，而被检测样品中的蛋白质本身用荧光分子、同位素或生物素标记，这样的标记能检测出在样品中与微阵列的抗体和相关成分相互作用的任何蛋白质。这一技术适用于检测那些对其特性欠了解，而又不能得到抗这些蛋白质的抗体对的细胞信号转导蛋白。此技术的主要缺点是缺少抗体冗余（antibody redundancy），从而影响了对特异性抗原的识别。此外，由于所有的样品蛋白质（包括靶蛋白以及样品中的其他蛋白质）都被标记，这样非特异性本底信号就会增加。因此，这一方法主要用于比较和定性研究。

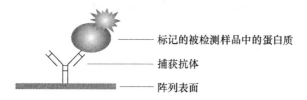

标记的被检测样品中的蛋白质

捕获抗体

阵列表面

15-11　单一抗体-标记样品蛋白质微阵列检测原理图

3. 细胞裂解液蛋白质阵列

细胞裂解液蛋白质微阵列（cellular lysate protein microarrays）又称为反相蛋白质微阵列（reverse-phase protein microarray，RPPMAs 或 RPA）。它是将从细胞抽提物中所得到的不均一的蛋白混合物或纯化的、高表达的蛋白质直接点到载体上（如玻片），然后用标记的特定的蛋白质（酶或抗体，通常用一抗，primary antibodies）对其进行探测。最具代表性的例子是 Zhu 等所做的酵母激酶微阵列（Zhu H，et al，2001）：每个酵母（*S. cerevisiae*）开放读码框（ORF）都以 N 末端 GST（谷胱甘肽-S-转移酶）-6× His-融合蛋白的形式被表达、纯化并被点到被修饰过的玻片上（一式两份），每个玻片上含有 4000 个酵母蛋白质（GST-6× His tag-fusion proteins)。然后,在存在放射标记的 ATP($[\gamma\text{-}^{32}\text{P-ATP}]$)的情况下,用一特定的蛋白质激酶作为探针,可从 4000 个酵母 ORF 表达产物中筛选出为此激酶所识别的潜在底物蛋白质。用同样的程序可以各种蛋白质激酶作为探针进行筛选。这个阵列由 122 个已知的酵母激酶中的 119 个组成。当然,蛋白激酶的蛋白质底物的检测也不是只能以$[\gamma\text{-}^{32}\text{P}]$-ATP 作底物,也可以非放射性标记的 ATP 作底物,激酶将 ATP γ 位(AM $\overset{\alpha}{\text{P}}$—$\overset{\beta}{\text{P}}$—P)的磷酸基团转到底物蛋白质或肽的磷酸化位点,然后用标记的(荧光标记、生物素标记等,见前述内容)抗体进行检测(图 15-12)。

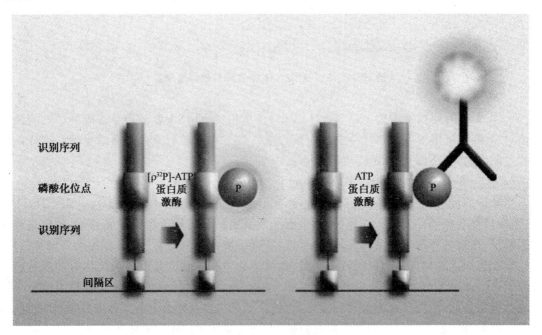

15-12 蛋白质激酶-肽微阵列检测示意图

(放射性或荧光检测)

4. 肽阵列

肽阵列(peptide microarray)也称蛋白质片段阵列(protein fragment microarrays),即是将各种肽段制成阵列,然后用标记的探针对其进行检测。图 15-12 给出用蛋白质激酶为探针,从肽微阵列中筛选出特定蛋白质激酶所识别和磷酸化的肽底物。

蛋白质(包括肽)微阵列或蛋白质芯片为研究蛋白质相互作用、蛋白质的结构功能、蛋白质药物的筛选以及在识别特定蛋白质表达产物等方面提供了一个快速、高通量的方法。

最后要指出的是,如何将蛋白质和肽固体于适当的载体(玻片或滤膜)上是一项专门的技术,同时,实验中也要尽最大的可能保持蛋白质天然的构象,以维持其特定的生物活性,也只有如此才能有效地进行蛋白质相互作用的研究。

15.6.7 蛋白质相互作用位点的确定

两个或多个蛋白质间相互作用的位点定位可通过多种实验技术来研究,这其中包括位点介导的突变(site-directed mutagenesis)、交联法(cross-linking)、冰蚀电子显微镜、X射线晶体学以及核磁共振技术和蛋白裂解法。本节介绍利用化学裂解试剂对蛋白质相互作用的位点进行定位(protein interaction mapping using chemical cleavage reagent)。

(1) 蛋白质裂解方法既可用酶,也可用化学裂解试剂。蛋白水解酶(如蛋白内切酶 Lys-C 或 Glu-C)(请参见"分子生物学基础分册")和传统的化学裂解试剂(如溴化氰和 BNPS-Skatole)可在有限的位点对蛋白质分子进行特异性切割,产生较单一的片段模式。但由于它们的特异性太强,限制了其在蛋白质相互作用位点定位方面的应用。

(2) 金属螯合化学裂解试剂(metal chelate chemical cleavage reagent)。该试剂广泛用于蛋白质相互作用位点的定位研究。可溶性的金属螯合复合体 Fe-EDTA 用于蛋白质-蛋白质相互作用的研究。当蛋白质相互作用时,一个分子的结合位点被其他分子所掩盖,或者一个分子的结合位点被与其相互作用的其他分子保护起来,免遭 Fe-EDTA 的裂解。当将蛋白质-蛋白质复合体和未结合的蛋白质同时用 Fe-EDTA 处理后,Fe-EDTA 裂解产物用 SDS-PAGE 进行分析,比较所产生的蛋白质条带的区别来测定出蛋白质相互作用的位点。在相互作用样品中,比较浅的条带或丢失的条带(裂解产物)表明是蛋白质分子中被保护的区段,可能含有结合位点。然而用可溶性金属螯合试剂来检测蛋白质相互作用位点也有其局限性,大蛋白质相互作用经 Fe-EDTA 裂解后,在 SDS-PAGE 上所产生的复杂的裂解条带图谱很难被解析。人们又开发出人工蛋白酶(artificial protease)试剂——Fe-BABE。

(3) Fe-BABE——人工蛋白酶。这是一个"被拴住的"(tethered)金属螯合化学裂解方法 (Datwyler SA,et al,2000;Datwyler SA,et al,2001)。这种试剂称为"iron(S)-I-(P-bromoacetamido benzyl)ethylenediamine tetraacetate(Fe-BABE)"上的溴乙酰基(图 15-13)与

图 15-13　Fe-BABE 的结构

相互作用蛋白质中 Bait 蛋白所提供的—SH 反应,产生螯合了 Fe 离子的"切割蛋白质"(cutting protein)(图 15-14),即 Fe-BABE-Bait 蛋白质接合体。这个接合体可同其相互作用的 Prey 蛋白形成大分子复合体。这个蛋白质复合体同抗坏血酸(Vc)和过氧化物(H_2O_2)保温,激活螯合的 Fe。活化铁(active iron)形成氧化和(或)水解产物,对靠近 Prey 蛋白结合位点附近的多肽链骨架进行切割(图 15-14)。

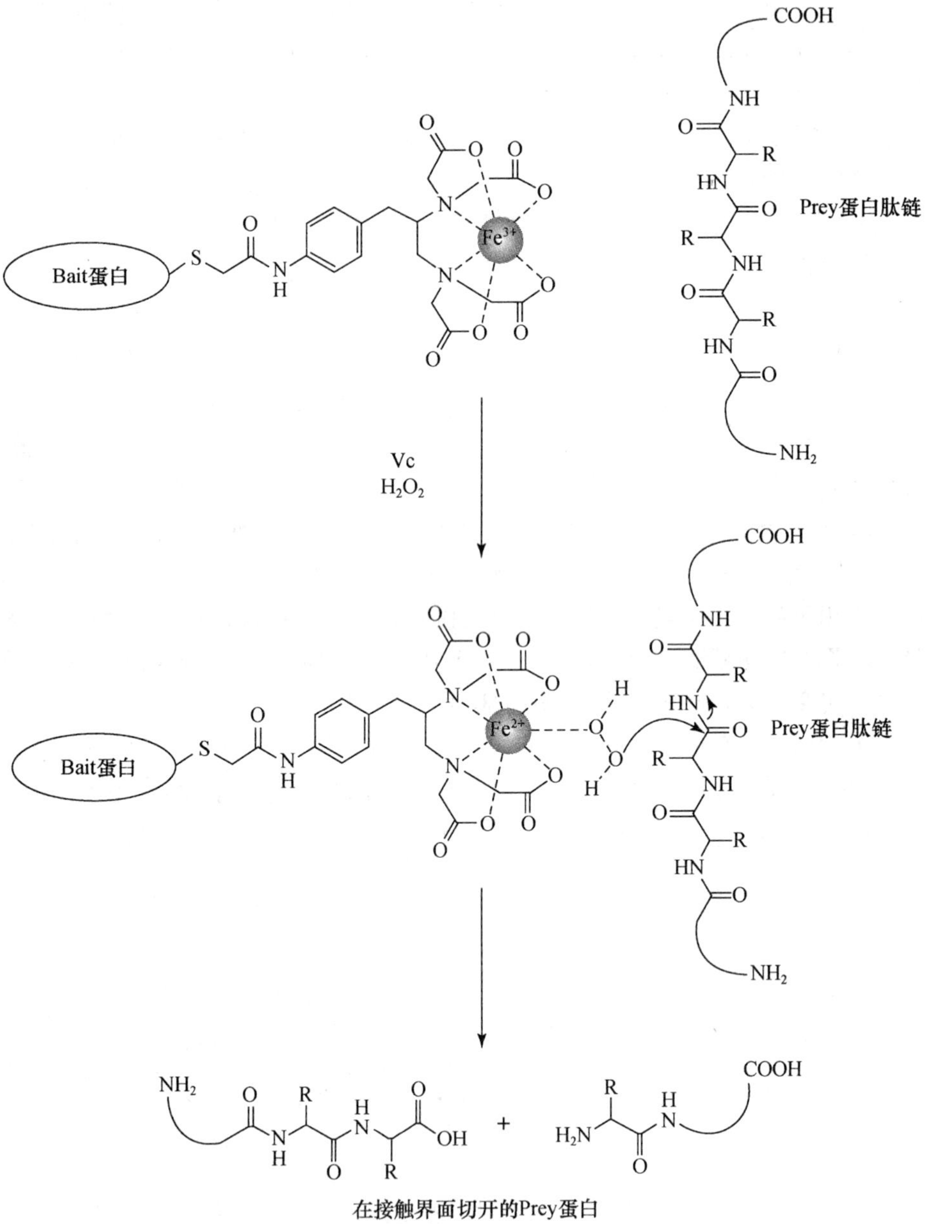

图 15-14　Fe-BABE 修饰的 Bait 蛋白的肽键切割机制

　　图 15-15 示 Fe-BABE-Bait 蛋白(cutting protein)介导的蛋白质相互作用位点的检测流程。第一步是产生 Fe-BABE-Bait 接合体(即 cutting protein)：图中 protein1 代表 Bait 蛋白。当其存在—SH 时,加入 Fe-BABE 试剂；而当其不存在—SH 时,则加入 2-亚胺硫醇盐和 Fe-BABE 试剂,产生 Fe-BABE-Bait 接合体。为便于鉴定 Bait 蛋白和靶蛋白(Prey 蛋白)之间的相互作用位点,靶蛋白可用同位素或荧光染料直接对其末端进行标记,也可用抗表达标签(如 poly(His),FLAG,c-myc 等)或抗靶蛋白 C 末端或 N 末端原表位(epitope)的抗体,通过间接检测 Western 印迹条带来进行检测。从图中蛋白质相互作用位点肽谱可见,"1"、"2"是相对

分子质量标准，"4"、"5"是阴性对照，而"3"中含有蛋白质相互作用位点的肽段。此技术方法的特点是，蛋白质间相互作用位点存在于所产生的特定肽段中；而不是像 Fe-EDTA 试剂那样只从蛋白质（肽）片段条带的丢失或强度改变来确定蛋白质间相互作用的位点。此方法提供了较好的信噪比，更灵敏，特别适用于蛋白质-蛋白质的弱相互作用。

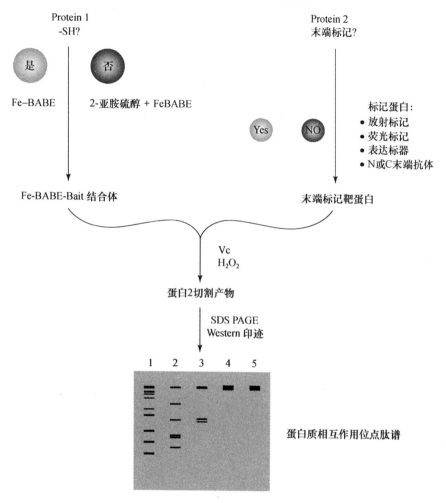

图 15-15　Fe-BABE-Bait 蛋白质（cutting protein）介导的蛋白质相互作用的作用位点的检测流程

示 Weaterm 印迹对蛋白质相互作用位点（肽段）的分析：1. 用 CNBr 在甲硫氨酸位点切割靶蛋白后的肽谱（marker）；2. 用 BNPS-skatole 在色氨酸位点切割靶蛋白后的肽谱；3. 含有靶蛋白，Fe-BABE-切割蛋白接合体和激活剂（Vc，H$_2$O$_2$）的混合物，通过与肽谱比较可确定含作用位点的肽段；4. 组成同 3，但不存在 Vc 和 H$_2$O$_2$（阴性对照）；5. 组成同 3，但不存在 Fe-BABE（阴性对照）。

15.6.8　表面等离子共振技术

表面等离子共振技术（surface plasmon resonance technology，SPR）是一项分析生物分子相互作用的新技术。它利用全反射时入射光可以和金属表面的等离子发生共振的原理，探测生物分子之间是否发生相互作用及其反应动力学参数。BIAcore 公司已经开发出专门的仪器用于免疫学、蛋白质组学、蛋白质-蛋白质相互作用、蛋白质与核酸的相互作用以及药物筛选等研究。

为了研究蛋白质-蛋白质的相互作用,将 Bait 蛋白涂在生物传感芯片(biosensor chip)的表面,被分析物(analyte)的溶液流过固定有 Bait 蛋白的生物传感芯片表面时,如果分析物中所含的 Prey 蛋白与 Bait 蛋白产生相互作用而彼此结合,将会引起 SPR 信号的改变,而 SPR 信号的改变与结合的程度成正比。利用表面等离子技术研究蛋白质-蛋白质相互作用的最大优势是不需要对样品进行特殊标记和纯化,并可进行实时(real time)分析。不足之处是仪器昂贵,实验成本也高。

15.6.9 质谱分析

先用共免疫沉淀(co-IPs)这类基于亲和分析的方法对相互作用的蛋白质或复合体进行分离,然后用标准的质谱方法,如基质辅助激光解吸电离飞行时间质谱(MALDI-TOF),与生物信息学数据库的质量查导方法相结合来鉴定相互作用蛋白质的组成成分。

与 SPR 方法一样,不足之处在于需要昂贵的仪器和较高实验成本。很多研究单位都已购置了各类型的质谱仪,因此利用质谱及相关技术研究蛋白质-蛋白质相互作用也是可行的。

15.6.10 核磁共振技术

核磁共振技术(nuclear magnetic resonance,NMR)是研究蛋白质或其他生物大分子溶液构象,即三维结构的方法。此方法用于蛋白质-蛋白质相互作用的研究,不但能提供溶液中蛋白质相互作用的动态特征,也可以解析参与蛋白质相互作用的作用点的精细结构。不过,该方法需要昂贵的仪器和纯熟的技艺。

15.6.11 X 射线晶体学分析

X 射线晶体学分析是研究在晶体状态下生物大分子结构的一种方法。相互作用复合体的晶体结构解析能够确定蛋白质相互作用的精细结构。这一技术成功的前提是获得好的共结晶样品,否则晶体分析将成为无米之炊。该方法同样需要高昂的仪器和相关设备。

16 蛋白质-核酸相互作用

16.1 研究蛋白质-核酸相互作用的重要性

在生命体系中蛋白质和核酸并不是独立地发挥作用的。蛋白质-核酸相互作用(也即蛋白质-RNA和蛋白质-DNA)是与正常细胞功能的各个方面密切相关的。像上述的蛋白质-蛋白质相互作用一样,蛋白质-核酸相互作用的损害将导致更严重的和灾难性的结果。

蛋白质-核酸的相互作用保证了几个关键细胞过程的有序进行。这些过程包括转录、翻译、基因表达的调控、识别、复制、重组、损伤修复、核酸的包装和细胞"机器"的形成(如核糖体组装等)。DNA作为生命体的遗传信息库,只有通过与蛋白质的有序、有效的相互作用才能发挥其作用。

16.2 蛋白质-核酸相互作用的类型

核酸结合蛋白质的共性是它们能够识别和操纵DNA/RNA结构。转录复合体的形成、转录起始,和mRNA翻译成蛋白质等所有过程都涉及蛋白质同DNA或RNA形成复合体。这些复合体在蛋白质表达的调控中发挥作用。按照复合体的性质,蛋白质与核酸的结合是以序列特异性(sequence-specific)或依赖于次级结构的方式(secondary structure-dependent)等两种方式进行的,蛋白质与核酸的结合经常诱发核酸中结构的剧烈改变。蛋白质可通过与核酸分子中大沟和小沟中的碱基结合完成蛋白质-核酸相互作用。确定序列特异性相互作用能有助于开发出高亲和的"核酸适体"(aptamer),"aptamer"是寡核苷酸(或肽)的分子,其可与特定的靶分子蛋白质(或核酸)相结合。因此,可利用高亲和力的这种寡核苷酸为工具来纯化DNA或RNA的结合蛋白。序列特异性相互作用也用于研究基因的表达调控和药物的开发。

16.3 蛋白质-核酸相互作用分析的 *in vitro* 方法

以下将简略地介绍几种检测和确定蛋白质-核酸相互作用的方法,这些方法提供了关于DNA结合蛋白对DNA(核酸)底物的结合位点的特定信息。

16.3.1 电泳迁移率改变的检测

蛋白质与DNA的相互作用是很多细胞进行生命过程调控的核心问题,这些过程包括DNA的复制、重组和损伤修复、转录和病毒的组装。电泳迁移率改变的检测(electrophoretic mobility shift assays,EMSA)是研究基因调控和检测蛋白质-DNA 相互作用的核心技术。

1. EMSA 技术原理

EMSA 技术是基于这样的观察结果,蛋白质-DNA 复合体在非变性聚丙烯酰胺或琼脂糖凝胶上电泳时,其在凝胶上的迁移率比相应的 DNA 样品(free DNA)要慢得多。因为当结合了蛋白质时,DNA 的移动速率被改变或被阻滞,所以这检测方法也称凝胶阻滞(gel retardation)检测(Hendrickson W, 1985;Revzin A, 1989;Fried M, et al, 1981;Garner MM et al, 1981)。

用电泳检测法研究 DNA-蛋白质相互作用的优势在于其能够分辨不同的化学计量或构象的复合体;另一个优势是 DNA-结合蛋白质可以是粗的核或全细胞的抽提物,而不必经纯化。凝胶阻滞检测技术可定性地用于确定在粗提物中的序列特异性的 DNA 结合蛋白(如转录因子),并且可与基因突变相结合去鉴定出在给定基因上游调控区所存在的重要的结合序列。EMSA 也用于定量地测定热力学和动力学参数(Fried M, et al, 1981;Garner MM, et al, 1981;Fried MG, et al, 1984;Fried MG, 1989)。

分辨蛋白质-DNA 复合体的能力与其进胶过程(大约 1 min)中复合体的稳定性关系甚大。序列特异性的相互作用是瞬时并为所用电泳缓冲液的相对低的离子强度所稳定。当样品进入凝胶后,蛋白质复合体很快与游离 DNA(free DNA)分开,事实上结合的 DNA 和游离 DNA 之间处于平衡状态。在凝胶中复合体通过凝胶基质的"鸟笼"效应(caging effects)所稳定,这意味着如果复合体解离,由于其所处的小环境中蛋白质和 DNA 的浓度依然高,促使解离的复合体快速重新结合(Fried M, et al, 1981;Fried MG, et al, 1984)。因而即使不稳定的复合体也可以用此方法分辨出来。

2. 关键的反应参数

(1) 靶 DNA。通常用于 EMSA 检测的 DNA 片段是含有结合序列的线性 DNA。如果靶 DNA 短小(20～50bp)且序列已知,可用化学合成、纯化后经退火形成双链体(参见第 14 章)。通常,一个蛋白质-DNA 相互作用涉及要形成一个多蛋白质复合体,故需多个蛋白质结合序列。在这种情况下,可用较大的 DNA 片段,以便形成多蛋白复合体。如果所用的 DNA 序列较长(100～500bp),DNA 样品可用限制性酶解片段或 PCR 产物来制备。蛋白质与线性 DNA 所形成的复合体在电泳凝胶上才产生阻滞。然而,如果是环状 DNA(如由 200～400bp 组成的小环状 DNA),其与蛋白质间形成的复合体在凝胶中的移动要快于游离的 DNA。

(2) 标记和检测。如果大量的 DNA 被用于 EMSA 反应,DNA 条带可用溴化乙锭(EB)染色。然而 EMSA 检测通常更适于用低浓度的 DNA,那么在实验前要对 DNA 进行标记。传统的标记方法是用 Klenow 片段和 T4 多核苷酸激酶所催化的 3′-填充(用[α-32P]-dNTP)和 5′-磷酸化(用[γ-32P]-ATP)反应进行标记(请参见 1.1.3)。DNA 也可用生物素化或半抗原标记的 dNTP 标记,然后用适当的、灵敏的荧光或化学发光底物进行检测(参见 Pierce 公司产品目录)。

(3) 非特异性竞争剂。非特异性竞争 DNA 如 poly(dI-dC)或 poly(dA-dT)加入到结合反应中时,可最大限度地减少非特异性蛋白质对标记靶 DNA 的结合。这些重复的多聚物(polymer)提供了过量的非特异性位点去吸附细胞粗提物中的非特异性蛋白。加入试剂到结合反应的次序是很重要的,在标记的靶 DNA 加入前,竞争 DNA 与抽提物一起加入到结合反应中,这样可使竞争 DNA 的作用更有效。除了 poly(dI-dC)或其他非特异性竞争 DNA 外,特异性的未标记的竞争序列可加入结合反应中。摩尔数 200 倍的过量的未标记的靶 DNA 通常足以去除任何特异性的相互作用。这样,在存在过量未标记的特异性竞争序列时,任何可检出的特异性位移(shifted band)条带将被去除。当加入突变或不相关的、含低亲和结合位点的序列,如 poly(dI-dC)将不与标记的靶 DNA 竞争,故位移条带(shifted band)的强度将不变(图16-1)。这一结果进一步说明蛋白质-DNA 之间特异性的结合。

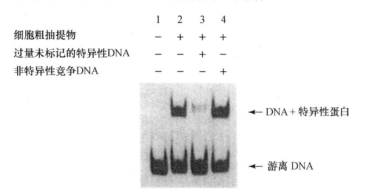

图 16-1　示 EMSA 检测

指出当结合反应物中加入过量非标记的特异性竞争序列时,标记的靶 DNA 与蛋白质所形成复合体的阻滞条带,由于过量非标记的特异性 DNA 序列的竞争而变得很浅(样品 3),而加入非特异性竞争 DNA 则不影响 EMSA 阻滞条带的强度(样品 4)。图中样品 1 为阴性对照,样品 2 为实验组。

（4）结合反应的组成成分

哪些因素影响蛋白质-DNA 相互作用的强度和特异性?这其中包括结合缓冲液的离子强度和 pH,非离子去污剂的存在,甘油或载体蛋白(如 BSA)、二价离子(如 Mg^{2+} 或 Zn^{2+})的存在与否,竞争 DNA 的浓度和类型和结合反应的温度和时间。如果特定的离子、pH 或其他分子对于在结合反应中复合体的形成是关键的话,其通常在进入凝胶基质之前在缓冲液中稳定蛋白质-DNA 的相互作用。

（5）凝胶电泳

非变性的 TBE-聚丙烯酰胺凝胶或 TAE-琼脂糖凝胶用于分辨蛋白质-DNA 复合体和游离 DNA。凝胶的浓度与靶 DNA 大小和与其作用的蛋白质的大小、数目、荷电都有关系。重要的是,蛋白质-DNA 复合体要进入胶,而不是留在样品池的底部。PAGE 胶大致在4%～8%,而琼脂糖胶为 0.7%～1.2%。琼脂糖凝胶常用于分析非常大的复合体(如 E. coli RNA 聚合酶,其 M_r 可达 460 000)。

上样品前凝胶要在恒压下预跑(pre-run)直到电流不随时间变化。预跑的目的是去除残存的过硫酸铵(PAGE 聚合剂),散布或平衡加到电泳缓冲液中的任何稳定因子或离子,保持恒定的胶温度。在将样品加到样品池后,特别重要的是要将游离 DNA 进入胶基质的“死时间”(dead time)减到最短,特别是在分析不稳定复合体时更是如此。

16.3.2　超电泳迁移率改变检测

超电泳迁移率改变检测(suppershift assay)是上述 EMSA 技术的一个变种,它是用抗体来鉴定蛋白质-DNA 复合体中的蛋白质。抗体-蛋白质-DNA 复合体的形成进一步减慢了复合体在凝胶中的迁移率(mobility),使复合体在凝胶上迁移率的改变(凝胶阻滞程度)比 EMSA 更大,故称 suppershift assay。

16.3.3　蛋白质-核酸交联法

蛋白质-核酸交联法(protein-DNA cross-linking method)是在可控的条件下通过标记诱饵蛋白质(Bait 蛋白)和捕获用光化学反应试剂偶联(交联)的相互作用的 DNA 来研究蛋白质-DNA 相互作用的方法。此方法最适用于捕获蛋白质-DNA 间的弱相互作用或瞬时结合(Simpson RJ,2003;Steen H,et al,2002)。

具有两种不同反应基团的双功能试剂(heterobifunctional reagent)是通用的交联剂(cross-linker)。一个反应基团通过与 Bait 蛋白上的氨基发生反应将其修饰;而另一个反应基团是光反应基团(photoreactive group),当蛋白质-DNA 复合体暴露在特定光照条件下时,光反应基团(通常是芳香基叠氮化物,ary azide-based moiety)将同 DNA 上与 Bait 蛋白结合的位点产生交联,从而形成蛋白质-linkage-DNA 结合体。

有多种方法可以鉴定蛋白质-linkage-DNA 结合体的存在,如:

(1) 通过 EMSA 方法进行检测(如前所述)。

(2) 可用核酸酶(nuclease)去除未被蛋白质结合保护的 DNA 序列,通过对蛋白质结合所保护下来的 DNA 片段的序列分析可分离出序列特异性的相互作用位点。

(3) 通过质谱(mass spectrometry)鉴定蛋白质的核酸结合位点(Steen H,et al,2002)。光化学交联(photochemical cross-linking)是研究蛋白质-核酸相互作用的分子细节通用的方法。光化学交联有助于通过其后对交联的蛋白质结构域和氨基酸残基的鉴定确认蛋白质的核酸结合位点。质谱作为一种检测蛋白质中的交联位点的灵敏和有效的技术已被广泛应用。将光化学交联技术和质谱检测技术相结合为透彻地了解蛋白质-寡核苷酸复合体的整体结构和形成提供了快速的筛选方法。随着分析方法的不断优化和蛋白质结构数据在数据库中的不断积累,蛋白质-核酸相互作用的结构特性将通过光化学交联-质谱-计算机分子建模(molecular modeling)等技术相结合得到更好的解析(Steen H,et al,2002)。

关于异双功能试剂(heterobifunctional reagents)及其具体操作请参考 Pierce 公司的样本。

16.3.4　研究蛋白质-核酸相互作用的亲和法

此方法是利用结合到亲和支持介质上的 DNA 或 RNA 片段从粗的细胞抽提物(crude extracts)去捕获或纯化与之特异性结合的蛋白质(Kadonaga JT,et al,1986;Kneale GG,1994):

1. 板捕获法(plate capture method)

现在开发出几种固相化 DNA 或 RNA(此地 DNA 或 RNA 作为诱饵,bait)和分析特异性蛋白质(猎物,prey)与其相互作用。一个通用的方法是将链霉亲和素(streptavidin)包被到 96 或 384 孔的微板上,然后与生物素化的 DNA/RNA 诱饵结合,形成固相化的 DNA/RNA 亲和介质。将溶于结合缓冲液中的细胞抽提物加入到 96 或 384 孔微板的样品孔中,经过足够时间的保温使推定的结合蛋白质接触并停靠在固相化的寡核苷酸上。去除细胞抽提物后,充分冲洗样品孔以去除非特异性结合的蛋白质。最后结合在样品孔中的蛋白质用标记的特异性抗体进行检测。因为抗体通常用辣根过氧化物酶(HRP)或碱性磷酸酶(AP)标记,故此种检测方法是极其灵敏。如果是利用适于 ELISA 方法的化学发光底物,偶联酶的放大信号足以检测出0.2 pg 的蛋白质/样品孔。

2. Pull-Down 方法

Pull-Down 方法是另一个常用的检测蛋白质-核酸 *in vitro* 相互作用的方法。如像 ELISA 方法一样,氨基或生物素标记的核酸被固定在胺反应的或固化了链霉亲和素的凝胶表面。根据每个实验的要求,凝胶可放在离心杯中或装成柱。当核酸 Bait 固化到凝胶上后,含有推定的 Prey 蛋白的细胞抽提物在结合缓冲液中与制成的 Bait-亲和凝胶一起保温。如前(1)所述,在足够长的时间保温后,凝胶被彻底冲洗去除非特异性结合的杂质。然后,用分步盐梯度或足以破坏蛋白质-核酸相互作用的其他缓冲液条件,将纯化的 Prey 蛋白质从核酸 Bait 上洗脱下来。在 Prey 被洗脱下来后,其可适用于任何的特性分析。可通过 SDS-PAGE 对其分子质量进行分析;也可以转到膜上,利用 Western bloting 进行分析。根据所选定的检测方法和 DNA 或 RNA 结合蛋白质在细胞抽提物中的丰度(含量的多少),Pull-Down 技术可能需要多量的起始材料。

3. 可通融的方法

上面介绍的方法在实际操作时可根据情况有所改变,并不影响其结果。例如,标记的 DNA 或 RNA 的 oligo 可首先与细胞抽提物一起保温,而后整个的蛋白质-核酸复合体再固相化到微板或凝胶上。与依序地结合和冲洗 oligo 以及加入细胞抽提物相反,在凝胶表面结合蛋白质-核酸复合体之前先将寡核苷酸片段(oligo)直接加到细胞抽提物中与蛋白质相结合,这样可能解决由于复合体的形成所产生的空间位阻现象(steric hindrance)。

在选择用什么样的凝胶,是通过胺反应还是链霉亲和素包被凝胶;是利用离心过滤法(spin cup)还是用亲和柱层析法进行分离纯化等都可以根据实验条件进行选择。商家所提供的一系列用于蛋白质-核酸相互作用实验的试剂都应在考虑之列。

16.3.5 DNA 足迹法

DNA 足迹法(DNA footprinting method)用于鉴定蛋白质对特异性 DNA 序列的识别位点,检测蛋白质-DNA 相互作用。常用的 DNA 足迹法是 DNase footprinting assay,其原理是:当蛋白质结合到特异性的 DNA 序列时,它能保护所结合的部位免于随后被 DNase 所降解。当比较蛋白质保护的样品和未保护的样品在 DNase 作用后的结果时,就可确定 DNA 序列是否含有蛋白质的特异性结合位点及其在 DNA 序列中的位置乃至碱基序列(Brenowitz M, et al, 1986;Galas DJ, et al, 1978)。

图 16-2 给出 Footprinting 的基本原理图解:目标 DNA 片段的一条链的 5′端用 ^{32}P 标记(图中 5′端有 ● 的链)。实验分平行的两组:一组是无 DNA-结合蛋白质(－DNA-binding protein),另一组有 DNA-结合蛋白质(＋DNA-binding protein),结合到 DNA 的特异性序列上。经 DNase 切割后进行电泳,在胶上较小的片段比较大的片段移动得快,电泳后的凝胶经放射自显影得到按片段长短排列的 DNA 片段的影像。将两个平行的实验结果相比较,如果蛋白结合了 DNA,那么结合位点就被保护免受 DNase 的酶解,由此在凝胶上出现一个无条带区(clear area)(如图 16-2 中的"＋"行所示)。

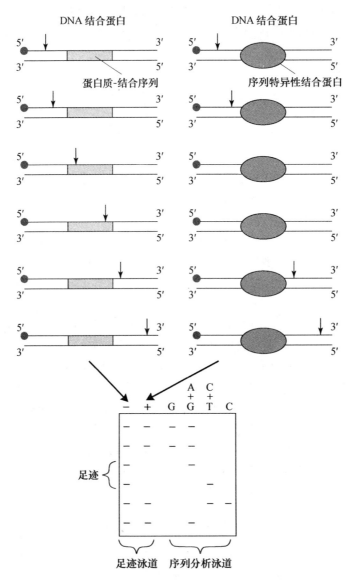

图 16-2　Footprinting 的基本原理图解

(引自 Lodish, et al, 2002)

　　通过改变 DNA-结合蛋白质的浓度,按照 footprinting 所能观察到的最低蛋白浓度,可以计算出蛋白质对特定 DNA 序列的亲和性。

　　图 16-3 给出 RNA 聚合酶和 Lac 阻遏蛋白在 *lac* 操纵子调控区段 DNA 上的足迹。在存在 RNA 聚合酶和 Lac 阻遏蛋白的情况下,在＋RNA 聚合酶和＋Lac 阻遏蛋白的泳道上分别出现无条带区,代表着两种蛋白质的足迹(括号标出)(泳道 4 和 5);泳道 1 和 2 是两个 Maxam-Gilbert 序列分析的结果,从此可读出 *lac* 调控区的碱基序列,而箭头指出转录的方向。

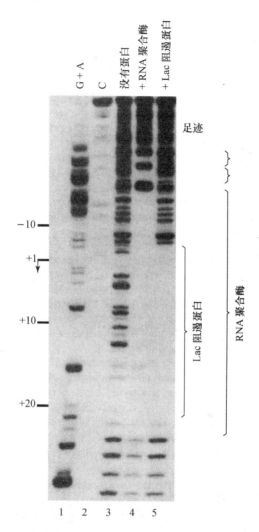

图 16-3　RNA 聚合酶和 Lac 阻遏蛋白在 _lac_ 调控区段 DNA 上的足迹

（引自 Lodish，et al，2002）

　　由此我们可以了解到 footprinting 在确定蛋白质与 DNA 相互作用，发现基因表达调控序列中的重要作用。

　　Footprinting 的具体操作请参阅文献（Brenowitz M，et al，1986；Galas DJ，et al，1978）。

17　蛋白质工程概述

蛋白质工程是基因工程(重组 DNA 技术)同蛋白质物理生物化学技术现代进展相结合产生的一个科学领域。蛋白质工程最初的目的是：通过对蛋白质分子结构的合理设计,再通过基因工程的手段,生产出具有更高生物活性或全新的、具有独特活性的蛋白质。很显然,要使蛋白质工程很好地运转,关键之处在于了解是什么决定了蛋白质的正确的空间结构和如何形成蛋白质正确的空间结构以及蛋白质的结构和功能是如何相关的。上述这些关键问题的解决,需要多学科间相关技术的相互渗透和密切协作。图 17-1 给出蛋白质工程实施有关的五个主要方面。

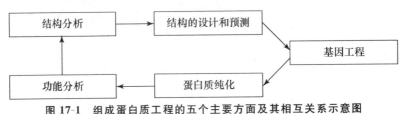

图 17-1　组成蛋白质工程的五个主要方面及其相互关系示意图

17.1　蛋白质分子的结构分析

蛋白质分子的结构分析包括一级结构、二级结构、三级结构及四级结构的分析。对于蛋白质结构和功能关系研究得到的大量实验结果指出,蛋白质的生物活性不仅依赖于自身的氨基酸顺序,也依赖于其精细的构象。蛋白质构象的完整性受到即使轻微的损害,也可能使生物活性破坏。因此,对蛋白质工程的实施而言,尽可能广泛地获得蛋白质分子的结构信息,以便将蛋白质分子的结构特性同其特定的功能有效地联系起来,对于蛋白质分子的结构设计和预测以至其后利用基因工程的技术构建和表达新的蛋白质分子都是至关重要的。可以这样说,对于蛋白质分子三维结构的获得是蛋白质工程的限速步骤。蛋白质的结构分析不仅对于天然蛋白质分子是重要的;当要测定结构设计是否合理,对已经工程化的蛋白质的结构信息也是需要的,因为这样可以发现新的结构和功能的关系,使蛋白质分子和结构的功能研究进入更深的层次。

蛋白质空间结构分析大体有两种方法：一种是晶体结构分析,即通过蛋白单晶体衍射方法测定蛋白分子的三维空间结构,以此对其结构和功能的关系进行研究;另一种就是蛋白质溶液构象的研究,即用核磁共振(NMR)的方法,对蛋白质或多肽分子的溶液空间结构进行研究。近年来二维乃至多维核磁共振技术发展很快,相对分子质量在 30 000 以下的蛋白质或多肽的溶液结构可以用 NMR 法解出。随着这一技术的不断完善,将对蛋白质空间结构的测定做出更大的贡献。NMR 技术避免了蛋白质分子晶体形成这一步,这对于那些不易结晶的蛋白或多肽分子的结构分析尤为重要;再者,利用 NMR 技术可以在接近于生理溶液状态下,对蛋白质或多肽分子的结构进行分析。

17.2　蛋白质的结构预测与分子设计

如上所述,蛋白质的生物活性依赖于其空间结构的完整性。因此,通过结构分析对蛋白质的结构和功能进行研究,对实施蛋白质工程是至关重要的。然而,无论是晶体结构分析还是 NMR溶液构象分析,有时都存在某些技术和材料上的限制,使得人们不可能快速完成对蛋白质空间结构的有效测定。随着 DNA 和蛋白质测序技术的自动化、微量化,大量的蛋白质分子的一级结构(氨基酸序列)被测定。现在已知一级结构的蛋白质分子大约是 100 000 个以上,目前知道空间结构的蛋白质只有 4000 个,而自然界存在的蛋白质总量大约为 10^{38} 个。因此,通过具体的结构测定方法得到蛋白质空间结构的速度远远慢于蛋白质一级结构的测定速度。那么,是否可以找到一种方法,它根据蛋白质分子的氨基酸序列得到蛋白质空间结构的信息呢? 这就是蛋白质分子结构预测技术的任务。早在 20 世纪 50～60 年代科学家就提出蛋白质分子的一级结构决定了其三维结构。虽然,80 年代后期人们发现在细胞内大多数蛋白质分子的正确折叠,需要有分子伴侣或(和)折叠酶(如蛋白质二硫键异构酶,PDI 和肽基脯氨酰顺反异构酶,PPI 等)参加,然而蛋白质分子中的氨基酸序列包含着决定其空间结构的所有信息的论断,依然是进行蛋白质结构预测的理论基础。所谓结构预测,其目的就是利用已知蛋白质分子的一级结构信息来构建出蛋白质的空间结构模型。图 17-2 给出了蛋白质结构预测的主要策略和步骤。

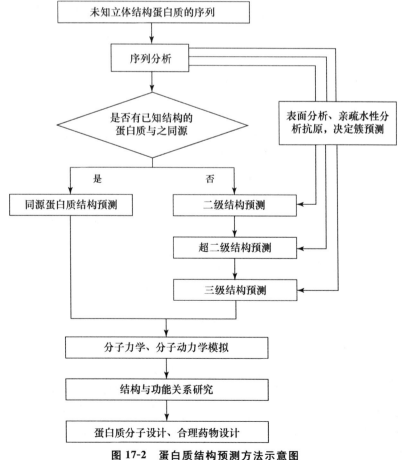

图 17-2　蛋白质结构预测方法示意图

(引自来鲁华等,1993)

蛋白质分子结构预测有三种基本方法:

(1)比较同源建模的方法,即同源蛋白质结构预测。同源蛋白质结构预测的前提就是要通过对序列和功能的分析,找出未知结构蛋白质的序列与已知蛋白质结构间的同源性,此方法只适合于同源性大于30%的蛋白。

(2)折叠类型的识别。此方法可适用于同源性小于30%的蛋白,其目的是预测蛋白质可能的折叠类型。

(3)蛋白质分子结构的从头预测。这其中有两种不同的方法:一种是从一级结构预测二级结构,再从二级结构预测三级结构;另一种是从一级结构直接预测三级结构。

值得指出的是,蛋白质结构预测和以其为基础的分子设计虽然不断取得进展,但至今尚不能达到直接从蛋白质分子的氨基酸序列精确地预测其三维结构的水平。这是因为我们虽然认识到蛋白质分子的氨基酸序列贮存有形成蛋白质空间结构的所有信息,即蛋白质分子的一级结构决定了蛋白质的三维空间结构,但我们并不完全知道,或根本不知道蛋白质分子正确折叠的密码。只有人们彻底破译了蛋白质分子折叠密码后,才能使蛋白质的结构预测完成从必然王国向自由王国的转化。

蛋白质分子设计是为有目的的蛋白质工程实施提供设计方案。蛋白质的分子设计可以按改造部位的多寡分为三类:

①"小改",这是蛋白质工程中最广泛使用的方法。这种方法是根据对蛋白质分子的结构分析的结果,建立起目标蛋白质的结构模型,找出对所要求的性质有重要影响的位置,然后通过基因工程中的定点突变技术,在基因水平上完成特异性位点的突变,使得基因表达后所产生的突变蛋白质能具有所期望的性质。即使是"小改",也需要从预测、设计、实施、突变等蛋白质结构-功能研究紧密配合,相互印证。

②"中改",是指在蛋白质分子中替换一个肽段或者一个特定的结构域。蛋白分子中特定结构域可相对独立存在的发现给"中改"也许增加新的活力。蛋白质的立体结构可以看做由不同结构元件组装而成的,因此可以在不同的蛋白质之间成段地替换结构元件,期望能够转移相应的功能。

③"大改",即指从头设计(de novo)蛋白质分子。所谓从头设计,是指从一级序列出发,设计制造出自然界中不存在的全新蛋白质,使之具有特定的空间结构和预期的功能。必须指出的是,对蛋白质分子的从头设计的成功例子尚不多,只限于几个较小的多肽,其结构组成也相对简单,大部分是完全由 α-螺旋或 β-折叠组成。从头设计是一个复杂的设计过程,只有当人们彻底掌握了一级结构决定高级结构的规律,掌握了高级结构与特定生物功能的相关性,即破译了蛋白质分子的折叠密码后,才有可能真正实现从头设计蛋白质分子。

17.3 基因工程是实现蛋白质工程的关键技术

对于目前进行的蛋白质工程,无论是小改、中改还是大改,无论是在对蛋白质结构、功能研究分析的基础上,做出怎么合理的分子设计,要想实现并验证其设计,最关键的技术就是基因工程。这一步包括基因工程的方方面面,从基因分离、克隆、表达、突变,一直到各种工程蛋白质特性的分析。因此,蛋白质工程又常常被称为第二代基因工程,而基因工程是实现蛋白质工程的先决条件。

　　蛋白质的纯化、功能和结构分析是对蛋白质工程实施质量的评估,也是对进一步的结构预测、分子设计提供更直接的背景材料。在对工程化的蛋白质纯化的基础上,通过各种物理化学及生物学的手段对工程蛋白的特性进行分析。这些技术包括蛋白质结构分析(如晶体结构、溶液结构等)以及蛋白质功能分析(如酶学方法,免疫学方法,蛋白与蛋白相互作用以及蛋白与核酸相互作用等方法)。通过对工程蛋白的结构和功能的分析,为蛋白质分子再设计提供可以借鉴的资料。尤其是在尚未完全掌握蛋白质结构形成和功能表达相互关系的规律之前,充分利用所谓随机突变技术、生物学展示技术等,从目前可获得的大量不可预测的结果中搜集信息,也可用来改善未来的设计。因此,蛋白质工程的实施实际上是一个从理论到实践,由实践到理论的周而复始的研究过程,对蛋白质的结构-功能关系的规律认识是一个螺旋式上升的过程。

　　蛋白质工程有着广阔的应用前景,在基础理论的研究中,它是研究和揭示蛋白质结构与功能规律的关键和不可替代的手段。在应用上,其前景更为辉煌,可以说遍及工、农、医等各领域。如:通过蛋白质工程,产生高活性、高稳定性、低毒性的蛋白质类药物,产生新型抗生素及定向免疫毒素;在生物工程中,利用工程蛋白质独特的催化和分子识别来构建生物传感器;通过改变蛋白质的结构,产生能在有机介质中进行酶反应的工业用酶;将工程化的蛋白质基因引入植物,改变或改善农作物的品质;设计新的生物杀虫剂,等等。由英国牛津大学出版社出版的期刊 *Protein Engineering* 是一种较全面介绍蛋白质工程的结构预测、分子设计及工程实施等内容的刊物,可供欲深入了解国际进展的读者参考。总之,蛋白质工程已经步入其"而立之年",今后的发展是不可限量的。

参 考 文 献

Abrahmsen L, Moks T, Nilsson B, et al. 1986. Secretion of heterologous gene products to the culture medium of *Escherichia coli*. Nucleic Acids Res, 14: 7487—7500.

Abramson RD, Myers TW. 1993. Nucleic acid amplification technologies. Current Opinion in Biotechnology, 4:41—47.

Agrawal S. 1992. Antisense oligonucleotides as antiviral agents. Trends Biotech ,10:152—158.

Akam ME. 1983. The location of Ultrabithorax transcripts in *Drosophila* tissue sections, EMBO J, 2:2075—2084.

Anziano PQ, Butow RA . 1991. Splicing-defective mutants of the yeast mitochondrial coxI gene can be corrected by transformation with a hybrid maturase gene. Proc Natl Acad Sci USA ,88:5592—5596.

Aoki T, Takahashi Y, Koch KS, et al. 1996. Construction of a fusion protein between protein A and green fluorescent protein and its application to Western blotting. FEBS Lett ,384:193—197.

Applied Biosystems. 1987. Evaluating and isolating synthetic oligonucleotides: the complete guide.

Arber W, Linn S. 1969. DNA modification and restriction. Annu Rev Biochem,38:467—500.

Arkowitz RA, Wickner W. 1994. SecD and SecF are required for the proton electrochemical gradient stimulation of preprotein translocation. EMBO J,13:954—963.

Armaleo D, Ye G, Klein T, et al. 1990. Biolistic nuclear transformation of Saccharomyces cerevisiae and other fungi. Current Genetics ,17: 97—103.

Ausubel FM, et al. 1995. Short protocols in molecular biology. 3rd. New York: John Wiley&Son.

Babushok DV, Ostertag EM, Courtney CE, et al. 2006. L1 integration in a transgenic mouse model. Genome Res, 16:240—250.

Baca AM, Hol WG. 2000. Overcoming codon bias: a method for high-level overexpression of Plasmodium and other AT-rich parasite genes in *Escherichia coli*. Int J Parasitol, 30: 113—118.

Barrett RW, Cwirla SE, Ackerman MS, et al. 1992. Selective enrichment and characterization of high-affinity ligands from collections of random peptides on filamentous phage. Anal Biochem, 204:357—364.

Bierne N, Lehnert SA, Bédier E, et al. 2000. Screening for intron-length polymorphisms in penaeid shrimps using exon-primed intron-crossing (EPIC)-PCR. Molecular Ecology, 9:233—235.

Blanar MA, Rutter WJ. 1992. Interaction cloning: Identification of a helix-loop-helix zipper protein that interacts with c-Fos. Science ,256: 1014—1018.

Blanchin-Roland S ,et al. 1989. Protein secretion controlled by a synthetic gene in *Escherichia coli*. Protein Engineering, 2:473—480.

Blight MA , et al. 1994. Heterologous protein secretion and the versatile *E. coli* haemolysin translocator. Trends Biotechnol, 12:450—455.

Blum P, et al, 1992. DnaK-mediated alterations in human growth hormone protein Inclusion bodies, Biotechnology, 10: 301—304.

Boder ET, Wittrup KD. 1997. Yeast surface display for screening combinatorial polypeptide libraries. Nat Biotechnol, 15: 553—557.

Boder ET, Katarina S, Midelfort, Dane Wittrup K . 2000. Directed evolution of antibody fragments with monovalent femtomolar antigen-binding affinity. Proc Natl Acad Sci USA ,97: 10701—10705.

Brake AJ. 1991. α-Factor leader-directed secretion of heterologous proteins from yeast. Methods in Enzymology, 185:408—421.

Bratkovič T , Lunder M, Popovič T, et al. 2005. B, H, and K. Biochem Biophys Res Commun, 332: 897—903.

Brenowitz M, Senear DF, Shea MA, et al. 1986. Quantitative DNase footprint titration: a method for studying protein-DNA interactions. Methods in Enzymology, 130:132—181.

Breslauer KJ, Frank R, Blöcker H, et al. 1986. Predicting DNA duplex stability from the base sequence. Proc Natl Acad Sci USA, 83(11):3746—3750.

Brewer SJ, Sassenfeld HM. 1985. The purification of recombinant proteins using C-terminal polyarginine fusions. Trends Biotechnol, 3: 119—122.

Brier G, Bucan M, Francke U, et al. 1986. Sequential expression of murine homeo box gene during F9 EC cell differentiation. EMBO J. 5: 2209—2215.

Brinkman U, et al. High-level expression of recombinant genes in *Escherichia coli* is dependent on the availability of the dnaY gene product. Gene, 85:109—114.

Brown DM, McNaught AD, Schell P. 1966. The chemical basis of hydrazine mutagenesis. Biochem Biophys Res Commun, 24:967—971.

Bruce WB, Quail PH. 1990. cis-Acting elements involved in photoregulation of an oat phytochrome promoter in rice. Plant Cell, 2: 1081—1089.

Brummelkamp TR , Bernards R , Agami R. 2002. A system for stable expression of short interfering RNAs in mammalian cells. Science , 296:550—553.

Burgess RR, Arthur TM, Pietz BC. 2000. Mapping protein-protein interaction domains using ordered fragment ladder far-Western analysis of His6-tagged protein fusions. Methods Enzymol, 28:141—157.

Carter P. 1991. Mutagenesis facilitated by the removal or introduction of unique restriction sites. // Mcpherson MJ. Directed mutagenesis. Oxford : IRL Press,1—25.

Cary N, Moody J, Yannoutsos N, et al. 1993. Tissue expression of human decay accelerating factor, a regulator of complement activation expressed in mice: a potential approach to inhibition of hyperacute xenograft rejection. Transplantn Proc, 25:400—401.

Caspers P, Stieger M, Burn P. 1994. Overproduction of bacterial chaperones improves the solubility of recombinant protein tyrosine kinases in *Escherichia coli*. Cell Mol Biol, 40:635—644.

Chalfie M, Tu Y, Euskirchen G, et al. 1994. Green fluorescent protein as a marker for gene expression. Science , 262: 802—805.

Charbit A, Molla A, Saurin W, et al. Versatility of a vector for expressing foreign polypeptides at the surface of Gram-negative bacteria. Gene 70:181—189.

Chasteen L, Ayriss J, Pavlik P, et al. Eliminating helper phage from phage display. Nucleic Acids Res. 2006;34(21):e145.

Cherry JR, Lamsa MH, Schneider P, et al. 1999. Directed evolution of a fungal peroxidase. Nature Biotechnology, 17:379—384.

Chollet A, Kawashima E. 1988. DNA containing base analogue 2-aminoadenine: preparation, use as hybridization probes and cleavage by restriction endonucleases. Nucleic Acids Res, 16:305—317.

Chou Q. 1992. Minimizing deletion mutagenesis artifact during *Taq* DNA polymerase PCR by *E. coli* SSB. Nucleic Acids Res, 20: 4371.

Chou Q, Russell M, Birch DE, et al. 1992. Prevention of pre-PCR mis-priming and primer dimerization improves low-copy number amplifications. Nucleic Acids Res, 20: 1717—1723.

Chubb JM, Hogan ME. 1992. Human therapeutics based on triple helix technology. Trends Biotech, 10: 132—136.

Cleland JL, Craik CS. 1996. Protein engineering (principles and practice). New York: John Wiley&Sons.

Cohen JS. 1992. Oligonucleotide therapeutics. Trends Biotech, 10: 87—91.

Collier DN. 1994. Expression of *Escherichia coli secB* in *Bacillus subtilis* facilitates secretion of the *secB*-dependent maltose-binding protein of *E. coli*. J Bacteriol, 176: 4937—4940.

Collins-Racie LA, McColgan LM, Grant KL, et al. 1995. Production of recombinant bovine enterokinase catalytic subunit in *Escherichia coli* using the novel secretory fusion partner DsbA. Nature Biotechnology, 13: 982—987.

Commerford SL. 1971. Iodination of nucleic acids in vitro. Biochemistry, 10(11): 1993—2000.

Cook EH, Scherer SW. 2008. Copy-number variations associated with neuropsychiatric conditions. Nature, 455(7215): 919—923.

Cost GJ, Boeke JD. 1998. Targeting of human retrotransposon integration is directed by the specificity of the L1 endonuclease for regions of unusual DNA structure. Biochemistry, 37: 18081—18093.

Crowe J, et al. 1994. 6×His-Ni-NTA chromatography as a superior technique in recombinant protein expression/purification. Methods Mol Biol, 31: 371—387.

Cull MG, Miller JF, Schatz PJ. 1992. Screening for receptor ligands using large libraries of peptides linked to the C terminus of the *lac* repressor. Proc Natl Acad Sci USA, 89: 1865—1869.

DalbÃge H, Dahl M H, Pedersen J, et al. 1987. A novel enzymatic method for production of authentic hGH from an *Escherichia Coli* produced hGH? precursor. *Nature Biotechnology*, 5: 161—164.

Dale GE, Schonfeld HJ, Langen H, et al. 1994. Increased solubility of trimethoprim-resistant type S1 DHFR from Staphylococcus aureus in *Escherichia coli*. Protein Eng, 7: 925—931.

Datwyler SA, Meares CF. 2000. Protein-protein interactions mapped by artificial proteases: where sigma factors bind to RNA polymerase. Trends Biochem Sci, 25(9): 408—414.

Datwyler SA, Meares CF. 2001. Artificial Iron-Dependent Proteases. // Sigel A, Sigel H. Metal Ions in Biological Systems. New York: Marcel Dekker, 213—253.

de Smit MH, J van Duin. 1990. Secondary structure of the ribosome binding site determines translation efficiency: a quantitative analysis. Proc Natl Acad Sci USA, 87: 7668—7672.

Dieffenbach CW, et al. 2003. PCR primer: a laboratory manual. 2nd. New York: Cold Spring Harbor Laboratory Press.

Dihazi GH, Sinz A. 2003. Mapping low-resolution three-dimensional protein structures using chemical cross-linking and Fourier transform ion-cyclotron resonance mass spectrometry. Rapid Commun Mass Spectrom, 17: 2005—2014.

Eckert KA, Kunkel TA. 1990. High fidelity DNA synthesis by the *Thermus aquaticus* DNA polymerase. Nucleic Acids Res, 18: 3739—3744.

Eckert KA, Kunkel TA. 1991. The fidelity of DNA polymerases used in the poly- merase chain reactions. // McPherson MJ, Quirke P,. Taylor GR. PCR. A practical approach. New York: Oxford University Press, 225—244.

Edmondson DG, Dent SYR. 2003. Identification of Protein Interactions by Far Western Analysis. //Current Protocols in Protein Science. New York: John Wiley & Sons, 19.7.1—19.7.10.

Edwards CP, Aruffo A . 1993. Current applications of COS cell based transient expression systems. Current Opinion in Biotechnology, 4: 558—563.

Einarson MB, Orlinick JR. 2002. Identification of Protein-Protein Interactions with Glutathione-S-Transferase Fusion Proteins. // Golemis E. Protein-Protein Interactions. Cold New York: Spring Harbor Laboratory Press, 37—57.

Etchegaray JP, Inouye M. 1999. A sequence downstream of the initiation codon is essential for cold shock induction of cspB of *Escherichia coli*. J Bacteriol, 181: 5852—5854.

Etchegaray JP, Inouye M. 1999. Translational enhancement by an element downstream of the initiation codon in *Escherichia coli*. J Biol Chem, 274:10079—10085.

Fauchon MA, Pell TJ, Baxter GF, et al. 2005. Representational difference analysis of cDNA identifies novel genes expressed following pr. Exp Mol Med ,37: 311—22.

Li Y, Yang L, Cui JT, et al. 2002. Construction of cDNA representational difference analysis based on two cDNA libraries and identification of garlic inducible expression genes in human gastric cancer cells. World J Gastroenterol, 8(2):208—212 .

Faxen M, Plumbridge J, Isaksson LA. (1991) Codon choice and potential complementarity between mRNA downstream of the initiation codon and bases 1471—1480 in 16S ribosomal RNA affects expression of *glnS*. Nucleic Acids Res, 19: 5247—5251.

Fedorov AN, Friguet B, Djavadi-Ohaniance L, et al . 1992. Folding on the ribosome of *Escherichia coli* tryptophan synthase beta subunit nascent chains probed with a conformation-dependent monoclonal antibody. J Mol Biol, 228: 351—358.

Fields S, Song O. 1989. A novel genetic system to detect proteinÂ-protein interactions. Nature, 340: 245—246.

Fields S, Sternglanz R. 1994. The two-hybrid system: an assay for protein-protein interactions. Trends in Genetics,10(8):286—292.

Fodor SP, Rava RP, Huang XC, et al. 1993. Multiplexed biochemical assays with biological chips. Nature, 364:555—556.

Fong G, Bridger WA. 1992. Folding and assembly of the *Escherichia coli* succinyl-CoA synthetase heterotetramer without participation of molecular chaperones. Biochemistry ,31:5661—5664.

Fraipont C, Adam M, Nguyen-Disteche M, et al. 1994. Engineering and overexpression of periplasmic forms of the penicillin-binding protein 3 of *Escherichia coli*. Biochem J,15:189—195.

Francisco JA , Farhart CF , Georgiou G. 1992. Transport and anchoring of beta. O lactamase to the external surface of. *Escherichia coli*. Proc Natl Acad Sci. USA , 89 :2713—2717.

Frankel A, Millward SW, Roberts RW . 2003. Encodamers: unnatural peptide oligomers encoded in RNA. Chem Biol ,10:1043—1050.

Fried MG . 1989. Measurement of protein-DNA interaction parameters by electrophoresis mobility shift assay. Electrophoresis ,10:366—376.

Fried M, Crothers DM. 1981. Equilibria and kinetics of lac repressor-operator interactions by polyacrylamide gel electrophoresis. Nucleic Acids Res, 9: 6505—6525.

Fried MG, Crothers DM. 1984. Kinetics and mechanism in the reaction of gene regulatory proteins with DNA. J Mol Biol, 172: 263—282.

Frohman MA, Dush MK, Martin GR. 1988. Rapid production of full-length cDNAs from rare transcripts: amplification using a single gene-specific oligonucleotide primer. Proc Natl Acad Sci USA, 85:

8998—9002.

Fukuda K, Kojoh N, Tabata N , et al. 2006. In vitro evolution of single-chain antibodies using mRNA display. Nucleic Acids Res, 34(19): e127—e127.

Galas DJ, Schmitz A. 1978. DNase footprinting a simple method for the detection of protein-DNA binding specificity. Nucleic Acids Res, 5: 3157—3170.

Garner MM, Revzin A. 1981. A gel electrophoresis method for quantifying the binding of proteins to specific DNA regions: application to components of the *Escherichia coli* lactose operon regulatory system. Nucleic Acids Res, 9: 3047—3060.

Ghosh I, Hamilton AD, Regan L. 2000. Antiparallel leucine zipper-directed protein reassembly: application to the green fluorescent protein. J Am Chem Soc, 122 (23): 5658—5659.

Gibson S, Somerville C. 1993. Isolating plant genes. TibTech,11: 306—313.

Godeau F, Saucier C, Kourilsky P. 1992. Replication inhibition by nucleoside analogues of a recombinant *Autographa californica* multicapsid nuclear polyhedrosis virus harboring the herpes thymidine kinase gene driven by the IE-1(0) promoter: a new way to select recombinant baculoviruses. Nucleic Acids Res, 20: 6239—6246.

Goeddel DV . 1991. Gene expression technology. New York: Academic Press.

Gold L. 2001. mRNA display: Diversity matters during *in vitro* selection. Proc Natl Acad Sci USA, 98: 4825—4826.

Goloubinoff P, Gatenby AA, Lorimer GH. 1989. GroE heat- shock proteins promote assembly of foreign prokaryotic ribulose bisphosphate carboxylase oligomers in. *Escherichia coli*. Nature ,337: 44—47.

Gorman C. 1985. High efficiency of gene transfer into mammalian cells. // Glover DM. DNA cloning: a practical approach. Oxford: IRL Press, 143—190.

Gram H, Marconi LA, Barbas CF, et al. 1992. In vitro selection and affinity maturation of antibodies from a naive combinatorial immunoglobulin library. PNAS ,89:3576—3580.

Greenwood J, Willis AE, Perham RN. 1991. Multiple display of foreign peptides on a filamentous bacteriophage. J Mol Biol, 220:821—827.

Groebe DR, Chung AE, Ho C. 1990. Cationic lipid mediated cotransfection of insect cells. Nucleic Acids Res, 18: 4033.

Grosveld F, van Assendelft GB, Greaves DR, et al. 1987. Position-independent, high-level expression of the human β-globin gene in transgenic mice. Cell,51(6):975—985.

Guana CD, Lib P, Riggsa PD, et al. 1988. Vectors that facilitate the expression and purification of foreign peptides in *Escherichia coli* by fusion to maltose-binding protein. Gene, 67:21—30.

Gyllenstein UB, Erlich HA. 1988. Generation of single-stranded DNA by the polymerase chain reaction and its application to direct sequencing of the HLA—DQA locus. Proc Natl Acad Sci USA ,85: 7652—7656.

Harayama S. 1998. Artificial evolution by DNA shuffling. Trends in Biotechnology,16(2): 76—82.

Hartig PC , Cardon MC . 1992. Rapid efficient production of baculovirus expression vectors. J Virological Methods ,38: 61—70.

Hellman J, Mäntsälä P. 1992. Construction of an *Escherichia coli* export-affinity vector for expression and purification of foreign proteins by fusion to cyclomaltodextrin glucanotransferase. J Biotechnol, 23:19—34.

Helmsley A, Arnheim N, Toney MD, et al. 1989. A simple method for site-directed mutagenesis using the polymerase chain reaction. Nucleic Acids Res, 17: 6545—6551.

Hendrickson W. 1985. Protein-DNA interactions studied by the gel electrophoresis-DNA binding assay. Bio-

Techniques, 3: 346—354.

Holland IB ,et al. 1986. Secretion of proteins from bacteria. Biotechnology, 4:427—431.

Hong G F . 1982. A systematic DNA sequencing strategy. J Mol Biol, 158: 539—549.

Hooper M, Hardy K, Handyside A, et al. 1987. HPRT-deficient (Lesch-Nyhan) mouse embryos derived from germline colonization by cultured cells. Nature ,326:292—295.

Hopp TP, Prickett KS, Price V, et al. 1988. A short polypeptide marker sequence useful for recombinant protein identification and purification. Biotechnology ,6: 1205—1210.

Hsu IC , Metcalf RA, Sun T, Welsh JA, Wang NJ, Harris CC. 1991. Mutational hotspot in the p53 gene in human hepatocellular carcinoma. Nature ,350:427—428.

Huang XY, Holden HM, Raushel FM. 2001. Channeling of substrates and intermediates in enzyme-catalyzed reactions. Annual Review of Biochemistry, 70: 149—180.

Inouye S, Inouye M. 1991. Site-directed mutagenesis using gapped-heteroduplex plasmid DNA. // Mcpherson MJ. Directed mutagenesis: a practical approach. New York: Oxford University Press, 71—81.

Ivics Z, Hackett PB, Plasterk RH, et al. 1997. Molecular reconstruction of Sleeping Beauty, a Tc1-like transposon from fish, and its transposition in human cells. Cell, 91: 501—510.

Jakobovits A, Moore AL, Green LL, et al. 1993. Germ-line transmission and expression of a human-derived yeast artificial chromosome. *Nature*, 362: 255—258.

Jakobovits A, Vergara GJ, Kennedy JL, et al. 1993. Analysis of homozygous mutant chimeric mice: deletion of the immunoglobulin heavy-chain joining region blocks B-cell development and antibody production. PNAS, 90:2551—2555.

Jakobovits A. 1995. Production of fully human antibodies by transgenic mice. Current Opinion in Biotechnology ,6:561—566.

Jasin M, Berg P. 1988. Homologous integration in mammalian cells without target gene selection. Genes & Dev, 2: 1353—1363.

Jasin M, Elledge SJ, Davis RW, et al. 1990. Gene targeting at the human CD4 locus by epitope addition. Genes Dev,4: 157—166.

Jespers LS, et al. 1995. Surface expression and ligand-based selection of cDNAs fused to filamentous phage gene VI. Biotechnology, 13:378—382.

Jiao S, Cheng L, Wolff JA, et al. 1993. Particle bombardment- mediated gene transfer and expression in rat brain tissue. Biotechnology ,11:497—502.

Jing GZ, Huang Z, Liu ZG ,et al. 1993. Plasmid pKKH: an improved vector with higher copy number for expression of foreign genes in *Escherichia coli*. Biotechnol Lett, 15: 439—442.

Jing GZ, Liu AP, Leung WC. 1986. A method for the preparation of size marker for synthetic oligonucleotides . Anal Biochem,155:376—378.

Johnsson N, Varshavskv A. 1994. Split ubiquitin as a sensor of protein interactions in vivo. PNAS, 91: 10340—10344.

Joung JK, Ramm EI, Pabo CO. 2000 . A bacterial two-hybrid selection system for studying protein-DNA and protein-protein interactions. PNAS, 97:7382—7387.

Kadonaga JT, Tjian R. 1986. Affinity purification of sequence-specific DNA binding proteins. PNAS, 83: 5889—5893.

Kane JF. 1995. Effects of rare codon clusters on high-level expression of heterologous proteins in *Escherichia coli*. Curr Opin Biotechnol,6:494—500.

Kawakami T，Murakami H，Suga H. 2008. Messenger RNA-Programmed Incorporation of Multiple N-Methyl-Amino Acids into Linear and Cyclic Peptides. Chem Biol，15：32—42.

Kay MA，Ponder KP，Woo SL. 1992. Human gene therapy：present and future. Breast Cancer Res Treat ，21：83—93.

Keller GH，Huang DP，Manak MM. 1989. Labelling of DNA probes with a photoactivatable hapten. Anal Biochem，177：392—395.

Keller GH，Manak MM. 1989. DNA Probes. New York ：M Stockton Press.

Kim HS，Smithies O. 1988. Recombinant fragment assay for gene targeting based on the polymerase chain reaction. Nucleic Acids Res，16：8887—8903.

King LA ，et al. 1992. The baculovirus expression system：a laboratory guide. London：Chapman&-Hall.

Kitajewski J，Schneider RJ，Safer B，et al. 1986. Adenovirus VAI RNA antagonizes the antiviral action of interferon by preventing activation of the interferon-induced eIF-2α kinase. Cell，45(2) ：195—200.

Kitts PA，Ayres MD，Possee RD. 1990. Linearization of baculovirus DNA enhances the recovery of recombinant virus expression vectors. Nucleic Acids Res，18：5667—5672.

Kitts PA，Possee RD. 1993. A method for producing recombinant baculovirus expression vectors at high frequency. Biotechniques，14：810—817.

Klein TM，Gradziel T，Fromm ME，et al. 1988. Factors influencing gene delivery into Zea mays cells by high-velocity microprojectiles. Biotechnology，6：559—563.

Kneale GG. 1994. Methods in Molecular Biology. Vol 30 DNA-Protein Interactions：Principles and protocols. New Jersey：Humana Press.

Knott JA ，et al. 1988. The isolation and characterization of human atrial natriuretic factor produced as a fusion protein in *Escherichia coli*. Eur J Biochem，174：405—410.

Knowles J et al. 1991. An enzymetic method for the complete mutagenesis of genes. // Mcpherson MJ. Directed mutagenesis：a practical approach. New York：Oxford University Press，163—175.

Kobayashi I . 2001. Behavior of restriction-modification systems as selfish mobile elements and their impact on genome evolution. Nucleic Acids Res，29：3742—3756.

Kohne DE，Levison SA，Byers MJ. 1977. Room temperature method for increasing the rate of DNA reassociation by many thousandfold：the phenol emulsion reassociation technique. Biochemistry，16（24）：5329—5341

Koller BH，Marrack P，Kappler JW，et al. 1990. Normal development of mice deficient in beta 2M，MHC class I proteins and CD8＋ T cells. Science ，248：1227—1230.

Kondo A，Maeda S. 1991. Host range expansion by recombination of the baculoviruses Bombyx mori nuclear polyhedrosis virus and Autographa californica nuclear polyhedrosis virus. J Virol，65：3625—3632.

Kornitzer D，Teff D，Altuvia S et al. 1989. Genetic analysis of bacteriophage Lambda cIII gene：mRNA structural requirements for translation initiation. J Bacteriol，171：2563—2572.

Kramer B，Kramer W，Fritz HJ. 1984. Different base/base mismatches are corrected with different efficiencies by the methyl-directed DNA mismatch-repair system of *E. coli*. Cell，38(3)：879—887.

Kramer W，Ohmayer A，Fritz H. 1988. Improved enzymatic *in vitro* reactions in the gapped duplex DNA approach to oligonucleotide-directed construction of mutations. Nucleic Acids Res，16：7207.

Kricka JL. 1992. Non Isotopic DNA Probe Techniques. San Diego ：Academic.

Kruger DH，Bickle TA. 1983. Bacteriophage survival：multiple mechanisms for avoiding the deoxyribonucleic acid restriction systems of their hosts. Microbiol Rev ，47：345—360.

Kucher Lapati R . 1986. Gene transfer. New York: Plenum Press,411.

Kunkel TA, Roberts JD, Zakour RA. 1987. Rapid and efficient site-specific mutagenesis without phenotypic selection. Methods Enzymol, 154:367—382.

LaVallie ER, DiBlasio EA, Kovacic S, et al. 1993. A Thioredoxin gene fusion expression system that circumvents inclusion body formation in the *E. coli* cytoplasm. *Nature Biotechnology*, 11 :187—193.

LaVallie ER, McCoy JM. 1995. Gene fusion expression systems in *Escherichia coli*. Current Opinion in Biotechnology, 6: 501—506

Lawley P D, Brookes PJ. 1967. Interstrand cross-linking of DNA by difunctional alkylating agents. J Mol Biol, 25: 143—160.

Le Mouellic H, Lallemand Y, Brulet P. 1990. Targeted replacement of the homeobox gene Hox-3. 1 by the *Escherichia coli lacZ* in mouse chimeric embryos. Proc Natl Acad Sci USA, 87:4712—4716.

Lerner RA, Kang AS, Bain JD, et al. 1992. Antibodies without immunization. Science, 258:1313—1314.

Liebhaber SA, Cash F, Eshleman SS. 1992. Translation inhibition by an mRNA coding region secondary structure is determined by its proximity to the AUG initiation codon. J Mol Biol, 226:609—621.

Lisitsyn N, Lisitsyn N, Wigler M. 1993. Cloning the differences between two complex genomes. Science, 259: 946—951.

Lisitsyn NA, Wigler M . 1995. Representational difference analysis in detection of genetic lesions in cancer. Methods in Enzymology, 254: 291—304.

Liu R, Barrick J, Szostak J et al. 2000. Optimized synthesis of RNA-protein fusions for in vitro protein selection. Meth Enzymol ,318:268—293.

Liu X, Gorovsky MA. 1993. Mapping the 5′ and 3′ ends of *Tetrahymena thermophila* mRNAs using RNA ligase mediated amplification of cDNA ends (RLM—RACE). Nucleic Acids Res, 21: 4954—4960.

Lu Z, et al. 1995. Protein Sci,4(suppl2):830.

Lu ZJ, Murray KS, Van Cleave V, et al. 1995. Expression of thioredoxin random peptide libraries on the *Escherichia coli* cell surface as functional fusions to flagellin: a system designed for exploring protein-protein interactions. Nature Biotechnology ,13: 366—372.

Luan DD, Korman MH, Jakubczak JL, et al. 1993. Reverse transcription of R2Bm RNA is primed by a nick at the chromosomal target site: a mechanism for non-LTR retrotransposition. Cell, 72:595—605.

Luckow VA. 1993. Baculovirus systems for the expression of human gene products. Current Opinion in Biotechnology, 4(5):564—572.

Luckow VA, Lee SC, Barry GF,et al. 1993. Efficient generation of infectious recombinant baculoviruses by site-specific transposon-mediated insertion of foreign genes into a baculovirus genome propagated in *Escherichia coli*. J Virol, 67(8): 4566—4579.

Luckow VA, Summers MD. 1988. Trends in the development of baculovirus expression vectors. Biotechnology ,6: 47—55.

Luckow VA, Summers MD. 1988. Signals important for high- level expression of foreign genes in Autographa californica nuclear polyhedrosis virus expression vectors. Virology ,167: 56—71.

Luckow VA. 1991. Cloning and expression of heterologous genes in insect cells with baculovirus vectors. // Prokop A, Bajpai RK, Ho C. Recombinant DNA Technology and Applications. New York :MC Graw-Hill, 97—170.

Lundberg, KS, et al. 1991. High-fidelity amplification using a thermostable DNA polymerase isolated from *Pyrococcus furiosus*. Gene, 108:1—6.

Lundeberg J, Wahlberg J, Uhlén M. 1990. Affinity purification of specific DNA fragments using a *lac* repressor fusion protein. Genet Anal Tech Appl ,7:47—52.

Lunder M, Bratkovič T, Doljak B, et al. 2005. Comparison of bacterial and phage display peptide libraries in search of target-binding motif. Appl Biochem Biotechnol, 127:125—131.

Lunder M, Bratkovic T, Kreft S, et al. 2005. Peptide inhibitor of pancreatic lipase selected by phage display using different elution strategies. J Lipid Res , 46:1512—1516.

Maeda S. 1989. Expression of foreign genes in insects using baculovirus vectors. Annu Rev Entomol, 34: 351—372.

Maeda Y, Ueda T, Imoto T. 1996a. Effective renaturation of denatured and reduced immunoglobulin G *in vitro* without assistance of chaperone. Protein Eng, 9:95—100.

Maeda Y, Yamada H, Ueda T, et al, 1996b. Effect of additives on the renaturation of reduced lysczyme in the presence of 4M urea. Protein Eng, 9:461—465.

Magliery TJ, Wilson CGM, Pan W, et al. 2005. Detecting protein—protein interactions with a green fluorescent protein fragment reassembly trap: scope and mechanism. J Am Chem Soc, 127 (1):146—157.

Makowski L. 1993. Structural constraints on the display of foreign peptides on filamentous bacteriophages. Gene ,128: 5—11.

Matsumura I, Ellington AD. 1999. In vitro evolution of thermostable p53 variants. Protein Sci, 8:731—740.

Matsuyama S, Fujita Y, Mizushima S. 1992. SecD is involved in the release of translocated secretory proteins from the cytoplasmic membrane of *Escherichia coli*. EMBO J,12:265—270.

Maxam AM, Gilbert W. 1977. A new method for sequencing DNA. Proc Natl Acad Sci USA, 74:560—564.

Maxam AM , Gilbert W. 1980. Sequencing end-labeled DNA with basespecific chemical cleavages. Method Enzymol ,65: 499—560.

McCarrey JR, Williams SA. 1994. Construction of cDNA libraries from limiting amounts of material. Curr Opinion Biotechnol ,5: 34—39.

McClelland A, Kamarck ME, Ruddle FH. 1987. Molecular cloning of receptor genes by transfection. Methods Enzymol,147:280—291.

Meinkoth J , Wahl G. 1984. Hybridization of nucleic acids immobilized on solid supports. Anal Biochem,138: 267—284.

Miller LK. 1988. Baculovirus as gene expression vectors. Annu Rev Microbiol, 42: 177—199.

Monaco A P, Larin Z. 1994. YACs, BACs, PACs, and MACs: artificial chromosomes as research tools. TIBTech ,12:280—286.

Morrow B, Kucherlapati R. 1993. Gene targeting in mammalian cells by homologous recombination. Current Opinion in Biotechnology ,4: 577—582.

Mortensen RM. 1992. Production of homozygous mutant ES cells with a single targeting construct. Mol Cell Biol, 12:2391—2395.

Mortensen RM, Zubiaur M, Neer EJ,et al. 1991. Embryonic stem cells lacking a functional inhibitory G-protein subunit (alpha i2) produced by gene targeting of both alleles. Proc Natl Acad Sci USA, 88: 7036—7040.

Mucenski ML, McLain K, Kier AB, et al. 1991. A functional c-myb gene is required for normal murine fetal hepatic hematopoiesis. Cell ,65:677—689.

Muller DR, Schindler P, Towbin H, et al. 2001. Isotope tagged cross linking reagents. A new tool in mass spectrometric protein interaction analysis. Anal Chem, 73:1927—1934.

Mullis KB. 1991. The polymerase chain reaction in an anemic mode: How to avoid cold oligodeoxyribonuclear fusion. PCR Methods and Applications, 1: 1—4.

Murray JAH. 1992. Antisense RNA and DNA. New York: Wiley-Liss.

Myers TW. 1992. Enzymatic properties of a DNA polymerase from Thermus thermophilus on RNA and DNA templates. J Cell Biochem, 16B: 29.

Myers TW, Gelfand DH. 1991. Reverse transcription and DNA amplification by a *Thermus thermophilus* DNA polymerase. Biochemistry ,30:7661—7666.

Nagai K, Thøgersen HC. 1984. Generation of beta-globin by sequence-specific proteolysis of a hybrid protein produced in *Escherichia coli*. Nature, 309:810—812.

Nagarajan V. 1991. System for secretion for heterologous protein in *Bacillus subtilis*. Methods in Enzymology, 185:214—223.

Neri D, de Lalla C, Petrul H, et al. 1995. Calmodulin as a Versatile Tag for Antibody Fragments. *Nature Biotechnology*, 13: 373—377.

Nilsson B, Abrahmsén L. 1990. Fusions to staphylococcal protein A. Methods Enzymol,185:144—161.

O'Reilly DR, Miller LK, Luckow VA. 1992. Baculovirus expression vectors: a laboratory manual. New York:Freeman,1—347.

Oldenburg KR, Loganathan D, Goldstein IJ, et al. 1992. Peptide ligands for a sugar-binding protein isolated from a random peptide library. Proc Natl Acad Sci USA , 89: 5393—5397.

Olsen DB, et al. 1991. Phosphorothioate based double-stranded plasmid mutagenesis. //Mcpherson MJ. Directed mutagenesis: a practical approach. New York: Oxford University Press, 83—99.

Olsen DB, Eckstein F. 1990. High-efficiency oligonucleotide-directed plasmid mutagenesis. PNAS, 87: 1451—1455.

Orita M, et al. 1989. Rapid and sensitive detection of point mutation and DNA polymorphisms using the polymerase chain reaction. Genomics, 5:874~879.

Ostertag EM, DeBerardinis RJ, Goodier JL, et al. 2002. A mouse model of human L1 retrotransposition. Nat Genet, 32:655—660.

Patel G, Nasmyth K, Jones N. 1992. A new method for the isolation of recombinant baculovirus. Nucleic Acids Res, 20: 97—104.

Pearson KM, Pannell LK, Fales HM. 2002. Intramolecular cross linking experiments on cytochrome c and ribonuclease A using an isotope multiplet method. Rapid Commun Mass Spectrom, 16:149—159.

Pelletier JN, Arndt KM, et al. 1999. An in vivo library-versus-library selection of optimized proteinÂ-protein interactions . *Nature Biotechnology*, 17:683—690.

Pelletier JN, Campbell-Valois FX, Michnik . 1998. Oligomerization domain-directed reassembly of active dihydrofolate reductase from rationally designed fragments. PNAS, 95:12141—12146.

Pennock GD, Shoemaker C, Miller LK. 1984. Strong and regulated expression of *Escherichia coli* 13-galaetosidase in insect cells with a baculovirus vector. Mol Cell Biol, 4:399—406.

Persson M, Bergstrand MG, Bülow L, et al. 1988. Enzyme purification by genetically attached polycysteine and polyphenylalanine affinity tails. Anal Biochem, 172:330—337.

Phimister B, et al. 1999. Chipping forecast. Nature Genetics (supplement), 21:1—60,

Phizicky EM, Fields S. 1995. Protein-protein interactions: methods for detection and analysis. Microbiol Rev, 59:94—123.

Platt JL, Vercellotti GM, Dalmasso AP ,et al. 1990. Transplantation of discordant xenografts: a review of progress. Immunol Today, 11: 450—456.

Pogliano JA, Beckwith J. 1994. SecD and SecF facilitate protein export in *Escherichia coli*. EMBO J, 13: 554—561.

Possee RD, Howard SC. 1987. Analysis of the polyhedrin gene promoter of the Autographa californica nuclear polyhedrosis virus. Nucleic Acids Res, 15: 10233—10248 .

Promega company. 1996. DNA sequencing. Promega Catalog. http://www. promega. com/Catalog/

Promega Corporation. 1996. Protocols and applications guide. 3rd.

Protein Engineering. Oxford : Oxford University Press.

Reddy VM, Kumar B. 2000. Interaction of Mycobacterium avium complex with human respiratory epithelial cells. J Infect Dis, 181: 1189—1193.

Reid LH, Gregg RG, Smithies O, et al. 1990. Regulatory elements in the introns of the human HPRT gene are necessary for its expression in embryonic stem cells. Proc Natl Acad Sci USA, 87: 4299—4303.

Revzin A. 1989. Gel electrophoresis assays for DNA-protein interactions. BioTechniques, 7: 346—355.

Richards JH. 1991. Cassette mutagenesis. // Mcpherson MJ. Directed mutagenesis: a practical approach. New York: Oxford University Press, 199—215.

Roberts RW, Szostak JW. 1997. RNA-peptide fusions for the *in vitro* selection of peptides and proteins. Proc Natl Acad Sci USA, 94: 12297—12302.

Rolfe SA, Tobin EM. 1991. Deletion analysis of a phytochrome- regulated monocot rbcS promoter in a transient assay system. Proc Natl Acad Sci USA , 88: 2683—2686.

Romanos, M. 1995 Advances in the use of *Pichia pastoris* for high-level gene expression . Current Opinion in Biotechnology, 6: 527—533.

Rosenberg AH, Goldman E, Dunn JJ, et al. 1993. Effects of consecutive AGG codons on translation in *Escherichia coli* demonstrated with a versatile codon test system. J Bacteriol, 175: 716—722.

Rossi JJ, Ross W, Egan J, et al. 1979. Structural organization of *Escherichia coli* tRNA^{Tyr} gene clusters in four different transducing bacteriophages. J Mol Biol, 128: 21—47.

Ruther U. Muller-Hill B. 1983. Easy identification of cDNA clones. EMBO J, 2: 1791—1794.

Sambrook J, et al. 1989. Molecular cloning, a laboratory manual. 2nd. New York: Cold Spring Harbor Laboratory Press.

Sambrook J, et al. 2001. Molecular colning: a laboratory mammual. 3rd. New York: Cold Spring Habor Laboratory Press.

Sanchez R, Roovers M, Glansdorff N . 2000. Organization and expression of a *Thermus thermophilus* arginine cluster: presence of unidentified open reading frames and absence of a Shine-Dalgarno sequence. J Bacteriol, 182: 5911—5915.

Sanford JC, Smith FD, Russell JA. 1993. Optimizing the biolistic process for different biological applications. Methods Enzymol, 217: 483—509.

Sanger F, Nicklen S, Coulson AR. 1977. DNA sequencing with chain-terminating inhibitors. Proc Natl Acad Sci USA, 74: 5463—5467.

Sano T, Smith CL, Cantor CR. 1992. Immuno-PCR: very sensitive antigen-detection by means of specific antibody-DNA conjugates . Science, 258: 120—122 .

Sayers JR, et al. 1991. Phosphorothioate-based site-directed mutagenesis for single-stranded vectors. // Mcpherson MJ. Directed mutagenesis: a practical approach. New York: Oxford University Press, 49—69.

Schatz PJ. 1993. Use of peptide libraries to map the substrate specificity of a peptide-modifying enzyme: a 13 residue consensus peptide specifies biotinylation in *Escherichia coli*. Nature Biotechnology, 11, 1138—1143.

Schedl A, Beermann F, Thies E, et al. 1992. Transgenic mice generated by pronuclear injection of a yeast artificial chromosome. Nucleic Acids Res, 20: 3073—3077.

Schedl A, Montoliu L, Kelsey G, et al. 1993. A yeast artificial chromosome covering the tyrosinase gene confers copy number-dependent expression in transgenic mice. *Nature*, 362:258—261.

Schena M, et al. 1995. Quantitative monitoring of gene expression patterns with a complementary DNA microarray. Science, 270:467—470.

Schmidt TG, Skerra A. 1993. The random peptide library-assisted engineering of a C-terminal affinity peptide, useful for the detection and purification of a functional Ig Fv fragment. Protein Eng, 6: 109—122.

Schuster H. 1960. The reaction of nitrous acid with deoxyribonucleic acid. Biochem Biophys Res Commun, 2:320—323.

Scott JK, Smith GP. 1990. Searching for peptide ligands with an epitope library. Science, 249: 386—390.

Sewall A, Srivastava N. 1991. Linear viral. DNA improves baculovirus transfections. Invitrogen Digest ,4. 4: 1—2.

Shalon D, Smith SJ, Brown PO. 1996. A DNA microarray system for analyzing complex DNA samples using two-color fluorescent probe hybridization. Genome Res,6:639—645.

Shapiro HS, Chargaff E. 1957. Studies on the nucleotide arrangement in DNA. II. Differential analysis of pyrimidine nucleotide distribution as a method of characterization. Biochem Biophys Acta, 26:608—623.

Shapiro R, Braverman B, Louis JB, et al. 1973. Nucleic acid reactivity and conformation. II. Reaction of cytosine and uracil with sodium bisulfite. J Biol Chem, 248: 4060—4064.

Shark DB, Smith FD, Harpending PR, et al. 1991. Biolistic transformation of a procaryote: *Bacillus megaterium*. Appl Environ Microbiol, 57:480—485.

Simpson RJ. 2003. The structural organization of protein-DNA and multi-protein-DNA complexes can be analyzed by site-specific protein-DNA photo-cross-linking. // Simpson RJ. Proteins and proteomics: a laboratory manual. New York: Cold Spring Harbor Laboratory Press,685—690.

Sinz A. 2003. Chemical cross-linking and mass spectrometry for mapping three-dimensional structures of proteins and protein complexes. J Mass Spectrom, 38:1225—1237.

Skarnes WC, von Melchner H, Wurst W, et al. 2004. A public gene trap resource for mouse functional genomics. Nat Genet, 36:543—544.

Smith DB, Johnson KS. 1988. Single-step purification of polypeptides expressed in *Escherichia coli* as fusions with glutathione S-transferase. Gene, 67: 31—40.

Smith FD, Harpending PR, Sanford JC. 1992. Biolistic transformation of prokaryotes: factors that affect biolistic transformation of very small cells. J Gen Microbiol, 138: 239—248.

Smith GP. 1985. Filamentous fusion phage: novel expression vectors that display cloned antigens on the virion surface. Science, 228, 1315—1317.

Smith GP. 1993. Surface display and peptide libraries. Gene ,128:1—2.

Spanjaard RA, Chen K, Walker JR, et al. 1990. Frameshift suppression at tandem AGA and AGG codons by cloned tRNA genes: assigning a codon to argU tRNA and T4tRNAarg. Nucleic Acids Res, 18: 5031—5036.

Spanjaard RA, J Van Duin. 1988. Translation of the sequence AGG—AGG yields 50% ribosomal frameshift. Proc Natl Acad Sci USA, 85:7967—7971.

Spanjaard RA，van Dijk MCM，Turion AJ et al. 1989. Expression of the rat interferon-α_1 gene in *Escherichia coli* controlled by the secondary structure of the translation-initiation region. Gene，80:345—351.

Sprengart ML，Fuchs E，Porter AG. 1996. The downstream box: an ecient and independent translation initiation signal in *Escherichia coli*. EMBO J，15:665—674.

Steen H，Jensen ON. 2002. Analysis of protein-nucleic acid interactions by photochemical cross-linking and mass spectrometry. Mass Spectrom Rev ，21:163—183.

Stemmer WPC. 1994. Rapid evolution of a protein in vitro by DNA shuffling. *Nature*，370: 389—391.

Strauss WM，et al. 1993. Germ line transmission of a yeast artificial chromosome spanning the murine alpha 1 (I) collagen locus. Science，259: 1904—1907.

Studier FW，Rosenberg AH，Dunn JJ，et al. 1990. Use of T7 RNA polymerase to direct expression of cloned genes. Methods Enzymol ，185:60—89.

Studier FW，Studier BA. 1986. Use of bacteriophage T7 RNA polymerase to direct selective high-level expression of cloned genes. J Mol Biol，189:113—130.

Suggs SV，Hirose T，Miyake T，et al. 1981. Use of synthetic oligodeoxyribonucleotides for the isolation of specific cloned DNA sequences. // Brown DD，Fox CF . Developmental biology using purified genes. New York : Academic Press，683—697.

Tan NS，et al. 2002. Engineering a novel secretion signal for cross-host recombinant protein expression. Protein Engineering，15:337—345.

Tautz D，Renz M . 1983. An optimized freeze-squeeze method for the recovery of DNA fragments from agarose gels. Analytical Biochemistry，132，14—19.

Taylor LD，Carmack CE，Schramm SR，et al. 1992. A transgenic mouse that expresses a diversity of human sequence heavy and light chain immunoglobulins. Nucleic Acids Res，20: 6287—6295.

Taylor ME，Drickamer K. 1991. Carbohydrate-recognition domains as tools for rapid purification of recombinant eukaryotic proteins. Biochem J，274:575—580.

te Riele H，Maandag ER，Clarke A，et al. 1990. Consecutive inactivation of both alleles of the pim-1 proto-oncogene by homologous recombination in embryonic stem cells. Nature (Lond.)，348: 649—651.

Thompson J，Gillespie D. 1987. Molecular hybridization with RNA probes in concentrated solutions of guanidine thiocyanate. Anal Biochem，163: 281—291.

Thompson TA，Michael NG，Burkholder JD，et al. 1993. Transient promoter activity in primary rat mammary epithelial cells evaluated using particle bombardment gene transfer. In Vitro Cell Dev Biol ，29A: 165—170.

Toffaletti DL，Rude TH，Johnston SA，et al. 1993. Gene transfer in *Cryptococcus neoformans* by use of biolistic delivery of DNA. J Bacteriol，175: 1405—1411.

Uhlén M，Moks T. 1990. Gene fusions for the purpose of expression : an introduction. Methods Enzymol，185: 129—143.

van Deursen J，Lovell-Badge R，Oerlemans F，et al. 1991. Modulation of gene activity by consecutive gene targeting of one creatine kinase M allele in mouse embryonic stem cells. Nucleic Acids Res，19: 2637—2643.

Vega MA. 1995. Gene targeting in human gene therapy. // Vega MA ed. Gene Targeting. Boca Raton:CRC Press，211—229.

Verma IM . 1990. Gene therapy. Sci Am ，263:68—72.

Vikis HG，Guan KL. 2004. Glutathione-S-transferase-fusion based assays for studying protein-protein interactions. // Fu H. Protein-Protein Interactions, Methods and Applications, Methods in Molecular Biology, 261. Totowa :Humana Press, 175—186.

Vosberg HP, Eckstein F. 1977. Incorporation of phosphorothioate groups into fd and x174 φ DNA. *Biochemistry*, 16 (16): 3633—3640.

Wada K, Wada Y, Ishibashi F, et al. 1992. Codon usage tabulated from the GenBank genetic sequence data. Nucleic Acids Res, 20:2111—21 l 8.

Walton C, et al. 1991. Random chemical mutagenesis and the non-selective isolation of mutated DNA sequences in vitro. // Mcpherson MJ. Directed mutagenesis: a practical approach. New York: Oxford University Press,135—162.

Wang G, Liu N, Yang K. 1995. High-level expression of prochymosin in *Escherichia coli* : effect of the secondary structure of the ribosome binding site. Protein Expr Purif, 6: 284—290.

White BA. 1993. PCR protocols: current methods and applications. //Methods in molecular biology. Vol 15. Totowa: Humana Press.

Wickstrom E. 1992. Strategies for administering targeted therapeutic oligodeoxynucleotides. Trends Biotech, 10: 281—287.

Wilkinson DG. 1992. In situ hybridization : a practical approach. Oxford : IRL Press at Oxford University Press.

Wilson CG, Magliery TJ, Regan L. 2004. Detecting protein-protein interactions with GFP-fragment reassembly. Nat Methods,1:255—262.

Wittwer CT, Garling DJ. 1991. Rapid cycle DNA amplification: time and temperature optimization. BioTechniques ,10:76—83.

Wolff JA, Williams P, Acsadi G, et al. 1991. Direct gene transfer into mouse muscle in vivo. Science, 247: 1465—1468.

Wright G, Carver A, Cottom D, et al. 1991. High level expression of active human alpha-l-antitrypsin in the milk of transgenic sheep . Biotechnology, 9:830—834.

Wu R, et al. 1989. Recombinant DNA methology. New York: Academic Press.

Xiang ZQ, Spitalnik S, Tran M,et al, 1994. Vaccination with a Plasmid Vector Carrying the Rabies Virus Glycoprotein Gene Induces Protective Immunity against Rabies Virus. Virology, 199:132—140.

Yamashita T, Iida A, Morikawa H. 1991. Evidence that more than 90% of 3-glucuronidase- expressing cells after particle bombardment directly receive the foreign gene in their nucleus. Plant Physiol, 97:829—831.

Yang F, Jing GZ, Zhou JM , et al. 1997. Free luciferase may acquire a more favorable conformation than ribosome-associated luciferase for its activity expression. FEBS Letters ,417: 329—332.

Yang NS. 1992. Gene transfer into mammalian somatic cells in vivo. Crit Rev Biotech, 12: 335—356.

Yang YH, et al. 2002. Normalization for cDNA microarray data: a robust composite method addressing single and multiple slide systematic variation. Nucleic Acids Res, 30(4):e15.

Yansura DG. 1990. Expression as *trpE* fusion. Methods Enzymol, 165:161—166.

Yip CL,et al. 1994. Cloning and analysis of the *Saccharomyces cerevisiae* MNN9 and MNN1 genes required for complex glycosylation of secreted proteins. Proc Natl Acad Sci USA, 91:2723—2727.

Yuckenberg PD , et al. 1991. Site-directed in vitro mutagenesis using uracil-containing DNA and phagemid vectors. // Mcpherson MJ. Directed mutagenesis: a practical approach. New York: Oxford University Press, 27—48.

Zhang XL, Guo P, Jing GZ. 2003. A vector with the downstream box of the initiation codon can highly enhance protein expression in *Escherichia coli*. Biotechnol Lett,25(10):755—760.

Zhu H,Snyder M. 2001. Protein arrays and microarrays. Current Opinion in Chemical Biology,5:40—45.

Zijlstra M,Bix M,Simister NE, et al. 1990. Beta 2-microglobulin deficient mice lack CD4－8＋cytolytic T cells . Nature,344:742—746.

Zoller MJ,Smith M. 1987. Oligonucleotide-directed mutagenesis:a simple method using two oligonucleotide primers and a single-stranded DNA template. Methods Enzymol,154:329—350.

静国忠.1986. DNA 的化学合成及其应用. 生物化学与生物物理进展,4:2—11.

来鲁华等. 1993. 蛋白质的结构预测与分子设计. 北京:北京大学出版社.

张耀洲,吴祥甫,李载平.1994. 家蚕和苜蓿银纹夜蛾核型多角体病毒 P10 基因的研究 .中国科学(B 辑),24 (2):157.

张耀洲,张颖,吴祥甫,吕鸿声,李载平.1992. 家蚕核型多角体病毒 P10 基因的克隆及核苷酸序列分析. 病毒学报,8(3):280—282.

张颖,吴祥甫. 1994. 重组家蚕病毒表达系统转移载体的构建和 β—半乳糖苷酶的表达. 病毒学报,10(3): 251—256.

张智清,姚立红,侯云德. 1990. 含 PRPL 启动子的原核高效表达载体的组建及其应用. 病毒学报,6:111—116.